■ 甘肃省科技发展促进中心
■ 甘肃省创新方法研究会　　组织策划

TRIZ
创新理论
方法及应用

徐　斌　主　编
蒲彦君　严玉峰　武彦芳　副主编
韩建忠　李建芳　主　审

化学工业出版社
·北京·

内容简介

发明问题解决理论——TRIZ是苏联海军专利局专利审核员、发明家根里奇·阿奇舒勒及一批研究人员经过多年努力，在分析研究世界上大量高水平专利的基础上，提出和创建的。TRIZ回答了发明问题解决的过程、产品开发工具等难题，已被公认为世界级的创新方法，目前绝大部分国际大公司广泛采用。

"自主创新，方法先行"，对于职业技术人员而言，TRIZ方法的应用非常重要。本书通过工程案例，从工程技术应用角度出发介绍TRIZ理论与工具，按照功能分析、解决问题的流程和应用模板、案例思考等方式，使读者更快地掌握TRIZ理论，以及更方便快捷地应用TRIZ工具来解决实际工程技术问题。

本书针对技术创新方法的基础教学、培训与应用实践要求而编写，系统性、实用性强，可供相关领域的专业技术人员参考使用，也可作为职业本专科院校技术创新方法课程教材以及各级工程技术人员培训和自学教材。

图书在版编目（CIP）数据

TRIZ创新理论方法及应用/徐斌主编.—北京：化学工业出版社，2022.8
ISBN 978-7-122-41870-8

Ⅰ.①T⋯ Ⅱ.①徐⋯ Ⅲ.①创造学-教材 Ⅳ.①G305

中国版本图书馆CIP数据核字（2022）第129240号

责任编辑：陈 喆 王 烨
责任校对：王 静

装帧设计：溢思视觉设计／程超

出版发行：化学工业出版社（北京市东城区青年湖南街13号 邮政编码100011）
印　　刷：三河市航远印刷有限公司
装　　订：三河市宇新装订厂
787mm×1092mm　1/16　印张20$\frac{1}{2}$　字数476千字　2022年10月北京第1版第1次印刷

购书咨询：010-64518888　　　　　　售后服务：010-64518899
网　　址：http://www.cip.com.cn
凡购买本书，如有缺损质量问题，本社销售中心负责调换。

定　　价：69.00元　　　　　　　　　　　　　　　　版权所有　违者必究

本书编审指导委员会

主　任：韩建忠　甘肃省科技发展促进中心

委　员（按姓氏首字母排列）：

　　　　冯辉霞　兰州理工大学
　　　　龚成勇　兰州理工大学
　　　　贾金龙　兰州工业学院
　　　　李建芳　北京慧达创新科技有限公司
　　　　李建国　兰州交通大学
　　　　卢　明　甘肃省科学院自动化研究所
　　　　蒲彦君　甘肃省科技发展促进中心
　　　　谢黎明　兰州信息科技学院
　　　　徐　斌　甘肃交通职业技术学院
　　　　严玉峰　甘肃省科技发展促进中心
　　　　张　娟　兰州职业技术学院
　　　　赵建炜　金昌镍都实业有限公司

本书编审人员

主　编：徐　斌　甘肃交通职业技术学院

副主编：蒲彦君　甘肃省科技发展促进中心
　　　　严玉峰　甘肃省科技发展促进中心
　　　　武彦芳　甘肃交通职业技术学院

参　编：刘振华　甘肃长达路业责任有限公司
　　　　李　飞　甘肃交通职业技术学院
　　　　程月洁　甘肃交通职业技术学院

主　审：韩建忠　甘肃省科技发展促进中心
　　　　李建芳　北京慧达创新科技有限公司

前言

当今世界,科技创新呈现出学科交叉、群体突破的发展态势,只有创新才能在以科技创新为核心、日益激烈的国际竞争中取得发展先机。依靠科技支撑引领产业转型、结构优化、提质增效,才是抢占战略竞争制高点的根本途径。大力实施创新驱动发展战略,加快调结构、转方式、促升级,则是建设创新型国家、实现转型升级的必然选择。

"自主创新,方法先行",创新发展需要方法支撑。而TRIZ创新方法以其丰富的创新思维、科学的分析手段、多样的解题工具、实用的解决方法,在众多创新理论方法中成为科研技术人员在创新工作中解决技术问题时不可或缺的实用方法。TRIZ回答了发明问题解决的过程、新产品开发的工具等难题,已被公认为世界级的创新方法,被绝大部分国际国内知名公司广泛采用。

为进一步促进推广应用创新方法,助推创新方法人才培养,扩大掌握创新方法的企业技术人员和高职院校师生队伍,甘肃省科技发展促进中心与甘肃省创新方法研究会、甘肃交通职业技术学院组织创新技术人员编写了本书。

本书针对技术创新方法的基础教学、培训与应用实践要求而编写,系统性、实用性强,不仅可作为职业本专科院校技术创新方法课程教材以及各级工程技术人员创新方法培训和自学教材,而且对相关领域的专业技术人员也具有重要的参考价值。

本书得到了甘肃省科技发展促进中心、甘肃省创新方法研究会、兰州理工大学红柳创客梦工厂、北京慧达创新科技有限公司的大力支持。

本书由甘肃交通职业技术学院徐斌担任主编;甘肃省科技发展促进中心蒲彦君、严玉峰,甘肃交通职业技术学院武彦芳担任副主编;甘肃长达路业有限责任公司刘振华,甘肃交通职业技术学院李飞、程月洁参编。其中第1章、第5章由徐斌编写,第2章、第3章、第8章由蒲彦君编写,第4章、第6章由严玉峰编写,第7章、第9章由刘振华编写,第10章由刘振华、武彦芳、李飞、程月洁、严玉峰编写。全书由徐斌统稿,韩建忠、李建芳承担审核工作。在本书的编写过程中,韩建忠、谢黎明、冯辉霞、李建芳、李建国、龚成勇、卢明、张娟、赵建炜、贾金龙等老师多次提出宝贵意见,在此表示诚挚的谢意。

由于编者学术水平有限,书中难免存在不足之处,恳请读者及同行批评指正。

徐斌
2022年5月

目 录

01 第1章 TRIZ基础

1.1 创新的概念 — 2
    1.1.1 科学、技术与工程 — 2
    1.1.2 发现和发明 — 3
    1.1.3 产品创新 — 4
    1.1.4 技术创新 — 5

1.2 创新过程与方法 — 5

1.3 发明问题解决理论——TRIZ — 7
    1.3.1 TRIZ的发展简史 — 8
    1.3.2 TRIZ创新理论体系 — 10
    1.3.3 TRIZ的核心思想 — 11
    1.3.4 TRIZ的适用范围 — 12

1.4 TRIZ中发明等级 — 13
    1.4.1 发明的创新水平 — 13
    1.4.2 五个发明级别 — 14
    1.4.3 发明级别划分的意义 — 18

1.5 TRIZ问题模型与工具 — 19

1.6 TRIZ应用流程 — 21

思考题 — 23

参考文献 — 23

02

第2章
创新思维与创新技法训练

2.1 思维模式简介	26
2.1.1 思维定势	26
2.1.2 泛化思维	26
2.2 创新性思维方式	27
2.2.1 发散思维与收敛思维	27
2.2.2 正向思维与逆向思维	30
2.2.3 横向思维与纵向思维	32
2.2.4 求同思维与求异思维	35
2.2.5 转换问题	37
2.3 创造性思维的培养与训练方法	38
2.3.1 奠定创造性思维的基础	38
2.3.2 如何突破思维定势	39
2.3.3 打开泛化思维视角	41
2.3.4 发散思维训练	42
2.3.5 想象思维训练	43
2.3.6 联想思维训练	45
2.3.7 直觉思维训练	48
2.4 创造性思维技法	50
2.4.1 整体思考法	51
2.4.2 九屏幕法	54
2.4.3 尺寸-时间-成本分析（STC）	55
2.4.4 资源-时间-成本分析（RTC）	56
2.4.5 金鱼法	58
2.4.6 聪明小人法	60
2.5 最终理想解（IFR）方法	61
2.5.1 理想度	62

  2.5.2 理想系统 62

  2.5.3 最终理想解 63

思考题 65

参考文献 66

03 第3章 TRIZ的基本概念和因果分析法

3.1 TRIZ的几个基本概念 68

 3.1.1 技术系统 68

 3.1.2 功能 69

 3.1.3 矛盾 69

3.2 因果分析概述 70

3.3 因果轴分析 70

3.4 因果矩阵分析 79

3.5 5W分析法 81

 3.5.1 5W分析法概述 81

 3.5.2 5W分析法的应用步骤 82

 3.5.3 5W分析法的常用工具 83

 3.5.4 5W分析法的注意要点 84

 3.5.5 5W分析法案例分析 86

 3.5.6 5W分析法的补充说明 87

3.6 鱼骨图分析法 88

 3.6.1 鱼骨图分析法概述 88

 3.6.2 鱼骨图的用法 88

 3.6.3 鱼骨图的评价 93

思考题 94

参考文献 94

04 第4章 TRIZ的经典分析法

4.1 系统分析　　96
4.1.1 系统的概念　　96
4.1.2 系统的特征　　97
4.1.3 系统思维　　97
4.1.4 系统分析　　99

4.2 功能分析　　100
4.2.1 功能定义与表达　　101
4.2.2 功能分类　　104
4.2.3 功能分析与功能模型分析　　106

4.3 组件分析　　109
4.3.1 建立组件列表　　109
4.3.2 相互作用分析　　113
4.3.3 建立功能模型　　115

4.4 资源分析　　119
4.4.1 资源的特征　　119
4.4.2 资源的分类　　120
4.4.3 资源分析方法　　122
4.4.4 资源使用的顺序　　125

4.5 裁剪分析　　126
4.5.1 裁剪对象的选择　　126
4.5.2 技术系统裁剪规则　　129
4.5.3 裁剪模型与裁剪问题　　132
4.5.4 极端裁剪　　133
4.5.5 裁剪的适用　　135

思考题　　136

参考文献　　136

05 第5章 矛盾问题与解决方法

- 5.1 技术矛盾 138
  - 5.1.1 什么是技术矛盾 138
  - 5.1.2 39个通用技术参数 138
  - 5.1.3 40个发明原理及实例 140
  - 5.1.4 矛盾矩阵 161
- 5.2 物理矛盾 162
  - 5.2.1 什么是物理矛盾 162
  - 5.2.2 4种分离原理 163
- 5.3 技术矛盾与物理矛盾之间的关系 168
  - 5.3.1 定义技术矛盾和物理矛盾 169
  - 5.3.2 将技术矛盾转化为物理矛盾 170
  - 5.3.3 分离原理和发明原理之间的对应关系 170
- 5.4 解决矛盾的方法流程 172
- 5.5 工程案例 173
- 思考题 183
- 参考文献 183

06 第6章 物质-场分析与76个标准解

- 6.1 物场分析 186
  - 6.1.1 物场模型的含义 186
  - 6.1.2 物场模型的分类 188
  - 6.1.3 物场模型的变换规则 189
  - 6.1.4 物场模型的建立流程 193
- 6.2 TRIZ的76个标准解 195
  - 6.2.1 76个标准解的分类 196

6.2.2	第1类：建立或拆解物场模型	196
6.2.3	第2类：增强物场模型	199
6.2.4	第3类：向超系统或微观级转化	204
6.2.5	第4类：检测和测量的标准解	205
6.2.6	第5类：应用标准解的标准	208
6.2.7	76个标准解的应用流程	212

6.3 工程应用流程　　214

6.4 工程案例　　214

思考题　　219

参考文献　　220

07 第7章 S曲线与技术系统进化法则

7.1 技术系统进化与预测　　222

7.1.1 技术系统进化S曲线　　222

7.1.2 技术系统进化的S曲线族　　224

7.1.3 技术系统成熟度预测　　225

7.2 技术系统进化法则　　227

7.2.1 完备性法则　　229

7.2.2 能量传递法则　　230

7.2.3 动态性进化法则　　231

7.2.4 提高理想度法则　　233

7.2.5 子系统不均衡进化法则　　235

7.2.6 向超系统进化法则　　237

7.2.7 向微观级进化法则　　238

7.2.8 协调性法则　　239

7.3 S曲线与生命周期　　242

思考题　　242

参考文献　　242

08 第8章 科学效应与知识库

8.1 科学效应	244
8.2 科学效应的应用	247
8.3 基于效应的功能设计	252
8.3.1 建立"How to"模型	253
8.3.2 科学知识与效应的搜索	254
8.3.3 功能导向搜索	255
8.4 计算机辅助创新工具简介	256
8.5 工程案例	258
思考题	260
参考文献	260

09 第9章 发明问题解决算法ARIZ

9.1 概述	262
9.2 ARIZ构成	263
9.3 ARIZ问题详解	265
9.4 工程案例	277
思考题	285
参考文献	286

10 第10章 TRIZ与知识产权战略布局

10.1 专利基础与申请流程	288
10.1.1 专利的概念	288

10.1.2 专利的特点 288

10.1.3 专利的种类 289

10.1.4 专利的作用 290

10.1.5 授予专利权的条件 291

10.1.6 专利申请流程 292

10.2 专利权的保护 296

10.2.1 专利侵权的概念 296

10.2.2 专利侵权判定 297

10.2.3 专利侵权的法律责任 299

10.3 TRIZ与专利战略 299

10.3.1 专利战略简介 300

10.3.2 专利规避 301

10.3.3 TRIZ与专利规避 301

10.4 工程案例 303

思考题 306

参考文献 307

附录

附录A 39个通用技术参数 309

附录B 40个发明原理 309

附录C Altshuller矛盾矩阵 310

附录D 物理效应与实现功能对照 311

附录E 几何效应与实现功能对照 312

附录F 化学效应与实现功能对照 313

第 1 章
TRIZ 基础

✓ **知识目标：**
① 认识创新、科学、技术、工程、发现、发明、设计的含义。
② 了解TRIZ理论的起源、TRIZ理论体系及核心思想。
③ 了解TRIZ应用流程。
④ 了解TRIZ的解题工具，如技术矛盾问题选择39个工程参数和40个发明原理。
⑤ 了解TRIZ对发明的等级概念及其等级划分的意义。

✓ **能力目标：**
① 能分清创新、科学、技术、工程、发现、发明、设计的区别与联系。
② 能应用TRIZ发明等级划分方法，对产品的更新进行发明等级归类。
③ 掌握TRIZ在解决发明问题因遵循的发现问题、描述问题、选择解题方法、进行概念验证的程序。

1.1 创新的概念

创新（Innovation）一词起源于拉丁语，它有三层含义：更新；创造新的东西；改变。创新从哲学上说是人的实践行为，是人类对于发现的再创造，是对于物质世界的矛盾再创造。人类通过物质世界的再创造，制造新的矛盾关系，形成新的物质形态。从社会学的角度来看，创新是指人们为了发展的需要，运用已知的信息，不断突破常规，发现或产生某种新颖、独特的有社会价值或个人价值的新事物、新思想的活动。创新的本质是突破，即突破旧的思维定式、旧的常规戒律。创新活动的核心是"新"，它或者是产品的结构、性能和外部特征的变革，或者是造型设计、内容的表现形式和手段的创造，或者是内容的丰富和完善。

创新是开发一种新事物的过程。这一过程从发现潜在的需求开始，经历新事物的技术可行性研究阶段的检验，到新事物广泛应用为止。因此，创新是运用知识或相关信息创造和引进某种有用的新事物的过程，是对一个组织或相关环境的新变化的接受。创新是指新事物本身，具体来说就是指被相关使用部门认定的任何一种新的思想、新的实践或新的制造物。

经济学上，创新的概念起源于美籍经济学家约瑟夫·熊彼特（Joseph Alois Schumpeter）在1912年出版的《经济发展概论》。熊彼特认为，创新就是把一种从来没有过的关于生产要素和生产条件的"新组合"引入生产体系，可以从5个方面进行组合：

① 引入一种新产品或提供一种产品的新质量；
② 采用一种新的生产方式；
③ 开辟一个新市场；
④ 获得一种降低成本的新来源；
⑤ 实行一种新的企业组织形式。

从工程技术的角度来看，创新就是从新思想、新概念开始，通过不断地解决所面临的各种问题，拓展思维模式，积累经验的过程。其目的是设计出一个新的产品或将新技术、新工艺、新的管理方法等应用到实际工作中去，并产生良好的经济价值和社会价值。迈尔斯（S.Myers）和马奎斯（D.G.Marquis）在《1976年：科学指示器》的报告中，将创新定义为"技术创新是将新的或改进的产品、过程或服务引入市场。"

因此，创新存在于人类社会的经济、政治和文化各个领域。讲创新就离不开科学与技术，而创新在实践活动中又表现为：发现与发明。科学技术的快速发展又使得各类复杂工程的建设得以实现。

我国的国家创新体制将创新行为分为四大类：知识创新、技术创新、制度创新和管理创新。从工程技术领域的角度来看，可以简单地将创新活动分为两个大的类别：产品创新（Product Innovation）和技术创新（Technological Innovation）。

1.1.1 科学、技术与工程

在生活中，人们习惯把科学和技术联系在一起，统称为"科学技术"或"科技"。实际上，科学和技术既有密切联系，又有重要区别，而工程则是对科学、技术的成果运用于人类生产的实践活动。

科学要解决的问题，是发现自然界中确凿的事实和现象之间的关系，并建立理论，把这些事实和现象联系起来；技术的任务则是将科学的成果应用到解决实际问题中去。科学主要是与未知的领域打交道，其进展程度（特别是重大突破）往往是难以预料的；技术是在相对成熟的领域内工作，可以作比较准确的规划。工程则必须有明确目标，主要表现为计划性和组织性，以满足人类的某种需求。

因此，对科学、技术和工程三者的定义是：

科学（Science）：是如实反映客观事物固有规律的系统知识。在于认识世界运动的规律性，重在发现客观真理，其具有偶然性，科学的本质在于拓展人类的认知边界。

技术（Technology）：是关于某一领域有效的科学（理论和研究方法）的全部，以及在该领域为实现公共或个体目标而解决设计问题的规则的全部，是完成复杂的或科学的任务的系统步骤。技术是以解决人们生产、生活遇到的问题为前提，在于开发人类的生产力，开创新工艺，服务新工程，技术发展的本质在于创新，技术的发展源于人为创造。

工程（Engineering）：是人们应用有关的科学知识和技术手段，通过有组织、有计划的人类活动，将资源转化为具有预期使用价值的人造产品的过程。工程是对科学原理及技术手段合理的使用，以达到基于经验上的计划结果，在于服务和改善人类生存条件。

1.1.2 发现和发明

发现（Discovery）是对客观世界中前所未知的事物、现象及其规律的一种认识活动。发现的结果本身是客观存在的，是不以人的意志为转移的。无论人类是否对其有所认识，它都按照自身的规律存在于客观世界中。对这种结果进行认识的活动过程就是发现。例如，物质的本质、现象、规律等，不管是否为人类所发现，它们本来就是客观存在的，后来被人类认识到了，就是发现。科学研究的目的就是发现这些客观存在的、还没有被人类认识到的规律。发现也称为科学发现（Scientific Discovery）。

发明（Invention）是指具有独创性、新颖性、实用性和时间性的技术成果。通常指人类通过技术研究而得到的前所未有的成果。这种成果包括有形的物品和无形的方法等，在被发明出来之前客观上是不存在的。发明最注重的是独创性和时间性（或称为首创性）。我国的《专利法》中指出：发明是指对产品、方法或者其改进所提出的新的技术方案。

简单地说，发现和发明的区别主要是：发现是认识世界，发明是改造世界。发现要回答"是什么""为什么""能不能"等问题，属于非物质形态财富；发明要回答"做什么""怎么做""做出来有什么用"等问题，是知识的物化，能够直接创造物质财富。科学发现在我国是不授予专利权的。对于那些具有新颖性、创造性和实用性的发明，发明人可以申请专利，利用法律的手段来保护自己的合法权益。

同时，发现与发明都是人类主动认识世界的实践行为，我们可以用一句话来描述发现与发明的区别："科学家伦琴发现了X射线（伦琴射线），发明了X光（X射线）透视检查仪器"。如图1-1所示。

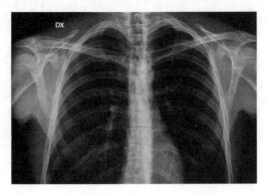
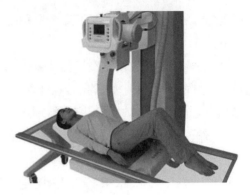

图1-1 X光照片与X光检测仪

1.1.3 产品创新

企业的生存与发展离不开产品的更新与研发,这个研发过程就是产品创新过程。因此,产品创新是指创造某种新产品或对某一新或老产品的功能进行再设计的过程,包括全新产品创新和改进产品的创新过程。全新产品创新是指产品用途及其原理相对于已有产品而言,在工作原理、性能等方面产生了显著的、质的变化。而改进产品创新则是指在技术原理没有重大变化的情况下,基于市场需要或产品本身的缺陷,对现有产品所作的功能上的扩展和技术上的改进过程。

全新产品创新的动力机制来源于新技术的出现,新技术在应用上的具体体现,是新技术驱动产品创新活动的进行,或者是来自新发明、新材料、新工艺等技术性突破;另外一种情形则是需求拉引导致采用相关新技术进行新产品的创新设计。对于改进产品创新则是不需要引入新技术知识的改进,是由产品本身的进化及顾客需求来拉动的。

长期以来,相当多的中小企业都存在着产品创新上的困惑——是选择成熟市场的产品,还是开发全新产品?开发全新产品意味着企业要投入巨大的研发和营销费用,进而让企业承受巨大的压力。如果选择成熟的产品,企业不可避免地要陷入同质化竞争,面临价格战的威胁。罗伯特·库伯在《新产品开发流程管理》中,给出了6种不同类型或是不同级别的新产品创新活动(见图1-2),为企业构建多元化的产品创新体系,针对不同的细分市场,以合理的投入产出进行产品创新、改进或者升级提供了借鉴。

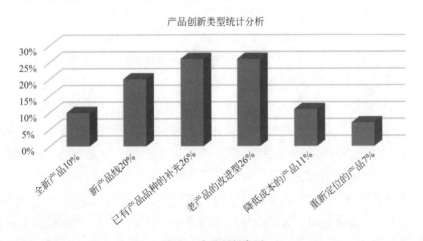

图1-2 产品创新类型

企业进行产品创新活动有两条主要的途径：内部研发和外部获取。内部研发包括：自主创新、逆向研制、委托创新和联合创新；外部获取包括：创新引进、企业并购和授权许可。

1.1.4 技术创新

通过上面的分析，我们可以这样认识：科学是技术之源，技术是产业之源。技术创新是指改进或创造新的（现有的）产品、生产过程或服务方式的技术活动。技术创新建立在科学原理的发现基础之上，而产品创新主要建立在技术创新基础之上。

技术创新是一个从产生新产品或新工艺的设想到市场应用的完整过程，它包括新设想的产生、研究、开发、商业化生产到扩散这样一系列活动，本质上是一个科技、经济一体化过程，是技术进步与应用创新共同作用催生的产物，它包括技术开发和技术应用这两大环节。

技术创新和产品创新有密切关系，又有所区别。技术的创新可能带来但未必带来产品的创新，产品的创新可能需要但未必需要技术的创新。

产品创新侧重于商业和设计行为，具有成果的特征，因而具有更外在的表现；技术创新具有过程的特征，往往表现得更加内在。

产品创新可能包含技术创新的成分，还可能包含商业创新和设计创新的成分。

技术创新可能并不带来产品的改变，而仅仅带来成本的降低、效率的提高。例如，改善生产工艺、优化作业过程从而减少资源消费、能源消耗、人工耗费或者提高作业速度。

另一方面，新技术的诞生，往往可以带来全新的产品，技术研发往往对应于产品或者着眼于产品创新；而新的产品构想，往往需要新的技术才能实现。

可以说，企业进行产品创新、技术创新的主要途径是自主创新、联合创新、协同创新。

1.2 创新过程与方法

在工程技术活动过程中，会碰到非常多的工程技术问题。对于问题的定义，很难有一个精确的表述，但是一般来说，问题具备三个基本要素：和问题相关的描述与表达、构成问题的结论描述以及问题的正确解决方法。因此，我们可以认为，问题可以表达为"事物期望或应该具有的状态与目前状态的差异"，解决问题的过程就是逐步缩小这种差异的过程。

工程技术活动中，如果某些问题的解决方法可以通过教科书、技术杂志、手册或从领域专家等方面来获得，这类问题可以称为"通常问题"，即通过一定的技术活动过程，找到解决问题的答案。遗憾的是，还有许多问题，其本身表现出"矛盾"的特性，问题本身含有相互冲突的需求，这类问题可以称为"发明问题"，创新活动过程即是在解决这类问题的过程中，如何去克服问题本身所包含的"矛盾"。

工程技术问题的一般求解过程（见图1-3）中，问题分析阶段主要完成对待设计的对象定义、确定各种约束、标准及可用资源等。概念设计阶段要产生并确定多个原理解，并经评价选定一个或几个可行的原理解；技术设计阶段则需要完成产品的总体结构设计，如有几个可行方案，还须最后评估选优以确定一个可行方案。详细设计阶段则需要完成全部生产图纸及技术文件，这是工程技术人员最擅长的工作之一。

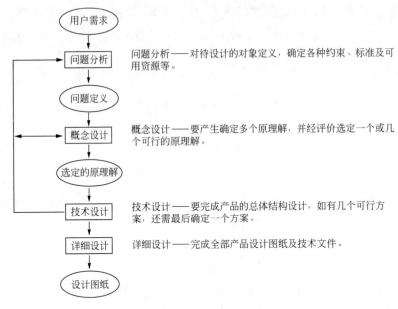

图1-3　工程技术问题的一般求解过程

克服矛盾的过程主要体现在"概念设计"阶段,这也是工程技术人员感觉最难的阶段。这个过程中,工程技术人员通过激发他们创造力、运用自身专业领域知识等来寻求可行的原理解。相应地,各种常用的创新方法都有不同程度的应用,包括:试错法、头脑风暴法、635法、仿生联想法、逆向思维法、组合创新法、功能设计创新法、反求设计创新法、形态分析法、特性列举法、缺点列举法、5W1H法、检核表法、和田12法等。

这些传统的创新方法均为建立在认知规律基础上的创新心理、创新思维方法的技巧和手段,是实现创新的工具。这些方法可以分为两大类:直觉方法和逻辑方法。直觉方法是"如果这样做会怎么样",对可能出现的结果不进行事前分析,而是通过激发人的头脑中沉睡的思维过程而产生一些设想,然后从中获取可能的创新设想。但是更多的时候,由于直觉方法的发散性,使得我们会走很多弯路,甚至可能找不到需要的解决方案,这种方法的思维过程可以用图1-4来表示。逻辑方法由基于历史、机械和哲学的方法构成,是在科学和工程原理以及大量已有创新应用和解决方案的基础上,对问题系统化的描述、分析和求解,例如公理设计法、反求设计法、TRIZ即发明问题解决理论等。

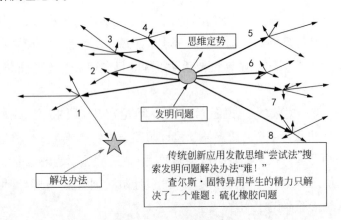

图1-4　传统创新思维过程

传统的直觉创新方法存在较大的局限性，尤其是在创新过程中，易受工程技术人员的思维惰性的影响。由于受到自身专业知识的限制，工程技术人员往往过分关注自己所从事领域相关知识的获取与研究，很少在其他相关领域或自身不熟悉的领域去探寻类似问题是否已经得到满意的解决方案。事实上，本领域的未解决问题可能已经在其他领域得到了很好的解决，工程技术人员如果能够充分利用已有的科学知识库、科学效应、现有专利等，就可以在很短时间内得到解决方案，避免解决问题的成本过高和求解过程很长的缺陷，得到的解决方案可能是最佳的。

另外，我们面临的问题可能是其他工程技术人员、其他企业或其他行业已经解决，同一类问题又一次被重复进行求解，从而导致创新过程拉长，浪费人力、物力和财力。当然，很多问题经过漫长的求解过程，最终却找不到理想的解决方案，很可能是我们在解决错误的问题。一般工程技术人员往往习惯于看到问题就希望找到答案，没有对问题进行深入的分析。实践证明，好的问题解决方案往往在问题分析阶段中已经出现。

很多时候，我们会抱怨自己的创新能力不够。创新能力不是天生的，通常是缜密而系统化思维的产物，任何工程技术人员均可获得和提升自身的创新能力。通过学习创新方法，养成有序的思维工作方式，并不会扼杀灵感及创造力，反而会助长灵感及创造力的产生。

1.3 发明问题解决理论——TRIZ

苏联海军专利局专利审核员、发明家根里奇·阿奇舒勒（Genrich S.Altschuller，1926—1998年）及一批研究人员经过多年努力，在分析研究世界上大量高水平专利的基础上，提出和创建了发明问题解决理论（TRIZ，拉丁文 Teorija Rezhenjja Inzhenernyh Zadach 的首字母缩写）。阿奇舒勒先生从1946年开始，组织领导1500人经过多年的努力工作，对20万份专利进行了分析，并从中选出有代表性的4万份真正有突破创新的专利进行了深入研究，发现了技术发展进化所遵循的趋势规律，提炼出解决各种技术矛盾和物理矛盾的创新原理和法则（见图1-5）。因此，TRIZ强调解决实际问题，特别是发明问题，并由此解决发明问题而最终实现创新。

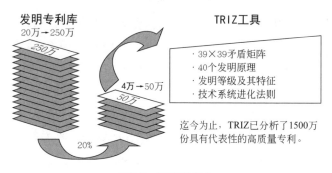

图1-5 TRIZ的产生

TRIZ回答了发明问题解决的流程、分析方法和支持工具等难题，已被公认为世界级的创新方法，是目前绝大部分国际大公司采用的创新方法，国内如华为电子、中兴通讯、广州无线电集团及国际的三星、摩托罗拉、通用电气等。

国际TRIZ协会（MATRIZ）的TRIZ理论研究开发委员会（TRIZ R&D Council，TRDC）认为：TRIZ是研究工程及其他人工系统的进化的应用学科、开发方法和工具，以实现指导（引导）工程系统依据它们的进化模式进行进化、保证它们最有效和最高效的发展、最有效和最快速的方式解决问题及其他障碍的目的。同时，提高人类的能力以达到产生创新的想法/发明以及成为高效的思考者的目标。

1.3.1 TRIZ的发展简史

按照TRIZ发展的内容及时间，TRIZ划分为经典TRIZ和现代TRIZ。经典TRIZ是指由阿奇舒勒自己开发以及他的弟子开发并经过他认可（从20世纪40年代中期到80年代中期）的相关TRIZ的理论及工具。现代TRIZ则是指从苏联的经济政治体制改革（从20世纪80年代中期至今）开始研究和发展的TRIZ理论方法和工具。区分现代TRIZ和经典TRIZ的主要因素：侧重于企业/商业应用，而不仅仅在于技术问题的解决；侧重于开发具有实际意义的创新产品和技术，而不仅仅是有创造性的想法。

（1）TRIZ理论的发展历程

回顾TRIZ理论的发展历程，大致可分为四个时期：萌芽时期、初建时期、发展时期、成熟时期。

① TRIZ萌芽期（1946—1955年） 1946年，TRIZ理论之父阿奇舒勒在苏联海军专利局工作期间，总是考虑这样一个问题：当人们进行发明创造、解决技术难题时，是否有可遵循的方法和法则。经过研究成千上万份专利，阿奇舒勒发现任何领域的产品改进、技术的变革、创新和生物系统一样，都存在生产、生长、成熟、衰老、灭亡，是有规律可循的。人们一旦掌握了这些规律，就能能动地进行产品设计并能预测产品的未来趋势。这种思想燃起火花后为后来建立TRIZ理论奠定了基础。

② TRIZ初建期（1956—1985年） 经过萌芽期，阿奇舒勒的TRIZ理论科学思想框架初步形成。1956年阿奇舒勒和R.沙皮罗在《心理学的问题》杂志第6期37—49页上发表文章"About a technology of creativity"，首次介绍了发明基础背后的TRIZ理论方法及技术演进的规律，把TRIZ理论描述成为一种技术矛盾、最终理想解IFR、发明原则、解题程序的理论。这种思想框架真正构建了TRIZ基本理论。同年，提出支撑创造性解决问题过程的算法，其中包括10个步骤和最初的5个发明原理（之后，1963年成为今天普遍所知的40个发明原理的一部分），用来针对性地进行类比方案的寻找，由此，开始了更广泛的新发明原理的发展研究。

1961年，阿奇舒勒出版了"How to learn to invent"，该书首次探讨了发明问题的解决方法、TRIZ理论使用步骤以及存在的问题，初步形成了发明问题解决算法。1963年，对算法进行改进，引入"最终理想解IFR"步骤，改进的算法被命名为"ARIZ"，算法包括18个步骤和7个发明原理（包含39个发明子原理）。时年阿奇舒勒首次公布技术系统的进化法则。

1964年，阿奇舒勒出版的"The foundation of invention"一书提出了69个发明原则和技术矛盾矩阵。1969年，阿奇舒勒在其著作"Algorithm of Invention"中阐述了技术系统演化的阶段性，进一步提炼和完善了ARIZ，形成了ARIZ-61、ARIZ-71以及ARIZ-77等版本，强化了ARIZ的实际应用,并首次描述了40项发明原理和技术矛盾矩阵。1973年,民主德国学者Dietmar Zobel开始翻译阿奇舒勒的著作,1982年后发表了一系列介绍研究TRIZ理论的文章,是除苏联以外最早学习研究TRIZ理论的外国学者。1977年,赛鲁斯特斯基和斯路金出版了"Creativity as an exact science",该书阐述了70个发明问题、ARIZ-77的应用实例、技术系统演化规律及其"S"生命线、发明规则、物-场分析、40个创新原理的演变,并绘制了使用几种物理效应解决发明问题的表,较为系统地形成了ARIZ理论的基本框架。1980年,阿奇舒勒出版文章介绍创造性学习、78个实际问题以及解决问题的27个实用工具和技术。1985年,阿奇舒勒又阐述了TRIZ基本概念,并论证了TRIZ的使用方法。这一时期由于苏联国内环境影响,TRIZ理论研究主要由阿奇舒勒领军,并且仅局限于苏联。

③ TRIZ发展期(1986—1990年) 1985年以后,随着部分TRIZ专家移居到欧美地区,TRIZ理论在全世界范围内开始广泛传播,世界各国研究TRIZ理论的专家学者越来越多,极大地推动了TRIZ理论的发展。1986年,阿奇舒勒发表文章,描述了现代物-场分析以及第一次用分析发明解决问题过程的实例提出了ARIZ-85V。1986年,Petrovich Tsourikow在其论著中研究了发明问题解决方法的方法,消除了心理惯性和借助计算机搜索新的解决方法。1989年,阿奇舒勒等人出版了著作,对40个发明原理、76个发明标准解、ARIZ-85V算法、几种物理效应进行了深入研究并加以完善。同时1989年阿奇舒勒和萨拉马托研究了现代TRIZ理论应用与发展。1989年成立了TRIZ协会。美国于1991年发表了一篇介绍TRIZ理论的论文。这一时期TRIZ研究的特点仍以苏联为主,但在世界范围内特别是西方欧美发达国家逐渐被认可,这预示着TRIZ研究将在全世界范围内广泛兴起。

④ TRIZ成熟期(1991年至今) 1991年,许多TRIZ研究人员把TRIZ创新理论系统地传入西方,世界范围内的TRIZ研究迅速兴起。1992年开始,美国一些公司着手进行TRIZ的咨询和软件开发工作。1992年,俄罗斯学者Vikentyev和Kaikov出版了TRIZ理论的案例实证研究的著作。1996年,美国学者Kvowalickhe和Evllen Domb在互联网上创办了TRIZ期刊。俄罗斯学者Timokhov把生物学、生态学与TRIZ理论相结合,从生物学、生态学的视野寻求发明问题的TRIZ解决方案。1997年夏天,日本引入TRIZ理论,在东京大学成立了TRIZ研究团体;1997年起,日本三菱研究院开始向企业提供TRIZ培训和软件产品;1998年后,日本大阪大学建立了日本TRIZ网站,日本三洋管理研究所成立了日本TRIZ小组,向企业、大学、研究机构提供TRIZ理论培训和咨询。1997年,由TRIZ创始人阿奇舒勒发起建立的国际TRIZ协会(MATRIZ)成立,阿奇舒勒为MATRIZ的第一任主席,他建立了协会的结构和基本目标以及TRIZ专家的认证过程。1998年,俄罗斯学者Mitrofanov在其著作中探讨认为TRIZ是制造缺陷通向科学发展的桥梁。同年,美国学者从制造创新的角度探讨了TRIZ理论。1998年9月24日,TRIZ理论之父阿奇舒勒逝世,一年后MATRIZ正式注册。至此,阿奇舒勒创立的TRIZ理论已经形成完整的体系。2000年10月,欧洲成立TRIZ协会,旨在推进TRIZ理论在欧洲的研究和应用。2001年,Mann开展了生物学与TRIZ整合的研究。

从1991年起,国际知名企业纷纷利用TRIZ理论进行产品创新研究,取得了很好的效果。实践证明,TRIZ理论能够帮助人们系统地分析问题,快速发现问题症结所在,并通过TRIZ理论和工具得到理想的解决方案,显著缩短人们创造发明的进程,提升产品的创新水平。

（2）TRIZ在中国的传播与发展

1999年，我国学者牛占文等人发表了《发明创造的科学方法论——TRIZ》，这是较早系统全面地向我国引入TRIZ的文章。2000年以后，俄罗斯的TRIZ研究人员陆续进入我国，他们把TRIZ理论向我国传播，2008年，中国科学技术部批准成立创新方法研究会，负责国内TRIZ理论的研究与传播，并开始在国内进行TRIZ工程师的认证。随后国内各省市相继成立了本省的创新方法研究会，TRIZ理论在国内广泛传播，得到了华为等高端企业的认可。随着TRIZ理论在中国的发展，大大推进了中国企业的创新水平。

1.3.2 TRIZ创新理论体系

每一个具有创意的专利，基本都是在解决"创意性"问题。所谓"创意性"问题，其中包含着"需求冲突"的问题，主要焦点是浮现、了解、强化与消除矛盾。TRIZ认为，技术系统向着通过最少引入外部资源，消除矛盾和增加理想度的方向进化发展。因此，TRIZ创新理论体系的基础是技术系统进化法则（Trends of Engineering System Evolution，TESE）。

对于创造性问题（发明问题）的解决，TRIZ提供了一种辩证的思考方式：将问题当作一个系统加以理解，首先设想其理想解，然后设法解决相关矛盾。因此，TRIZ包含了一整套用于问题分析、解决问题的工具和方法，创新思维方法以及基于科学知识的理论，构成了完整的TRIZ创新理论体系，如图1-6所示。

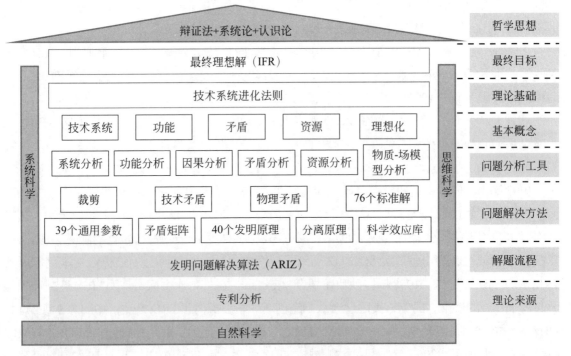

图1-6　TRIZ的理论体系

经典TRIZ分析工具包括发明问题解决算法（Algorithm for Inventive-Problem Solving，ARIZ）、物质-场分析、矛盾分析，现代TRIZ分析工具增加了功能模型与功能分析、因果链分析。通过应用分析工具对待解决的技术系统问题进行分解分析，建立相应的问题模型，然后选择相应的解决问题工具来获取问题解决方案，包括：消除问题、增强专利可以使用技术系统裁剪工具；应用39个工程参数、矛盾矩阵和40个发明原理来解决技术矛盾问题；应用分离原理、满足矛盾、绕开矛盾等工具来解决物理矛盾；应用物-场模型和76个标准解，以期实现对系统实施最小改变来解决问题；通过因果链分析来找出根源问题；应用S曲线分析及技术系统进化法则，可以预测下一代产品，实现渐进式创新或突破性创新。而对于相对比较模糊的问题，则可以采用ARIZ算法和功能导向搜索（Function Oriented Search，FOS）来寻求解决方案；如果问题的解决需要领域外知识，则可以借助科学效应与知识库、功能导向搜索来完成。

为帮助工程技术人员突破思维惯性，拓展创新思维，TRIZ理论体系中还包括了相应的创新思维工具，包括：最终理想解（Ideal Final Result，IFR）；资源分析法（Resource Analysis）；九屏幕（九窗口）法（Nine Screen Approach）；聪明小人法（Smart Little People）；尺寸-时间-成本法（Operator STC，STC算子，Size/Time／Cost）；资源-时间-成本法（RTC）以及金鱼法等。

现代TRIZ中最为熟知的创新工具有：

扩展的产品和流程功能分析，包括增量式改善、极端改善、价值分析、专利规避和向超系统扩展；

裁剪和极端裁剪（Trimming and Radical Trimming）；

因果链分析（Cause-Effect Chains Analysis）；

科学知识库（Scientific Database）；

功能导向搜索（Function Oriented Search）；

特性传递（Feature Transfer）；

流分析（Flow Analysis）；

现代技术系统进化法则（Advanced Trends of Engineering System Evolution）。

1.3.3　TRIZ的核心思想

工程技术人员所面对的90%的问题，已于其他地方解决过，很多问题已有类似答案。由此推论，如果能拥有早期解决方案的知识，那么创新发明将会更加容易，而不必源自试错法和其他直觉创新方法。TRIZ作为创造性地解决发明问题的理论工具，其核心思想包括以下几个。

（1）问题及其解在不同的工业部门及不同的科学领域重复出现

通过对大量创新专利的分析研究，TRIZ总结出创新的规律性：不同行业中的问题，采用了相同的解决方法。例如，瞬间压力差原理（缓慢施压，快速释压）出现在不同的干果等硬壳类食品去壳取仁的加工设备中，出现了很多相关专利发明。同样在带微裂纹的大钻石的切割中，希望在裂纹处分裂、分开，也采用了相同的原理；在船用发动机水管水垢去除工艺中，亦采用了瞬间压力差原理。所不同的是，在不同的发明专利中，差别只是压力大小。

通过专利分析发现，99.7%的发明都应用已知的原理，这些原理在不同的工业部门及不同的行业、领域内被反复使用。TRIZ中的40个发明原理指导工程技术人员寻找相应的解决方案。

现代TRIZ的发展，已经将经典TRIZ的发明原理成功应用到各行各业、各学科领域，如面向管理创新、营销创新、质量工程、电子电工、软件开发等。应用发明原理，很多时候可以实现突破性创新，找出系统特定的创新解决方案。

（2）技术进化模式在不同的工业部门及不同的科学领域重复出现

技术系统／产品是按照一定规律在发展的，技术系统进化法则经统计规律证实，描述了技术系统从一种状态自然进化到另一种状态的进化发展过程，即S曲线进化路线。不同的工业部门及不同的科学领域，技术系统向其他已被证明成功的技术方向进化发展。

技术系统进化规律适用于所有的技术系统，同时具有相应的层次结构，即：一种法则可能是在层次结构更高级层次进化法则的子趋势。在技术系统某一进化法则发展中，子趋势是其中一种特定方向。任何技术系统，在其生命周期内，总是沿着提高系统理想度向最理想系统方向进化的，提高理想度法则代表着所有技术系统进化法则的最终方向，是推动技术系统进化的主要动力。以动态化法则为例，技术系统总是沿着"刚体→可动链接→柔性体→粉末→液体→气体→场"的趋势发展演化，从而向着最理想系统进化。

（3）发明经常采用不同领域中存在的效应

在TRIZ研究的早期阶段，阿奇舒勒就已经验证：对于一个给定的技术问题，可以运用各种物理、化学、生物和几何效应使解决方案更理想和更简单地实现。同时，他还发现高等级专利中经常采用的解决方案均应用了不同的科学效应。

1.3.4 TRIZ的适用范围

TRIZ源于专利，应用TRIZ进行工程问题求解所获得的解决方案同时又可以申请相应专利，因此TRIZ和专利相辅相成、密切关联。由于TRIZ的产生来源于专利，而专利是工程技术领域中发明创造的直接表述，因此TRIZ从一出现就应用于解决技术领域里的发明问题，而不是说TRIZ是能够"什么问题都可以解决"的"万能工具"。因此，TRIZ有其自身应用的边界。由于技术领域非常宽泛，即使是在技术领域内，TRIZ也有其自身应用的边界。一般情况下，对于技术领域内的优化（例如生产系统中的库存优化、生产排程优化等）、化学配方配比优选、无设计自由度、非常基础等问题，是不太适合应用TRIZ进行求解的。同样，在非技术领域，TRIZ应用也有其局限性，虽然目前有很多学者将TRIZ中的40个发明（创新）原理应用到软件开发、管理、质量管理、社会学、服务业等行业领域，但是这类应用研究更多的表现是对这些领域已有规律按发明原理方式进行的总结。

以韩国三星公司为例，TRIZ应用体现在以下4个方面。

① 难题攻关：三星专家无法解决的技术问题；
② 技术预测：对三星集团的产品进行进化预测；
③ 专利对抗：专利规避设计及专利布局设计；
④ 研发流程的改进：对6 Sigma DMADV流程的改进。

现代TRIZ最广泛的应用领域：

① 解决工程技术问题；
② 竞争专利规避；

③ TRIZ与产品研发体系的集成，如DFSS（Design For Six Sigma，六西格玛设计）；
④ 失效预测分析（TRIZ for FEMA）；
⑤ 可持续设计（Green TRIZ）；
⑥ 技术预测（Technology Forecasting）。

1.4 TRIZ 中发明等级

在人类进化发展的历史长河中，无数先贤们利用其创造力推动了人类社会的发展。今天回顾历史的时候，我们往往只注意到那些给人类社会发展带来巨大影响的发明创造，例如：制陶技术为人类提供了最早的人造容器；冶炼技术为人类提供了最早的金属制品——青铜器；十进位计数法为科学的发展奠定了基础；造纸术对人类文化传播产生了广泛、久远的影响；指南针对航海产生了深远的影响；火药改变了整个世界事物的面貌和状态等。但很少有人会注意那些对已有事物进行的修修补补式的小发明、小创造。而正是由于有了这些小发明、小创造，才有了现在所看到的各种各样功能相对完善、结构相对简单的生产工具和生活用品。所以，伟大的发明给社会的发展提供了巨大的推动力，而那些小的发明创造却是伟大发明的基础，只有在无数小发明、小创造的推动下，伟大的发明才得以出现，并逐步趋于完善。

1.4.1 发明的创新水平

在18世纪，为了鼓励、保护、利用发明与创新成果，以促进产业发展，各个国家纷纷制定了专利法。在阿奇舒勒开始对大量专利进行分析、研究之初，他就遇到了一个无法回避的问题：如何评价一个专利的创新水平？

众所周知，一项技术成果之所以能通过专利审查，获得专利证书，必定有其独到之处。但是，在众多的专利当中，有的专利只是在现有技术系统的基础上进行了很小的改变，改善了现有技术系统的某个性能指标；而有的专利则是提出了一种以前根本不存在的技术系统。显然，这两种专利在创新水平上是有差别的，但是，如何制定一个相对客观的标准来评价它们在创新水平上的差异呢？

从法律的角度来看，专利的定义会随着时间的变化而改变。即使在同一历史时期，不同国家对专利的定义也有所差异。专利的作用就是准确地确定一个边界，只有在这个范围之内，用法律的形式对技术领域的创新进行经济利益的保护才是有意义的。但是，从技术的角度来看，判断一个产品或一项技术是否具有创新性，其创新的程度有多高，更重要的是要识别出该产品或技术的创新的核心是什么，这个本质从来没有变过。

从技术角度来说，一项创新通常表明完全或部分地克服了一个技术矛盾。克服技术系统中存在的矛盾，一直是创新的主要特征之一。

弗·恩格斯在《步枪史》一文中详细介绍了步枪的进化历史，并介绍了步枪进化过程中所克服的种种技术矛盾。其中最主要的技术矛盾之一就是"灵便而迅速地装弹"与"射程和射击精度"之间的矛盾，如下所述：

到目前为止所谈的步枪都是前装枪（图1-7）。然而，很早以前就有了许多种后装火器。后装火炮比前装火炮出现得早。最古老的军械库中有二三百年前的带活动尾部的长枪和手枪，它们的装药是从枪尾部填放，而不用探条从枪口装填。一个很大的困难是怎样连接活动的枪尾部和枪管，使它既便于开关，又连接得很牢固，能承受火药爆炸的压力。在当时技术不够发达的情况下，这两个要求不可能兼顾——或者是连接枪尾部和枪管的装置不够坚固耐用，或者是开关的过程非常慢——这是毫不奇怪的。于是后装武器被弃置不用（因为前装的动作要迅速得多），探条占着统治地位这也是毫不奇怪的。到了现代，军人和军械师都想设计一种火器，它既能像旧式火枪那样灵便而迅速地装弹，又具有步枪那样的射程和射击精度；这时后装方法自然又受到了重视。只要枪尾部有合适的连接装置，一切困难都能克服了。

图1-7　1814年，美国M1841密西西比步枪（前膛枪）

M1841步枪（图1-7）的装弹过程：①从膛口倒入适量黑火药；②将用布条包裹的弹丸放入膛口；③用推弹杆将弹丸从枪管中推入弹膛；④盖上底火窝，就可以进行射击了。

从以上论述中可以看出，对于前装枪来说，要想灵便而迅速地装弹，就需要缩短枪管的长度。但是，射程和射击精度是与枪管长度密切相关的，缩短枪管的长度将会降低射程和射击精度。于是"灵便而迅速地装弹"与"射程和射击精度"之间就构成了一对技术矛盾。而采用后装方法就可以很好地解决这个矛盾，在不缩短枪管长度的前提下实现"灵便而迅速地装弹"。

1.4.2　五个发明级别

阿奇舒勒通过专利分析发现，不同的发明专利所蕴含的科学知识、技术水平存在很大的差异性，如何区分这些专利的知识含量、技术水平、应用范围及对人类贡献，显得比较困难。有鉴于此，有必要对不同的发明进行等级（级别）划分（见表1-1）。阿奇舒勒认为，发明等级L1非常简单，大量低水平的发明远远小于一个高等级发明的贡献；而发明等级L5属于发现（Discovery）级别，是可遇不可求的。因此，对于发明等级L2～L4类专利进行深入研究，正是TRIZ专利分析的根基，并最终从L2～L4专利中，总结出这些专利背后隐藏的规律。由此，通过TRIZ获取的专利和发明等级也就确定其处于L2～L4的范围，L1级别的问题可以不需要应用TRIZ，而L5级别的问题TRIZ又无能为力。

表1-1 TRIZ对发明等级的划分

级别	发明等级	标准	解决方案的来源	试验次数	比例/%
L1	明显的解决方案	使用某一组件实现设计任务，并未解决系统的矛盾	狭窄的专业领域	数次	32
L2	改进	稍加改进现有系统，通过移植相似系统的方案解决了系统的矛盾	技术的某一分支	数十次	45
L3	范式内的发明	从根本上改变或消除至少一个主要系统组件来解决系统的矛盾，解决方案存在于某一个工程学科	其他技术分支	数百次	19
L4	范式外的发明	运用跨学科的方法解决了系统矛盾，开发了新系统	科学——鲜为人知的物理、化学现象等	数千次	<4
L5	科学发现	解决了系统矛盾，导致了一个开创性的发明（往往是根据最新发现的现象）	超越了科学的界限	数百万次	<0.3

（1）第一级发明

这种发明是指在本领域范围内的正常设计，或仅对已有系统作简单改进与仿制所做的工作。这一类问题的解决，主要依靠设计人员自身掌握的常识和一般经验就可以完成，是级别最低的发明，即不是发明的发明。利用试错法解决这样的问题，通常只需要进行10次以下的尝试。

例如，增加隔热材料，以减少建筑物的热量损失；将单层玻璃改为双层玻璃，以增加窗户的保温和隔音效果；用大型拖车代替普通卡车，以实现运输成本的降低；普通开瓶器需要双手才能开启瓶盖，改进为单手开瓶器（见图1-8）。该类发明大约占人类发明总数的32%。

图1-8 普通开瓶器改进为单手开瓶器

（2）第二级发明

这种发明是指在解决一个技术问题时，对现有系统某一个组件进行改进，是解决了技术矛盾的发明。这一类问题的解决，主要采用本专业内已有的理论、知识和经验，设计人员需要具备系统所在行业中不同专业的知识。解决这类问题的传统方法是折中法。这种发明能小幅度地提高现有技术系统的性能，属于小发明。利用试错法解决这样的问题，通常需要进行10～100次尝试。

例如，在气焊枪上增加一个防回火装置；把自行车设计成可折叠状；改锥从单用途改进为双用途、到组合式。如图1-9所示。

图1-9 组合式改锥

（3）第三级发明

这种发明是指对已有系统的若干个组件进行改进。这一类问题的解决，需要运用专业以外但是在一个学科以内的现有方法和知识（如用机械方法解决机械问题，用化学知识解决化学问题）。在发明过程中，人们必须解决系统中存在的技术矛盾。

这些是解决了物理矛盾的发明。如果系统中的一个组件彻底改变，就是很好的发明（如改变某物质的状态，由固态变成液态等）。可以用一些组合的物理效应（可能是不为人们所熟知的）来解决这类问题，解决问题的过程中也可以巧妙地利用一些人们熟知的物理效应。例如，利用电动控制系统代替机械控制系统；汽车上用自动换挡系统代替机械换挡系统；在冰箱中用单片机控制温度；从用机械能（手摇）实现连续射击的加特林机枪改进到用化学能（火药气）推动实现连续射击的马克沁机枪；普通步枪到可以拐弯射击的步枪（见图1-10）等。

这种发明能从根本上提升现有技术系统的性能，属于中级发明。利用试错法解决这样的问题，通常需要进行100～1000次尝试。

该类发明约占所有发明的18%。

加特林机枪　　　马克沁机枪

可以拐弯射击的步枪

图1-10 枪械的发展

(4) 第四级发明

这种发明一般是在保持原有功能不变的前提下，用组合的方法构建新的技术系统，属于大发明，通常是采用全新的原理来实现系统的主要功能，属于突破性的解决方案，能够全面升级现有的技术系统。

由于新的功能组合需要运用跨学科的方法开发出新的技术系统，所以给人的错觉是新技术系统在发明过程中并没有克服技术矛盾。实际上并非如此，因为在原有的技术系统——系统原型中是有技术矛盾的，这些矛盾通常是由其他科学领域中的方法来消除的，设计人员需要来自于不同科学领域的知识。需要多学科知识的交叉，主要是从科学底层的角度而不是以工程技术的角度出发，充分挖掘和利用科学知识、科学原理来实现发明。

在解决第四级发明问题时所找到的原理，通常可以用来解决属于第二级发明和第三级发明的问题。例如，内燃机替代蒸汽机、核磁共振技术代替B超和X光技术、世界上第一台内燃机的出现、集成电路（见图1-11）的发明、充气轮胎等。

利用试错法解决这样的问题，通常需要进行1000～10000次尝试。该类发明在所有发明中所占比例小于4%。

图1-11　集成电路

(5) 第五级发明

这种发明催生了全新的技术系统，推动了全球的科技进步，属于重大发明。利用试错法解决这样的问题，通常需要进行10万次以上的尝试。

这里，问题的解决方法往往不在人们已知的科学范围内，是通过发现新的科学现象或新物质来建立全新的技术系统。

对于这类发明来说，首先是要发现问题，然后再探索新的科学原理来解决发明任务。本级发明中的低端发明为现代科学中许多物理问题的解决带来了希望。支撑这种发明的新知识为开发新技术提供了保证，使人们可以用更好的方法来解决现有的矛盾，使技术系统向最终理想迈进了一大步。

一般的设计人员通常没有能力解决这类问题。这一类问题的解决，主要是依据人们对自然规律或科学原理的新发现。例如，计算机、蒸汽机、激光、晶体管等的首次发明。又例如，轮子、半导体、形状记忆合金、X光透视技术、微波炉、蒸汽机、飞机（见图1-12）。该类发明大约占人类发明总数的1%或者更少。

图1-12　各种飞机

绝大多数发明是对原有系统的不同程度的改进，使系统得到完善。发明不是高深莫测的，绝大多数发明都是利用同一个原理，在不同领域和行业的发明创新。通过对发明等级的掌握，就会对发明水平、获得发明所需要的知识以及发明创造的难易程度有一个量化概念，同时也对发明等级有了全新的认识。

1.4.3　发明级别划分的意义

在以上的五个级别的发明中，第一级别发明其实谈不上创新，它只是对现有系统的改善，并没有解决技术系统中的任何矛盾；第二级和第三级发明解决了矛盾，可以看作是创新；第四级发明也改善了一个技术系统，但并不是解决现有的技术问题，而是用某种新技术代替原有技术来解决问题；第五级发明是利用科学领域发现的新原理、新现象推动现有技术系统达到一个更高的水平。

阿奇舒勒认为，第一级发明过于简单，不具有参考价值；第五级发明对于工程技术人员来说过于困难也不具有参考价值，于是他从海量专利中将属于第二级、第三级和第四级的专利挑出来进行整理研究，分析归纳，提炼，最终发现了蕴藏在这些专利背后的规律。

TRIZ是在分析第二级、第三级和第四级发明专利的基础上归纳、总结出来的规律。因此，利用TRIZ能帮助工程技术人员解决第一级到第四级的发明问题。而第五级的发明无法利用TRIZ来解决。阿奇舒勒曾明确表示：利用TRIZ方法可以帮助发明家将其发明的级别提高到第三级和第四级水平。

阿奇舒勒认为：如果问题中没有包含技术矛盾，那么这个问题就不是发明问题，或者说不是TRIZ问题。这就是判定一个问题是不是发明问题的标准。需要注意的是，第四级发明是利用以前在本领域中没有使用过的原理来实现原有技术系统的主要功能，属于突破性的解决方法。

"发明级别"对发明的水平、获得发明所需要的知识以及发明创造的难易程度等有了一个量化的概念。总体上看，"发明级别"有以下几方面的特征。

① 发明的级别越高，完成该发明时所需的知识和资源就越多，这些知识和资源涉及的领域就越宽，搜索所用知识和资源的时间就越多，因此就要投入更多、更大的研发力量。

② 随着社会的发展、人类的进步、科技水平的提高，已有"发明级别"也会随时间的变化而不断降低。因此，原来级别较高的发明，逐渐变成人们熟悉和容易掌握的东西。而新的社会需求又不断促使人们去做更多的发明，生成更多的专利。

③ 对于某种核心技术，人们按照一定的方法论，按照年份、发明级别和数量分析该核心技术的所有专利以后，可以描绘出该核心技术的"S曲线"。S曲线对于产品研发和技术的预测有着重要的指导意义。

④ 统计表明，一、二、三级发明占了人类发明总容量的95%，这些发明仅仅是利用了人类已有的跨专业的知识体系。由此，也可以得出一个推论，即人们所面临的95%的问题，都可以利用已有的某学科内的知识体系来解决。

⑤ 四、五级发明只占人类发明总量的5%左右，却决定了人类社会科技进步的方向，利用了整个社会的、跨学科领域的新知识。因此，跨学科领域的知识获取是非常有意义的工作。

当人们遇到技术难题时，不仅要在本专业内寻找答案，也应当向专业外拓展，寻找其他行业和学科领域已有的、更为理想的解决方案，以求获得事半功倍的效果。人们从事创新，尤其是进行重大的发明时，就要充分挖掘和利用专业外的资源，正所谓"创新设计所依据的科学原理往往属于其他领域"。而TRIZ提供了解开专业束缚，开拓创新视野的全套方法和工具。

我国专利分类对应TRIZ发明等级的对应关系，及TRIZ解决问题的适用范围如图1-13所示。

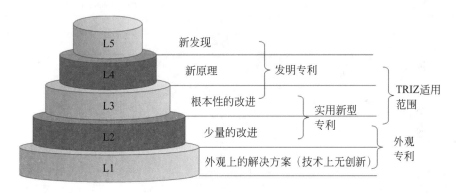

图1-13　发明等级与TRIZ的适用范围

TRIZ源于专利，服务于生成专利（应用TRIZ产生的发明结果多数可以申请专利），TRIZ与专利有着密不可分的渊源。充分领会和认识专利的发明级别，可以让人们更好地学习和领悟TRIZ的知识体系。

1.5　TRIZ问题模型与工具

TRIZ最为广泛应用于解决工程技术问题。工程技术问题求解一般包含6个步骤：定义问题→分析问题→产生可能的解→分析解→选择解→实施规划，这是一个逐级反馈的求解过程，各种创新技法应用主要集中在产生可能的解这一步骤中，对于通常性工程技术问题，通过建立数学模型、仿真模型等分析工具，参照教科书、技术杂志、手册或从领域专家获得问题的可能解。而对于发明问题，即包含矛盾的系统问题，则需要在定义问题和分析问题阶段甄别问题的类别，即建立问题的模型；然后通过根源分析或因果链分析等分析工具，确定影响这类问题求解的关键问题是什么，即建立关键问题（Key Problem）模型。TRIZ中常见问题模型有4类，如表1-2所示。对于每一类问题模型，TRIZ提供了相应的工具，通过工具的使用可以快捷地得到问题解决方案模型。

对于比较难以界定的模糊问题，具有相当的难度和复杂性，难以归类为4类问题模型中的话，则可以采用TRIZ理论体系中的发明问题解决算法ARIZ来求解。因此，ARIZ特别适合求解那些问题情境复杂、矛盾不明显的非标准发明问题。ARIZ基于技术进化法则，进化发展是客观的、经数据统计分析的趋势法则，因此ARIZ的解决方案具有较高的可信度及有效性。同时，ARIZ结合了基于TRIZ的其他的问题解决工具（见表1-3），包括标准解、发明原理和科学效应等，实际上ARIZ是TRIZ工具的应用集成器。

表1-2　TRIZ问题模型

问题模型	工具	解决方案模型
技术矛盾	矛盾矩阵	40个发明原理
物理矛盾	分离方法	分离原理、满足矛盾、绕开矛盾
物场模型	物场分析	76个标准解 40个发明原理
功能模型	How to模型	效应和功能导向搜索

表1-3　TRIZ工具

工具	作用
功能模型分析	清楚认识每个部件的真正作用，发现工程系统中的问题
裁剪分析	降低成本、稳健设计、消除问题、增强专利
因果分析	发现解决问题的入口，防止问题重复出现
功能导向搜索	产品初期设计工具，用于开发团队对问题没有思路时
矛盾	经典TRIZ核心，40个发明原理应用，产生突破性创新
76个标准解	Mini Prob，通过系统的最小变化来解决问题
技术进化趋势	预测下一代产品。定位产品发展阶段，采用合适的战略
总体	与QFD、DFSS等其他方法工具结合，增强TRIZ操作性

应用TRIZ求解特定的工程问题时，首先必须对工程问题进行定义描述，然后将特定问题转化成一般性的TRIZ问题，即建立TRIZ问题模型。再次，按照表1-3对应的问题模型，选取相应的TRIZ工具，获得对应问题模型的解决方案模型，即TRIZ一般问题的通用解。最后，通过映射、比对等方法获得对应特定的工程问题的特定解，并对特定解进行相关的验证、评估。应用TRIZ求解流程如图1-14所示。

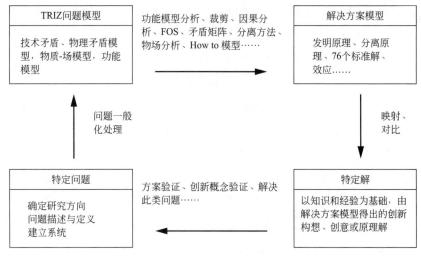

图1-14 TRIZ求解流程

1.6 TRIZ应用流程

图1-15展示的TRIZ求解流程是TRIZ求解工程问题的通用流程，由于TRIZ体系复杂，内容繁多，工程技术人员在应用TRIZ进行求解的过程中，往往觉得不知从何入手，全面学习和掌握TRIZ需要花费相当长的时间，从而影响了TRIZ的推广和应用。因此，有必要从TRIZ应用流程研究入手，简化TRIZ应用的复杂性。

通用问题求解流程为：发现和定义问题、分析问题和解决问题；与之对应的TRIZ应用流程则是：识别问题、解决问题和创新概念生成三个阶段。

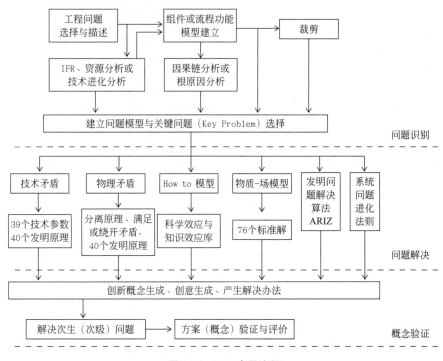

图1-15 TRIZ应用流程

第1章 TRIZ基础 21

① 工程问题选择与描述。爱因斯坦曾说过"提出问题往往比解决问题更为重要"。将问题描述清楚，是找出正确问题的关键，同时也反映出我们对问题理解的深度。例如为了在太空中记录数据，则需要能够在太空失重状态下写字的笔。如果将该问题描述为"开发一种可以在太空中写字的圆珠笔"，则后续的问题求解将变得比较困难，原因是我们必须解决圆珠笔在失重状态下依然能够让墨水有序流出。而如果将问题描述为"能够在太空中写字的笔"，则求解将变得相对简单，因为书写痕迹介质可以不采用墨水（油墨）。

另外，在描述和定义问题时，需要了解问题的范围和自由度，即存在哪些限制条件或约束条件。了解技术系统中的哪些部分是可控的，哪些是不可控的，哪些是不能改变的。

② IFR、资源分析或技术进化分析。当得到了清晰的问题定义与描述之后，需要确定技术系统或超系统中哪些资源可以利用。除常规意义上的资源外，TRIZ更多时候在寻求解决方案时可能需要的是物质、场或物质-场属性这些资源。了解清楚系统现状，然后就可以设定系统理想状态或者应该具备的状态，即理想解。或者分析系统所采用的技术成熟度，分析技术系统进化趋势，以确定问题的根本解决方案是否可从新技术取代方向来进行。

③ 功能模型建立与分析。可以从组件或流程的角度来建立技术系统的功能模型并进行功能分析，从功能的角度而不是单纯技术角度来分析系统、子系统和组件，探寻组件之间、组件与超系统组件之间的相互作用，得到正常功能、不足功能、过剩功能和有害功能，以帮助工程师更详细地理解技术系统中部件之间的相互作用。其目的是优化技术系统功能，简化技术系统结构，以对系统进行较少的改变就能解决技术系统的问题，并最终实现技术系统理想度的提升。

功能模型分析可以明晰系统功能问题，功能问题可以通过How to模型进行功能导向搜索来求解，也可以直接转化为相应的TRIZ问题模型进行求解，或者进行裁剪将初始问题转化为裁剪问题，或者通过因果链分析（根原因分析）找出产生该问题的根本原因。

④ 裁剪。如果技术系统需要删减其某些组件，同时保留这些组件的有用功能，从而实现降低成本，提高系统理想度，则可以对技术系统实施裁剪。裁剪后的系统模型称为裁剪模型，包含为实施裁剪模型一系列需解决的裁剪问题。

⑤ 因果链分析（根原因分析）。从系统存在的问题入手，层层分析形成此现象的原因，直到分析到最后不可分解为止。如果能够从根本原因上解决问题，优选根本原因；如果根本原因不可改变或控制，那么沿着原因链从根本原因向问题逐个检查原因节点，找到第一个可以改变或控制的原因节点；如果消除不良影响的成本比消除原因低，那么选择结果节点；在上述操作后，如果有多个原因节点，那么可以选择其中容易实现、周期较短、成本较低、技术成熟等的节点。

⑥ 建立问题模型与关键问题选择。通过上述分析过程，可以得到许多问题，接下来需要确认阻碍系统进化、影响系统主要性能等的关键问题是什么。解决了关键问题，其他非关键问题可能随之消失或变得对系统影响不显著。

⑦ 技术矛盾和物理矛盾。如果关键问题或问题模型属于矛盾问题，即可以采用通用的"IF…THEN…BUT…"模型来描述问题的话，则可以应用39个工程参数、矛盾矩阵、发明原理和分离原理来进行求解。由此得到的每一个解决方案都是一个建议，应用该建议可以使系统

产生特定的变化，从而消除矛盾。

⑧ 物质-场模型与76个标准解。物质-场模型分析是TRIZ理论中的重要的问题构造、描述和分析的工具。在使用物质-场模型分析和解决问题过程中，根据模型所描述的问题类型来确定问题的性质，为设计人员提供解决问题的方向。同时，结合应用物质-场对系统功能分析的结果，进而参考76个标准解，为设计者产生创新思维创造条件。

⑨ 科学效应与效应知识库。TRIZ理论基于对世界专利库的大量专利的分析，总结了大量的物理、化学和几何效应，每一个效应都可能用来解决某一类问题，每一条效应的应用都可能是某类问题的原理解。

⑩ 发明问题解决算法ARIZ。工程问题选择与描述中，对于那些问题情境复杂，矛盾不明显的非标准发明问题，很难用TRIZ 4类标准问题模型来表达，则可以使用ARIZ帮助选择正确的TRIZ工具集并按最有效的步骤来求解问题。

思考题

1. 举例说明发明与发现的概念。
2. TRIZ理论的核心思想是什么？
3. TRIZ的技术系统分析问题的工具有哪些？
4. 根据各级发明的特点，举出各级别的发明实例。

一级发明：_____
_____。

二级发明：_____
_____。

三级发明：_____
_____。

四级发明：_____
_____。

五级发明：_____
_____。

参考文献

[1] 檀润华. TRIZ及应用：技术创新过程与方法[M]. 北京：高等教育出版社，2010.
[2] 创新方法研究会，中国21世纪议程管理中心. 创新方法教程（中级）[M]. 北京：高等教育出版社，2012.
[3] 创新方法研究会，中国21世纪议程管理中心. 创新方法教程（高级）[M]. 北京：高等教育出版社，2012.
[4] GEN3 PARTNERS. Advanced TRIZ Training（Level 2 of MATRIZ Certification）[R]. 上海：上海交通大学，2013.
[5] Gunter R.Ladewig, Robert Lyn. Super Effects: The Synergistic Effects of TRIZ [J/OL]. TRIZ Journal,8,2007. http://www.

metodolog. ru/triz-journal/archives/2007/08/02/index. html.

[6] Val Kraev. Overcoming Mental Inertia[J/OL], TRIZ Journal,2007（8）.http://www.triz-journal.com/arcluves/2007/08/05/.

[7] 赵敏，史晓凌，段海波.TRIZ入门及实践[M].北京：科学出版社，2009.

[8] 刘训涛，曹贺，陈国晶.TRIZ理论及应用[M].北京：北京大学出版社，2011.

[9] 成思源，周金平，郭钟宁.技术创新方法——TRIZ理论及应用[M].北京：清华大学出版社，2014.

[10] 周苏.创新思维与TRIZ创新方法[M].第2版.北京：清华大学出版社，2018.

[11] 赵新军，孔祥伟.TRIZ创新方法及应用案例分析[M].北京：化学工业出版社，2020.

第 2 章
创新思维与创新技法训练

☑ 知识目标：
① 知晓人类的思维模式。
② 知晓创新思维的开发与训练方法。
③ 懂得创新思维方法的特征。

☑ 能力目标：
① 通过学习，突破思维定势对创新思维的束缚。
② 通过创新技法的训练，能够应用创新思维方法去考虑创新问题的解决方向。

2.1 思维模式简介

思维是人类所具有的高级认识活动。按照信息论的观点，思维是对新输入信息与脑内储存知识经验进行一系列复杂的心智操作过程。创新思维是指以新颖独创的方法解决问题的思维过程。它突破常规思维的界限，以超常规甚至反常规的方法、视角去思考问题，提出与众不同的解决方案，从而产生新颖的、独到的、有意义的思维成果。创新思维的本质在于将创新意识的感性愿望提升到理性的探索上，实现创新活动由感性认识到理性思考的飞跃。

创新思维的运用目的，就是让人们具有"新的眼光"，克服思维定式，打破技术系统旧有的阻碍模式。一些看似很困难的问题，如果投以"新的眼光"，站到更高的位置，采用不同的角度来看待，就会得出新奇的答案。

2.1.1 思维定势

在长期的思维活动中，每个人都形成了自己惯用的思维模式，当面临某个事物或现实问题时，便会不假思索地把它们纳入已经习惯的思想框架进行思考和处理，即思维定势（也称思维定式）。思维定势也称"惯性思维"，是指由先前活动造成的一种对活动的特殊心理准备状态或活动的倾向。在环境不变的条件下，思维定式使人能够应用已掌握的方法迅速解决问题。而在情境发生变化时，则会妨碍人们采用新的方法。消极的思维定势是束缚创造性思维的枷锁。

思维定势有如下两个特点：一是形式化结构，思维定势不是具体的思维内容，而是许多具体的思维活动所具有的逐渐定型的一般路线、方式、程序和模式；二是强大的惯性或顽固性，不仅逐渐成为思维习惯，而且深入到潜意识，成为处理问题时不自觉的反应。

思维定势有益于日常对普通问题的思考和处理，但不利于创造性思维，它阻碍新思想、新观点、新技术和新形象的产生。因此，创造性思维过程中需要突破思维定势。思维定式多种多样，不同的人有不同的思维定势，常见的四种思维定势有从众型思维定势、书本型思维定势、经验型思维定势和权威型思维定势等。

2.1.2 泛化思维

思维定势束缚了创造性思维的发挥，从这个意义上讲，思维定势是一种消极的因素，它使大脑忽略了思维定势之外的事物和观念。而从社会学、心理学和脑科学的研究成果来看，思维定势又是难以避免的，解决思维定势常见的方法是尽量多地增加头脑中的思维视角，拓宽思维的广度，学会从多种角度观察同一个问题，即泛化（扩展）思维视角。

大多数人对问题的思考，首先是按照常情、常理、常规去想，或者是顺着事物发生的时间、空间顺序去想。常规的思考方向是沿着事物发展的规律进行，容易找到切入点，解决问题的效率比较高，但也往往容易陷入思维误区，制约创造性思维，因此需要改变原有的思考方向，以获得更多的思维视角。

常见的改变思考方向的方法有：

① 变顺着想为倒着想。当顺着想不能很好地解决问题时，倒着想就是一种新的选择。例

如：联邦德国一造纸厂，因工人疏忽，生产过程中少放了一种胶料，制成了大量不合格的纸。用墨水笔在这种纸上写字，墨水很快就被吸干，根本形成不了字迹。报废会造成巨大损失，肇事者拼命地想，也没办法。一天，漫不经心的他将墨水洒在了桌子上，他随手用这种纸来擦，结果墨水被吸得干干净净。"变废为宝"的念头在他头脑中一闪而过，终于，"倒着想"的结果是这批纸被当作吸墨水纸全部卖了出去。

② 从事物的对立面出发。鉴于事物对立双方是既对立又统一的，改变这一方不行时，可改变另一方。例如：有位加拿大人叫格德，复印时不小心把瓶子里的液体洒在文件上，被浸染过的那部分复印后一团黑。由此，他想到是否可以用这种液体浸染文件，避免文件被偷偷复印，后来他多次试验，发明了一种浸泡文件后就不能再复印的液体，成功解决了机密文件被人偷偷复印的问题。

③ 换位思考。是指思考者换个角度思考问题。下面说个小故事：

妻子正在厨房炒菜。

丈夫在她旁边一直唠叨不停："慢些，小心！火太大了。赶快把鱼翻过来，油放太多了！"

妻子脱口而出："我懂得怎样炒菜，不用你指手画脚的。"

丈夫平静地答道："我只是想要让你知道，我在开车时，你在旁边喋喋不休，我的感觉如何……"

2.2 创新性思维方式

创造性思维方式是从创新思维活动中总结、提炼、概括出来的具有方向性、程序性的思维模式，为创新思维提供方向。下面论述发散思维与收敛思维、横向思维与纵向思维、正向思维与逆向思维、求同思维与求异思维四组看似对立但又辩证统一的思维方式，在创造性思维活动中，它们相互联系、相互结合，共同使用。

2.2.1 发散思维与收敛思维

发散思维与收敛思维是第一组对立统一的创新思维方法。发散思维是对同一问题从不同层次、不同角度、不同方向进行探索，从而提供新结构、新点子、新思路或新发现的思维过程。收敛思维是尽可能利用已有的知识和经验，将各种信息重新进行组织、整合，从不同的角度和层面，把众多的信息和解题的可能性逐步引导到条理化的逻辑序列中，寻求相同目标和结果的思维方法。思想家托马斯·库恩认为，科学革命时期发散思维占优势，常规科学时期收敛思维占优势，一个好的探索者要在发散思维和收敛思维之间保持必要的张力。

（1）发散思维

发散思维是由美国心理学家J.P.吉尔福特在《人类智力的本质》中作为与创造性有密切关系的思考方法提出的。它具有流畅性、灵活性和独特性的特点。图2-1是发散思维示意图。

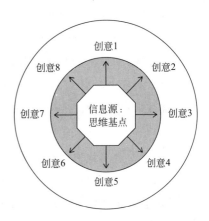

图2-1 发散思维示意图

流畅性是思想的自由发挥，指在尽可能短的时间内生成并表达出尽可能多的思维观念以及较快地适应、消化新的思想观念，是发散思维量的指标。例如，在思考"取暖"有哪些方法时，我们可以从取暖方法的各个方向发散，有晒太阳、烤火、开空调、电暖气、电热毯、剧烈运动、多穿衣等，这些都是同一方向上数量的扩大，方向较为单一。

灵活性是指克服人们头脑中僵化的思维框架，按照某一新的方向来思索问题的特点。灵活性常常通过借助横向类比、跨域转化、触类旁通等方法，使思维沿着不同的方面和方向扩散，以呈现多样性和多面性。灵活性是较高层次的发散思维，使得发散思维的数量多、跨度大。

独特性表现为发散的"新异"、"奇特"和"独到"，即从前所未有的新角度认识事物，提出超乎寻常的新想法，使人们获得创造性成果。

发散思维的具体形式包括用途发散、功能发散、结构发散和因果发散等。

用途发散是以某个物品为扩散点，尽可能多地列举材料的用途。例如把回形针经过材料发散可得到各种用途：把纸和文件别在一起；拉开一端，能在水泥板或泥地上画印痕；拉直了可用作纺织工的织针；可变形制作挂钩等。

功能发散是以某种功能为发散点，设想出获得该功能的各种可能性。例如对"物质分离"进行功能发散，可采用过滤、蒸发、结晶等方法来实现。再如对"照明"采用功能发散，可得到很多结果：开电灯、点蜡烛、点火把、用手电筒、用镜子反射太阳光等。

结构发散是以某个事物的结构为发散点，尽可能多地设想出具有该结构的各种可能性。例如由三角形结构发散，可以得到三角尺、三角窗、三角旗、屋顶的三角结构、金字塔等。

因果发散是以某个事物发展的结果为发散点，推测造成该结果的各种原因，或以某个事物发展的起因为发散点，推测可能发生的各种结果。例如对玻璃杯破碎进行因果发散，找寻原因，可得到：手没抓稳，掉在地上碰碎了；被某种东西敲碎了；冬天冲开水时爆裂了；杯子里的水结冰胀裂了等。

案例2-1 "孔"的发散思维拓展

"孔"结构在工程实例中广泛应用，利用发散思维，可用"孔"结构解决很多问题，例如：

① 整版邮票用直线"齿孔"把邮票一枚一枚分隔开来，零售时就方便多了，另一个优点是带齿孔的邮票比无齿孔的邮票美观。

② 钢笔尖上有一条导墨水的缝，缝的一端是笔尖，另一端是一个小孔，最早生产的笔尖是没有这个小孔的，既不利于储水，也不利于在生产过程中开缝隙。

③ 钢笔、圆珠笔之类的商品常常是成打（12支）平放在纸盒里的，批发时不便一盒一盒拆封点数和查看笔杆颜色，有人想出在每盒盒底对应每一支笔的下面开一个较大的孔，查验时只要翻过来一看，就可知道够不够数，是什么颜色，省时又省力。

④ 有一种高帮球鞋两边也开有通风孔，有利于运动时散热。

⑤ 弹子锁最怕钥匙断在里面或被人塞纸屑、火柴梗进去，很难钩取出来。如果在制造锁时，在钥匙口对面预留一个小孔，再出现上述情况，用细铁丝一捅就出来了。

⑥ 电动机、缝纫机的机头上留小孔，便于添加润滑油。

⑦ 防盗门上有小孔，装上"猫眼"能观察门外来人。

采用发散思维，可以尽可能多地提出解决问题的办法，最后再收敛，通过论证各种方案的可行性，最终得出理想方案。

（2）收敛思维

收敛思维是将各种信息从不同的角度和层面聚集在一起，进行信息的组织和整合，实现从开放的自由状态向封闭的点进行思考，以产生新的想法，形成一个合理的方案，如图2-2所示。收敛思维具有封闭性、综合性和合理性的特点。

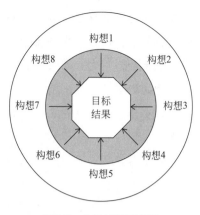

图2-2　收敛思维示意图

在收敛思维的过程中，要想准确地发现最佳的方法或方案，必须综合考察各种发散思维成果，并对其进行归纳综合、分析比较。收敛式综合并不是简单的排列组合，而是具有创新性的整合，即以目标为核心，对原有的知识从内容到结构上进行有目的的评价、选择和重组。

发散思维所产生的众多设想或方案，一般来说多数都是不成熟或者不切实际的。因此，必须借助收敛思维对发散思维的结果进行筛选，这需要按照实用、可行的标准，对众多设想或方案进行评判，得出最终合理可行的方案或结果。

收敛思维的具体形式包括目标识别法、层层剥笋法、聚焦法等。

目标识别法就是确定搜寻目标，进行观察，做出判断，找出其中的关键，并围绕目标定向思维。目标的确定越具体越有效。

层层剥笋法就是在思考问题时，最初认识的仅仅是问题的表层，随着认识的深入，逐渐向问题的核心一步一步逼近，抛弃那些非本质的、繁杂的特征，揭示事物表象下的深层本质。

聚焦法是指人们思考问题时，有意识、有目的地将思维过程停顿下来，并将前后思维领域进行浓缩和聚拢，以便帮助我们更有效地审视和判断某一事件、某一问题、某一片段信息。聚焦法带有强制性指令色彩，对思维能力有两方面的影响：其一，可通过反复训练，培养我们的定向、定点思维的习惯，形成思维的纵向深度和强大穿透力，犹如用放大镜把太阳光持续地聚焦在某一点上，就可以形成高热；其二，由于经常对某一片段信息，某一件事、某一问题进行有意识的聚焦思维，自然会积淀起对这些信息、事件、问题的强大透视力，最后顺利解决问题。

案例2-2　收敛思维的实例

隐形飞机的制造是一种多目标聚焦的结果。要制造一种使敌方的雷达探测不到，红外及热辐射仪等追踪不到的飞机，需要分别实现雷达隐身、红外隐身、可见光隐身、声波隐身四个目标，每个目标中还有许多具体的小目标，通过具体地解决一个个小目标，最终制造出隐形飞机，如图2-3所示。

20世纪初，化学家开始把发明新药的目光投向化学合成，德国化学家欧里希（Paul Ehrlich, 1854—1915年）

图2-3　隐形飞机

也在研究通过化学合成制备新的药物。当时,化学家发明了一些染料,能够用来给细胞染色,但细胞被染色以后会失去生命,因此,染色剂也是杀菌剂。欧里希想,染料染色的同时,也在杀灭微生物,用它来消灭危害人类健康的锥虫病,会取得怎样的效果呢?锥虫是当时流行于非洲等地的微生物,非洲有一种苍蝇叫采蝇,专门吃牛血和人血,在这个过程中把病人或病牛体内的锥虫传染给健康的人或家畜,锥虫在体内繁殖,使人畜得病,这种病每年要夺去无数宝贵的生命。

欧里希试图用染色剂来杀灭锥虫,但试验了许多次都失败了。1907年的一天,他从一本化学杂志上看到:用化学品"阿托什尔"能杀死锥虫,治好昏睡病。但"阿托什尔"会使视神经受到损坏,造成双目失明,锥虫病治好后病人将在黑暗中生活一辈子。这篇文章给欧里希极大的启发,"阿托什尔"能治好锥虫病,说明它的基本元素和基本结构对致病微生物有一定的抑制作用,能不能在这个基础上加以改进呢?沿着这条思路,欧里希发现"阿托什尔"是一种含有砷元素的药物,含砷的药物一般都有较强烈的毒性。欧里希心想,物质的结构变了,化学性质也会发生变化。与"阿托什尔"结构相似的化学物质,也许既能杀虫,而且毒性又较小。他开始与同事们不断地合成新的物质,不断地改变"阿托什尔"的结构,一次次试验它们的生化功能,终于在失败了605次后,研制出了一种叫砷凡纳明的新药。它与"阿托什尔"有相似的结构和性能,但它没有那么强的毒性,因而可以治疗昏睡病和梅毒。

为了纪念这种药成功的艰难历程,该药被命名为606。欧里希利用收敛思维找到研制新药的具体思路,通过多次实验获得了成功。

2.2.2 正向思维与逆向思维

正向思维是按照常规思路,遵照时间发展的自然过程,以事物的常见特征、一般趋势为标准的思维方式,是一种从已知到未知来揭示事物本质的思维方法。逆向思维是在思维路线上与正向思维相反,在思考问题时,为了实现创造过程中设定的目标,跳出常规,改变思考对象的空间排列顺序,从反方向寻找解决办法的一种思维方法。正向思维与逆向思维相互补充、相互转化,在解决问题中共同使用,经常取得事半功倍的效果。

(1)正向思维

正向思维法是依据事物的发展过程建立的,是人们经常用到的思维方式。正向思维法虽然一次只对某一种或一类事物进行思考,但它是在对事物的过去、现在充分分析的基础上,推知事物的未知部分,提出解决方案,因而它又是一种不可忽视的领导工作、科学研究的方法(图2-4)。

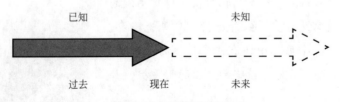

图2-4 正向思维示意图

正向思维具有如下特点:在时间维度上是与时间的方向一致的,随着时间的推进进行,符合事物的自然发展过程和人类认识的过程；认识具有统计规律的现象，能够发现和认识符合正态分布规律的新事物及其本质；面对生产生活中的常规问题时，正向思维具有较高的处理效率，能取得很好的效果。

常用到的正向思维方法有缺点列举法和属性列举法等。

缺点列举法就是在解决问题的过程中，先将思考对象的缺点一一列举出来，然后针对发现的缺点，有的放矢地进行改进，从而实现问题的解决。

属性列举法是一种化整为零的创意方法，它将事物分为单独的个体，各个击破。

案例2-3　异丙醇回收装置

某公司为降低成本，在生产中需要对使用过的异丙醇溶液进行回收。该公司的回收装置较简单，回收过程是用电炉盘发热丝加热铁桶盛装的机油，由机油传热给装有异丙醇的玻璃容器，异丙醇经加热后达到沸点蒸发成蒸气。此蒸气导出后再经玻璃管冷却成液体异丙醇。这套装置设备简陋，技术落后，存在许多问题，公司运用"缺点列举法"，列出该套装置的主要缺点：①回收率低；②没有温度控制，造成水蒸气与二丙醇蒸气混合，导致回收纯度低；③加热电炉盘没有保温装置，热散失大；④电炉盘仅加热铁桶底部造成加热效率低，耗电大；⑤操作不方便、不安全；⑥玻璃器皿容易破损；⑦操作劳动强度大。

根据以上所列缺点，归类整理、分析，公司确定解决技术问题及制作异丙醇回收装置的创新解决方案，主要的创新构思如下：

① 采用夹套结构，用不锈钢制成一台加热炉，夹套发热管直接加热由不锈钢容器盛装的机油。同时，夹套外层加保温材料，提高加热效率。

② 采用温度自动控制系统，自动控制异丙醇沸点温度，使加热回收的异丙醇（异丙醇沸点温度为85℃）溶液温度控制在90～95℃之间，这样，异丙醇溶液能够加热成气体回收，大大提高回收纯度。

③ 为提高回收效率，在加热炉顶部加装一个集气室，集气室内壁加导流片，防止凝固在内壁上的冷凝液回流到蒸发炉内重新加热蒸发。

④ 冷却器采用不锈钢螺旋管式与冷却水进行热交换，提高冷却效率。

⑤ 回收液的添加采用气压导流法，减轻工人劳动强度。改进后回收液用不锈钢容器盛装，在盛装准备回收与正在进行加热回收的不锈钢容器之间用气压塑料管连接起来，并在准备回收的不锈钢容器上安装一个压缩空气阀门，需要添加回收液时，只要打开阀门，回收液就源源不断地流到加热回收的不锈钢容器内，从而节省了大量的人力。

⑥ 控制加热器的电气开关采用固态开关，防止电弧引燃异丙醇（异丙醇属易燃品），引起爆炸，保证回收安全。

⑦ 加热炉容器外加装液位计，监视异丙醇回收液位高度，防止干烧。

（2）逆向思维

逆向思维法利用了事物的可逆性，从反方向进行推断，寻找常规的岔道，并沿着岔道继续思考，运用逻辑推理去寻找新的方法和方案，如图2-5所示。逆向思维法的特点主要有普遍性、批判性和新颖性。

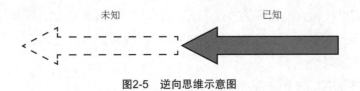

图2-5　逆向思维示意图

逆向性思维在各种领域、各种活动中都有适用性。它有多种形式，如在性质上对立两极的转换：软与硬、高与低等；结构、位置上的互换、颠倒：上与下、左与右等；过程上的逆转：气态变液态或液态变气态、电转为磁或磁转为电等。不论哪种方式，只要从一个方面想到与之对立的另一方面，都是逆向思维。

逆向思维的具体方式包括反转型逆向思维法、转换型逆向思维法和缺点逆用思维法。反转型逆向思维法是指从已知事物的相反方向进行思考，产生发明构思的途径。"事物的相反方向"主要是指事物的功能、结构、因果关系等三个方面作反向思维。例如吸尘器的发明采用了功能反转型逆向思维方法。

转换型逆向思维法是指在研究问题时，转换解决问题的手段，或转换思考角度，使问题顺利解决的思维方法。

缺点逆向思维法是一种利用事物的缺点，化被动为主动，化不利为有利的思维发明方法。这种方法并不以克服事物的缺点为目的，相反是将缺点加以利用，从而找到问题解决方法。例如金属腐蚀会对金属材料带来极大破坏，但人们利用金属腐蚀原理进行金属粉末的生产，或进行电镀等其他用途，这无疑是缺点逆向思维法的一种应用。

案例2-4　两向旋转发电机的发明

由我国发明家苏卫星发明的"两向旋转发电机"（图2-6）诞生于1994年，同年8月获中国高新科技杯金奖，并受到联合国TIPS组织的关注。该发明的产生应归功于逆向思维。翻阅国内外科技文献，发电机共同的构造是各有一个定子和一个转子，定子不动，转子转动。而苏卫星采用逆向思维让定子也转动了起来，从而使发电机的发电效率比普通发电机提高了四倍。逆向思维是"两向旋转发电机"发明得以实现的基础，是他对创造发明思想合理化应用的结果。

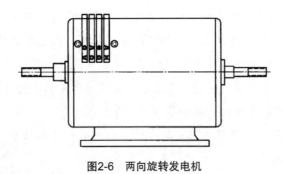

图2-6　两向旋转发电机

2.2.3　横向思维与纵向思维

横向思维是一种共时性的思维，它截取历史的某一横断面，研究同一事物在不同环境中的发展状况，并通过同周围事物的相互联系和相互比较中，找出该事物在不同环境中的异同。纵向思维是一种历时性的比较思维，它是从事物自身的过去、现在和未来的分析对比中，发现事物在不同时期的特点及前后联系,从而把握事物本质的思维过程。横向思维与纵向思维的综合应用能够对事物有更全面的了解和判断,是重要的创造性思维技巧之一。

(1)横向思维

横向思维是由爱德华·德·波诺于1967年在其《水平思维的运用》中提出的。横向思维从多个角度入手,改变解决问题的常规思路,拓宽解决问题的视野,从而使难题得到解决,在创造活动中发挥着巨大作用,如图2-7所示。

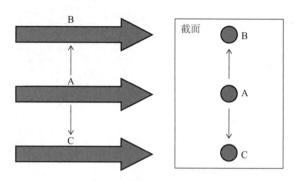

图2-7 横向思维示意图

横向思维具有同时性、横断性和开放性的特点。横向思维的过程,首先把时间概念上的范围确定下来,然后在这个范围内研究各方面的相互关系,同时性的特点使横向比较和研究具有更强的针对性。横向思维对事物进行横向比较,即把研究的客体放到事物的相互联系去考察,可以充分考虑事物各方面的相互关系,从而揭示出不易觉察的问题,横向思维突破问题的结构范围,是一种开放性思维,思维过程中将事物置于很多的事物、关系中进行比较,从其他领域的事物获得启示从而得到最终的结果。爱德华·德·波诺提出了一些促进横向思维的技巧,比如,对问题本身产生多种选择方案(类似于发散思维);打破定势,提出富有挑战性的假设;对头脑中冒出的新主意不要急着做是非判断;反向思考,用与已建立的模式完全相反的方式思考,以产生新的思想;对他人的建议持开放态度,让一个人头脑中的主意刺激另一个人头脑里的东西,形成交叉刺激;扩大接触面,寻求随机信息刺激,以获得有益的联想和启发(如到图书馆随便找本书翻翻,从事一些非专业工作)等。

案例2-5 经营奥林匹克

彼特·尤伯罗斯(Peter Ueberroth,1937—)因成功组织了1984年的洛杉矶奥运会,被世界著名的《时代周刊》评选为1984年度的"世界名人"。在尤伯罗斯之前,举办现代奥运会简直是一场经济灾难,1976年蒙特利尔奥运会亏损10亿美元,1980年莫斯科奥运会用去资金90亿美元,第23届奥运会洛杉矶政府没有提供任何资金,居然获利2.25亿美元,令全世界为之惊叹。这个创举要归功于尤伯罗斯在奥运经费问题上采用了横向思维,如图2-8所示。

尤伯罗斯运用横向思维,通过拍卖奥运会的电视转播权、出售火炬传递接力权、引入新的赞助营销机制等方式,扩大了收入来源。在开源的同时,尤伯罗斯全力压缩开支,充分利用已有设施,不盖新的奥林匹克村,招募志愿人员为大会义务工作。凭借着天才的商业头脑和运作手段,尤伯罗斯使不依赖政府拨款的洛杉矶奥运会盈利2.25亿美元,成为近代奥运会恢复以来真正盈利的第一届奥运会,尤伯罗斯也因此被誉为奥运会的"商业之父"。

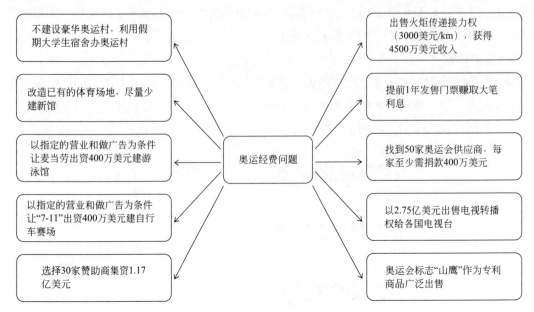

图2-8 奥运会经费的横向思维

（2）纵向思维

纵向思维被广泛应用于科学和实践之中。事物发展的过程性是纵向思维得以形成的客观基础，任何一个事物都要经历一个萌芽、成长、壮大、发展、衰老和死亡的过程，并且在这个发展过程中可捕捉到事物发展的规律性，纵向思维就是对事物发展过程的反映（图2-9）。

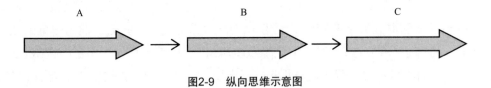

图2-9 纵向思维示意图

纵向思维具有历时性、统一性和预测性的特点。

纵向思维是按照由过去到现在，由现在到将来的时间先后顺序来考察事物。历时性揭示事物发展的过程，在考察事物的起源和发生时具有重要作用。历时性思维方法被现代众多学科所运用，如各类发生学理论：人类发生学、认识发生学、思维发生学等。对那些周期性重复的事物，历时性考察是重要的方法。

纵向思维是在事物的历史发展中考察事物，考察的事物必须是同一的，具有自身的稳定性和可比性，而不可将被考察对象在某一阶段特有的性质或特点加入思考，如果违反纵向思维的同一性，思维的结果就会失真。

纵向思维对未来的推断具有预测性，纵向思维的预测结果可能符合事物发展的趋势。在现实社会中，通过对事物现有规律的分析预测未知的情况相当普遍，纵向思维方法在气象预测、地质灾害预测等领域广泛应用，对于指导人们的行为、决策和规划起着较大作用。

纵向思维的关键是进行纵向挖掘，它包括向下挖掘和向上挖掘两种基本形式。向下挖掘就是针对当前某一层次的某个关键因素，努力利用发散和联想并按照新的方向、新的角度、新的观点进行分析与综合，以发现与这个关键因素有关的新属性，从而找到新的联系和观点的方法。

例如，冯·诺依曼（Johnvon Neumann，1903—1957年）提出"程序存储器"这一概念，就是针对"线性存储"这个因素，打破传统的按照存储方式划分存储器的思想，从存储内容这个新角度进行分析，从而综合出"数据存储"和"程序存储"的存储器划分新标准。向上挖掘就是针对当前某一层次出现的若干现象的已知属性，按照新的方向、新的角度、新的观点去进行新的抽象和概括，从而挖掘出与这些现象相关的新因素的方法。冯·诺依曼提出"中央处理器"的概念，就是对运算器、存储器、控制器这个层次的属性，从"对整个系统的运算和控制"这个新视角进行抽象，发现除了运算器和控制器外，还有程序存储器（原属于存储器）也和整个系统的运算和控制有关，于是将程序存储器从存储器中划分出来，纳入了中央处理器CPU中。

苏联发明家根里奇·阿奇舒勒（G. S. Altshuller）通过对大量专利的分析发现：任何系统或产品都按生物进化的模式进化，同一代产品进化分为婴儿期、成长期、成熟期、退出期四个阶段，提出产品的分段S曲线，如图2-10所示。

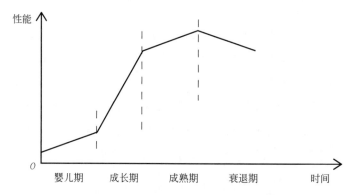

图2-10 通过纵向思维得出产品技术成熟的分段S曲线

通过确定产品在S曲线上的位置，称为产品技术成熟度预测，该预测结果可为企业决策指明方向：处于婴儿期和成长期的产品对应其结构、参数等进行优化，使其尽快成熟，为企业带来利润；处于成熟期与衰退期的产品，企业赚取利润的同时，应开发新的核心技术并替代已有的技术，推出新一代产品，使企业在未来市场竞争中取胜。

2.2.4 求同思维与求异思维

（1）求同思维

求同思维是指在创造活动中，把两个或两个以上的事物，根据实际的需要，联系在一起进行"求同"思考，寻求它们的结合点，然后从这些结合点中产生新的创意的思维活动。求同思维是从已知的事实或者已知的命题出发，通过朝着单一的方向一步步推导，来获得满意的答案。求同思维依据的是客观事物本身所具有的共同本质和规律。人类获得客观事物共同本质和规律的基本方法是归纳法，把归纳出的共同本质和规律进行推广的方法是演绎法。这些过程中，肯定性的推断是正面求同，否定性的推断是反面求同。

求同思维的思维方向是单一的方向，思维过程追求秩序，遵循已知的客观真理，要求严谨的思维，能够以好的逻辑性环环相扣，从客观实际出发来揭示事物内部存在的规律和联系，并且要通过大量的实验或实践来对结论进行验证和检验。

运用求同思维可以按照以下步骤进行：

第一步，在各种不同的场合中找出两个或者两个以上的事物；

第二步，寻找这些事物存在的共同特征或联系；

第三步，根据实际需要，从某个结合点出发，将这些事物进行"求同"，产生新的创意。

求同思维进行的是异中求同，只要能在事物间找出它们的结合点，基本就能产生意想不到的结果。组合后的事物所产生的功能和效益，并不等于原先几种事物的简单相加，而是整个事物出现了新的性质和功能。例如，减肥是许多肥胖者梦寐以求的事情。然而，不少肥胖者既想减肥，又不想委屈自己的嘴，还不愿意参加体育锻炼。有人基于"胖"从口入的原因，从防止胖子吃高脂肪和高糖食物的想法出发，硬是将减肥与喷雾这两个相距甚远的事物联系在一起，创意设计出"减肥喷雾器"。这种用具从各种美食中吸取香味并储存起来，使用时打开阀门，通过喷嘴将香味喷至胖子的舌面上，几分钟后，胖子就会产生一种解馋的感觉而食欲大减，从而达到减肥的目的。

案例2-6　铅字活版印刷机

在欧洲中世纪，古登堡（JohannGutenberg，1397—1468年）发明了铅字活版印刷机，据说，古登堡首先研究了硬币打印机，它能在金币上压出印痕，可惜印出的面积太小，没办法用来印书。接着，古登堡又看到了葡萄压榨机，那由两块很大的平板组成，成串的葡萄放在两块板之间便能压出葡萄汁。古登堡仔细比较了两种机械，从"求同思维"出发，把二者的长处结合起来，经过多次试验，终于发明了欧洲第一台活版印刷机，使长期被僧侣和贵族阶层垄断的文化和知识迅速传播开来，为欧洲科学技术的繁荣和整个社会的进步做出了巨大贡献，如图2-11所示。

图2-11　古登堡发明铅字活版印刷机

（2）求异思维

求异思维是指对某一现象或问题，进行多起点、多方向、多角度、多原则、多层次、多结局的分析和思考，捕捉事物内部的矛盾，揭示事物的本质，从而选择出富有创造性的观点、看法或思想的一种思维方法。

在遇到重大难题时，采用求异思维，常常能突破思维定势，打破传统规则，寻找到与原来不同的方法和途径。求异思维在经济、军事、创造发明、生产生活等领域广泛应用。求异思维的客观依据是任何事物都有的特殊本质和规律，即特殊矛盾表现出的差异性。要进行求异思维，必须积极调动大脑生理机制和长期积累的社会感受，给人们带来新颖的独创的、具有社会价值的思维成果。

求异思维主要有以下特点：思维主体在进行求异思维时，思维空间是开放的，思维过程是间断的，思维形式是非逻辑的。求异思维能够独辟蹊径，打破常规，标新立异，取得较为创新的方案。

在求异思维法中，常用到寻找新视角、要素变换、问题转换等具体方法。寻找新视角是对一个事物或问题，力争从众多的新角度去观察和思考，以求获得更多对事物的新认识，萌生和提出更多解决问题的新方法。要素变换是从解决某一问题的需要出发，思考如何通过采取措施改变事物所包含的要素，使事物随之发生符合人的需要的某种变化。问题转换是指在思考过程中，把不可能办到的问题转换为可以办到的问题，或者把复杂困难的问题转换为简单容易的问题，或者把自己生疏的问题转换为自己熟悉的问题，从而找到解决问题的恰当可行或效率更高、效果更好的办法。

案例2-7　新型无线熨斗

在日本，松下电器的熨斗事业部很有权威性，因为它在20世纪40年代发明了日本第一台电熨斗。虽然该部门不断创新，但到了80年代，电熨斗还是进入滞销行列，如何开发新品，使电熨斗再现生机，是当时该部门很头痛的一件事。

一天，被称为"熨斗博士"的事业部部长召集了几十名年龄不同的家庭主妇，请她们从使用者的角度来提要求。一位家庭主妇说："熨斗要是没有电线就方便多了。""妙，无线熨斗！"部长兴奋地叫起来，马上成立了攻关小组研究该项目。

攻关小组首先想到用蓄电池，但研制出来的熨斗很笨重，不方便使用，于是研发人员又观察、研究妇女的熨衣过程，发现妇女熨衣并非总拿着熨斗一直熨，整理衣物时，就把熨斗竖立一边。经过统计发现，一次熨烫最长时间为23.7秒，平均为15秒，竖立的时间为8秒。于是根据实际操作情况对蓄电熨斗进行了改进，设计了一个充电槽，每次熨后将熨斗放进充电槽充电，8秒钟即可充足，这样使得熨斗重量大大减轻。新型无线熨斗终于诞生了，成为当年最畅销的产品，如图2-12所示。

图2-12　新型无线熨斗

上面这个简单的例子告诉我们，求异思维经常会产生意想不到的收获。

2.2.5　转换问题

工程实践中的问题是多种多样的，但彼此之间有相通的地方。对于难以解决的问题，与其死盯住不放，不妨把问题转换一下。

① 把复杂的问题转换为简单的问题。在解决复杂问题时，化繁为简就会产生一种新的视角。

案例 2-8　测量梨形灯泡的容积

一次，爱迪生让其助手帮助自己测量一个梨形灯泡的容积。事情看起来很简单，但由于梨形灯泡形状不规则，计算起来相当困难。助手接过活，立即开始了工作，他一会儿拿标尺测量，一会儿又运用一些复杂的数学公式计算。可几个小时过去了，他忙得满头大汗，还是没有计算出灯泡的容积。当爱迪生看到助手面前的一摞稿纸和工具书时，立即明白了是怎么回事。于是，爱迪生拿起灯泡，朝里面倒满水，递给助手说："你去把灯泡里的水倒入量杯，就会得出我们所需要的答案。"助手顿时恍然大悟。

② 把自己生疏的问题转换为熟悉的问题。对于从未接触过的生疏问题，可将其转化为自己熟悉的问题，以利于问题的解决。例如：发明钢筋混凝土的既不是建筑业的科学家，也不是著名的工程师，而是一位法国的园艺师约瑟夫·莫尼哀。他为了设计一种牢固坚实的花坛，把花坛的构造转换成植物的根系，把根系再转换为一根一根的钢筋，用水泥包住钢筋，就制成了新型的花坛。这样，不仅花坛造出来了，而且还发明了钢筋水泥，引起了建筑材料的一场革命。

③ 把直接变为间接。在解决比较复杂、困难的问题时，直接解决往往遇到很大阻力。这时，就需要扩展思维视角，或退一步来考虑，或采取迂回路线，或先设置一个相对简单的问题作为铺垫，为实现最终目标创造条件。

2.3　创造性思维的培养与训练方法

创造性思维的能力除了受到智力因素的影响，还受到创造主体感情、欲望、自信心、气质、性格、个人的潜意识等因素的影响。在创造性思维的培养过程中，需要奠定创造性思维的基础，突破各种思维定势，开展思维视角泛化，并对发散思维、想象思维、联想思维和直觉思维进行培养训练，从而提升创造性思维能力。

2.3.1　奠定创造性思维的基础

创造是人类的本质特征，在人类创造的实践中，创造性思维具有基础性和先导性的作用。创造性思维作为多种思维要素相互协调作用的结果，与创造主体的意志、兴趣等心理活动及外在环境相关。

（1）创造性思维的心理基础

人的创造性思维活动是与人的心理活动相伴而生的，创造性思维的形成和发展离不开其心理活动基础。创造性思维过程也是创造心理活动过程。人的目标、意志、兴趣等因素是创造性思维的心理基础。

① 目标。目标是创造性思维的首要因素，任何创造性活动都是追求一定目标的行动。对于创造主体来说，有长远的间接目标和近期的直接目标。长远目标往往与社会意义联系着，是社会要求在人们头脑中的反映，具有较大的稳定性和持久性，能在较长时间内起作用。近期目标是与思维活动本身直接联系的，往往受直接兴趣的影响，比较具体，具有直接效能，但作用比较短暂，容易随着情景的变化而变化。长远目标和近期目标是相互联系、互为补充的，二者

不可偏废。目标的选择要结合自身的实际情况，既不能太高，也不能太低，而要适度，从而更好地激发人们进行思维创造。

② 意志。意志是创造性思维的又一重要诱发因素，表现为人为达到一定的目标，自觉运用自己的智力和体力进行活动，自觉地同困难作斗争，以及自觉节制自己的行为。意志调节着人的行为，使人的行为趋向于一定的目标，并为达到目标而努力。意志在创造性过程中表现得很明显，主要表现为意志的自觉性、顽强性、果断性和自制性。

③ 兴趣。兴趣是人对某种事物或某项活动的个性倾向。强烈而高尚的兴趣往往使人在科研和日常工作中达到一种乐此不疲、如痴如迷的状态。兴趣能培养和增强人的主动性和顽强性，能强烈地吸引人去进行创新和开拓。创造性思维所需要的兴趣具有以下三个基本特征：第一，兴趣的广泛性，广泛的兴趣能使人注意和接触多方面的事物，获得广博的知识和宽广的视野；第二，兴趣的深入性，在兴趣广泛的基础上，创造者需要集中精力，围绕某一个中心兴趣做深入研究，形成强大的创造性力量；第三，兴趣的持久性，创造性活动离不开长久的实践积累，如果没有坚定的信心和持久的兴趣，很难坚持到最后。

（2）创造性思维的环境基础

创造性思维作为人脑的特殊机能，其思维的方式、方法、过程和结果，既受人脑生理活动状态、人体健康状况等因素的影响和制约，也受外部环境的影响和制约。创造性思维环境有宏观环境和微观环境之分。

① 宏观环境。主要指创造者主体所处的社会价值观、社会制度、国家政策及社会风气等。创新方法是自主创新的根本之源，当前国家高度重视创新，为此作出了具体规划、制定了有关政策、召开了各类会议，为人们的创造和创新提供了良好的政策环境和法制环境，从而有力地调动了人们的积极性，提升人们的创造力，人们开始对创造和创新有了进一步的认识，形成了重视创新创造、鼓励创新创造的良好氛围。

② 微观环境。主要指创造者在运用创造性思维过程中所直接感受到的社会、文化和经济状况。其中，研究者针对文化环境对创造性思维影响展开了较多的研究，罗杰斯（C.Rogers）认为，文化环境的开放性和进取性是激发创造的先决条件；阿瑞提（S.Arieti）则把文化环境视为"创造基因"，他认为包含创造基因的文化与具有潜在创造力的个人相结合，才会产生创造力。

创造性思维环境对创造主体来说是一种外部环境，对创造性思维的运用具有正面或负面的影响。在支持鼓励创造的环境里，创造者如鱼得水，可以无拘无束地解放思想、大胆创造，从而容易将潜在的创造力充分解放出来。良好的环境、优越舒适的条件固然能强化社会创意开发的动力，但也有可能使许多人"乐不思蜀"，不想在创意开发活动中付出艰辛的劳动，这时环境异化为创造性思维的一种障碍。因此，在分析创造性思维环境对创造活动的影响时，要认识它的两面性，充分利用良好的外部环境强化创造性思维运用，也要注意将"逆境"造成的压力转化为创造动力。

2.3.2 如何突破思维定势

思维定势多种多样，不同的人有不同的思维定势，而思维定势不利于创造性思维，阻碍新思想、新观点、新技术和新形象的产生，因此在创造性思维过程中需要突破思维定势。常见的思维定势有从众型思维定势、书本型思维定势、经验型思维定势和权威型思维定势。

（1）从众型思维定势

从众型思维定势是没有或不敢坚持自己的主见，总是顺从多数人的意志，是一种广泛存在的心理现象。在生活中，从众型思维普遍存在。例如，我们走到十字路口，看到红灯已经亮了，本应该停下来，但看到大家都在往前冲，自己也会随着人群往前冲。从众型思维定势对于一般人的生活、工作是可以接受的，但对于创造性思维来说却必须警惕和破除，创造性的成果大多属于新思想、新创造，并不能被大多数人掌握，因此，必须破除从众型思维定势。

① 在科学研究和发明过程中，要有独立的思维意识，不盲目跟随，在科学技术问题上，真理往往掌握在少数人的手中。

② 要敢于坚持真理，具备承受挫折与打击的心理抗压能力。

（2）书本型思维定势

书本知识对人类所起的积极作用是显而易见的。现有的科学技术和文学艺术是人类认识世界、改造世界的经验教训总结，通过书本传承下来，因此书本知识是人类的宝贵财富，必须认真学习、继承，只有这样才能站在巨人的肩膀上继续向科学巅峰攀登。对于书本知识的学习需要掌握其精神实质，活学活用，不能当成教条死记硬背，不能作为万事皆准的绝对真理，否则将形成书本型思维定势。

书本型思维定势就是认为书本上的一切都是正确的，必须严格按照书本上说的去做，不能有任何怀疑和违反，是把书本知识夸大化、绝对化的片面有害观点。由于书本知识随着社会的不断发展未得到有效更新，导致书本知识与客观事实之间出现差异，如果一味地认为书本上的一切都是正确的或严格按照书本知识指导实践，将严重束缚、禁锢创造性思维的发挥。

我们需要在思考过程中，破除书本型思维定势。

① 正确认识现有科学技术、文学艺术等书本知识不是绝对真理，而是人类认识发展到一定阶段的产物，具有一定的时代局限性。

② 任何科学定律、定理都是一般原理，都必须与具体实践相结合，针对具体情况和条件灵活运用，具体问题具体分析，在实践中检验其正确性。

③ 对于专业知识、技术，既要认真学习、深入理解，又要跳出来，从更高的层次看清其在现代科学技术体系中所处的地位和作用，避免产生片面观点。

④ 对任何问题都应该了解相关的各种观点，以便通过比较进行鉴别，得出较为全面的结论。

（3）经验型思维定势

经验是人类在实践中获得的主观体验和感受，是通过感官对个别事物的表面现象、外部联系的认识，属于感性认识，是理性认识的基础，在人类认识与实践中发挥着重要作用，人类在对事物本质和规律的思考过程中，经常习惯性地根据已有经验去思考问题，制约了创造性思维的发挥。经验型思维定势是指处理问题时按照以往的经验去办的一种思维习惯，实际上是照搬经验，忽略了经验的相对性和片面性。

经验型思维在处理常规事物时可以少走弯路，提高办事效率，但在创造性思维运用过程中阻碍了创新，需采取一些措施破除经验型思维定势：

① 提高对经验型思维定势的认识，把经验与经验定势区分开来，经验是宝贵的，越多越

好，而经验定势却常常限制、禁锢创造性思维。

② 深入了解因为经验定势的禁锢而影响创造性思维的典型案例，注重对现实中科学研究规律的掌握，逐渐认清其机理、规律和经验教训，为破除经验定势积累资料。

③ 学习掌握创造性思维方法，提高思维灵活变通的能力，在分析和解决问题中要充分发挥创造性思维。

（4）权威型思维定势

在思维领域，不少人习惯引证权威的观点，甚至将权威作为判定事物是非的唯一标准，一旦发现与权威相违背的观点，就认为是自己错了，这种思维习惯或方式就是权威型思维定势。权威型思维定势是思维惰性的表现，是对权威的迷信、崇拜与夸大，属于权威的泛化。

在科学研究中，需要及时破除权威型思维定势：

① 认识到权威定势对创造性思难的阻碍。

② 认识到权威只是相对的，都只是一定领域、一定阶段的权威，注重对新观点、新想法的包容、接纳。

③ 坚持实践是检验真理的唯一标准。

2.3.3 打开泛化思维视角

思维定势束缚了创造性思维的发挥，是一种消极的东西，它使大脑忽略了思维定势之外的事物和观念，而根据社会学、心理学和脑科学的研究成果来看，思维定势又是难以避免的，解开思维定势常见的方法是尽量多地增加头脑中的思维视角，拓宽思维的广度，学会从多种角度观察同一个问题，即扩展思维视角。

创造者需要一种敏锐的观察力，即所谓洞察力，这种观察力或洞察力，通常表现为不同寻常的视角，以不同寻常的视角去观察寻常的事物，就有可能发现事物不同寻常的性质。这种不同寻常的性质，往往并非事物新产生出来的，而是一直存在于事物之中，只是由于人们习惯于用寻常的视角进行观察，因此从未被发现。古往今来，许多重大的发现和发明，都源于这种不同寻常的视角。由此可见，视角泛化训练具有重要意义。

（1）改变思考方向

大多数人对问题的思考，首先是按照常情、常理、常规去想的，或者是顺着事物发生的时间、空间顺序去想。常规的思考方向由于是沿着事物发展的规律进行的，容易找到切入点，解决问题的效率比较高，但也往往容易陷入思维误区，制约创造性思维，因此需要改变原有的思考方向，以获得更多的思维视角。

常见的改变思考方向的方法如下。

① 变顺着想为倒着想。当顺着想不能很好地解决问题时，倒着想就是一种新的选择。

② 从事物的对立面出发。鉴于事物对立双方是既对立又统一的，改变这一方不行时，可改变另一方。

③ 换位思考。指思考者改变自己的思考角度，从其他角度看问题。

（2）转换问题获得新视角

在工程实践中，问题是多种多样的，但彼此之间有相通的地方。对于难以解决的问题，与其死盯住不放，不妨把问题转换一下。

① 把复杂的问题转换为简单的问题。在解决复杂问题时化繁为简就产生了一种新的视角。如前面提到的灯泡容积问题，爱迪生正是通过另辟蹊径，以创造性的思维视角，将复杂的不规则梨形体积计算问题转换为较简单的水体积测量问题，从而很快就能计算出灯泡容积。

② 把自己生疏的问题转换为熟悉的问题。对于从未接触过的生疏的问题，可将其转化为自己熟悉的问题，以利于问题的解决。

（3）把直接变为间接

在解决比较复杂、比较困难的问题时，直接解决往往遇到极大的阻力。这时，就需要扩展思维视角，或退一步来考虑，或采取迂回路线，或先设置一个相对简单的问题作为铺垫，为实现最终目标创造条件。

例如，以前机械表主要是通过用手上紧发条提供动力的，而美国的飞利浦研究了一种不提供外力就能够自己走时的表。他考虑到，除了人的外力之外，外界环境能给它提供什么能量呢？经过分析，最值得关注的就是环境温度的变化。什么东西能感受温度的变化并把它转化为能量呢？这就是我们目前广泛应用的双金属片，装在手表中的双金属片可以感受温度的变化，时而收缩，时而膨胀，就可以上紧发条，产生动力。飞利浦在2002年将该发明申请了专利。

2.3.4 发散思维训练

在日常生活中我们经常发现，不同的人发散思维的差异性很大，从创新的角度看，发散思维的能力可以通过多种方法提升和培养。因此，我们要加强对发散思维能力的培养与训练，以不断提高扩展思维能力。

（1）发散思维的模式

发散思维模式包括了个体发散思维、集体发散思维和假设推测思维等。

① 个体发散思维。一般个体发散性思维模式包括材料发散法、功能发散法、结构发散法、形态发散法等在多向思维、横向思维、逆向思维等发散思维形式基础上发展起来的创造性思维模式。它们各自从不同角度，引导创新者有效突破思维定势或思维困惑，激励其产生创造性的想法。

② 集体发散思维。发散思维除了依靠自身途径实现以外，经常还需要借助群体和团队的力量，集思广益。例如，常采用"头脑风暴法"来进行集体发散思维，鼓励团队成员充分表达意见，最后对提出的方案进行筛选评价，得到适合问题解决的最优方案。

③ 假设推测思维。使用假设推测，常用"如果……就……"的思维模式，所提出的假设问题有可能是与事实相反的情况，或是暂时不可能或是现实不存在的事物对象和状态，得到的结论也有可能是不切实际的、荒谬的，但重要的是通过这种方式，可以产生新颖的观点，有些观念经转换后可以成为合理有用的方案。

（2）发散思维训练注意事项

在进行发散思维训练之前，创新者还要对发散思维训练的要点有所认识：

① 在发散思维应用中，尽量摆脱逻辑思维的束缚，大胆想象，而不必担心其结果是否合理，是否有实用价值。

② 发散思维的前期，应尽可能地拓展思维的广度，从不同的视角和层次提出发散方案，并跳出逻辑思维的圈子，产生大量的发散结果。

③ 要合理掌握训练进度和时间。针对每个思考训练问题应以2～3分钟为宜，以提高迅速发散思考能力。

④ 在训练时要合理利用想象、联想、推演等其他思维形式，但尽量以发散思维为主。

(3) 发散思维的训练

训练时要对所遇到的问题，通过发散性的想象活动，将大脑中已有的记忆表象和概念等反复进行重组、改造，以产生尽可能多的设想。通常从以下几个方面进行训练：

① 提倡一题多解。在解决一般性问题时，思考者容易满足于一个满意解决方案。因此，就要努力打破常规思维定势，从相反的方向或侧向去思考、探索，另辟蹊径解决问题。

② 鼓励发散性提问。提问的目的在于启发思考者求异，多方面、多角度、多层次地进行思维操作，且应提倡让思考者自我提出问题、分析问题，并解决问题。典型问题包括"还有新见解吗""除此之外还有吗""如果……还会……"等。

③ 鼓励质疑问难。要具备不惧权威、不迷信书本、敢于提出质疑的精神。训练时，要勇于提出质疑，并尽可能筛选出具有创造性火花的问题，启发想象力和联想力，以达到分析、综合并解决问题的目的。

④ 引发形象思维。形象思维是在思考问题时借助于头脑中存在的每一个事物的完整形象进行思维，把问题形象化、具体化的思维方式，它存在于社会生活的方方面面。在训练时，要结合训练话题，不失时机地抓住切入点，用语言、表情、操作、图示以及多媒体等手段引发形象思维。

⑤ 及时捕捉灵感。灵感建立在长期、集中思维基础之上，又与紧张之后的松弛有关。要努力学习一些捕捉灵感的方法，创造利于灵感产生的条件，促使在创新活动中产生顿悟，激励产生更多创造性的想法。

2.3.5 想象思维训练

想象思维是人类进行创造性活动的又一重要的思维形式。想象思维是人脑通过形象化的概括作用，对脑内已有的记忆表象进行加工、改造或重组的思维活动，是借助表象进行加工操作的最主要形式。

(1) 影响想象力的因素

影响想象力的因素有很多，主要表现在以下几个方面。

① 丰富的知识和经验是想象力的重要基础。

一般来讲，知识和经验越多，头脑中可供发散的形象及它们之间的联系就越多，可以引起发散和综合成新事物的机会也就越多。知识和经验的贫乏会直接引起想象力的缺乏。此外，知识和经验的层次的高低和量的多少也直接决定了最终想象结果的优劣。

在德法战争中，一名经验丰富的德国侦察兵发现法军阵地后方的空地上有只家猫经常出现，每天上午都要晒太阳。可实际上，这块空地是一片坟地，周围也没有村庄。于是，这位善于想象的侦察兵就凭作战经验想到，里面很可能有个指挥部，而且很可能住有高级军官，因为法军中只有高级军官才可以养猫。于是，他就把这一情况向总部汇报，并建议用6个炮兵营集中火力对这片空地进行轰炸。事后查明，这里的确是法军的一个高级指挥部，轰炸后掩体内人员全部丧生。

② 形象思维对想象有启发作用。

想象思维需要借助各种具体的形象产生，是对大脑中已有形象综合、加工的过程，很多想象都是受到各种形象的启发产生的。例如，爱因斯坦在研究相对论时，就曾利用"火车""电梯"等一些生活中鲜活的形象来辅助其创造性思考；牛顿发现万有引力定律，受到苹果落地过程的启发；莱特兄弟也因为看到老鹰飞翔，而产生仿照其羽翼制作飞机机翼后缘使其能够转向的灵感。

沃尔特·迪斯尼（Walt Disney）一直热衷于动画片的制作。在事业初期，他并不成功，屡遭挫折。一天，沃尔特正在房间里构思动画主角的形象，突然，一只小老鼠从他身边跑过，这一形象深深地印在了他的脑海里。沃尔特迅速拿起画笔，画下一只老鼠的速写，接着他又画出几只不同形态和神情的老鼠。于是，他便决定用老鼠作为这部新动画片的主角。随后，他又进一步对老鼠的动作、神态进行了研究，并把它们——画了出来，还为主角配了音。沃尔特的妻子为这只小老鼠起了一个好听的名字——米奇（Mickey），也称为米老鼠。米老鼠的出现轰动了国际动画界，米老鼠一夜之间名满天下，其栩栩如生的形象迷住了成千上万人。随后，沃尔特又不失时机地推出以"米老鼠"为主题商标的各类儿童用品，并获得了巨额的利润。图2-13是神态各异的米老鼠形象。

图2-13 神态各异的米老鼠形象

（2）想象思维的训练

想象思维训练就是要在较短时间内，完成大量有关想象力训练科目的思维训练方式，一般采取教师指导或几个人互相训练的方式进行。

① 有意想象训练　有意想象训练是受想象者主观意志控制的训练方法，主要包括形象化法、假设法、借助于联想法等。形象化法是借助形象思维展开想象，就是把思想具体化和形象化，且按"有意想象"的要求去思考，以找出不同对象之间的联系，并建立起新的形象。假设法经常提出"假如"式的问题，这有助于想象的展开。具体来讲，就是将与事实相反的情况、现象与观念设为疑问句，再做出"推测"。借助于联想法要求加大联想的跨度，进行"风马牛

不相及"式的联想,可以产生多种不同的想象结果。

② 无意想象训练　由于无意想象是一种不受主体意识支配的心理活动,所以较难通过有目的的意志控制来达到训练的目的。但在操作时只要能彻底放松,完全可以在一定程度上进入无意想象状态,如在梦境或在似睡非睡的半清醒状态下,无意想象的效果都比较好。其操作要领包括精神放松、注意力集中以及记录结果三个步骤。

第一步:精神放松。端坐在椅子上,手掌放在腿上,眼微闭,全身放松。接着,再一次全身放松。具体方法是:先把精神集中于脚趾,想"脚趾不用力气,完全放松了";接着,把精神集中于脚腕,想"脚腕也不用力气,完全放松了";然后,再由腿到腰,到胸,到肩,到颈,到头,逐次放松。

第二步:注意力集中。彻底放松后,将精神集中到"丹田"附近,缓慢地进行腹式呼吸,约10次以后,把注意力集中到下腹,同时连续想"全身放松了,舒服极了",这样过一会儿就会有飘飘然的感觉,此时即已进入无意想象状态。

第三步:记录结果。进入无意想象几分钟后,停下来,恢复正常状态,立即用笔将刚才头脑中闪过的形象、事物等记入表2-1中。

表2-1　想象记录表

想象内容	
统计数量	

进入无意想象状态后,把要解决的问题联系起来。即使没有解决什么实际问题,无意想象训练也可以锻炼我们的想象力。将其想象的结果记下来,以成为可能创新的参考。

③ 再造性想象训练　再造性想象是根据外部信息的启发,对自己脑内已有记忆表象进行检索,并对检索结果改造和组合的思维活动。在平时的作业、考试、工作中都经常用到再造性想象,因而再造性想象的运用是非常熟练的,对这方面的训练可以限制思考时间、提升速度、提高质量等。

④ 创造性想象训练　创造性想象与再造性想象的根本区别在于,创造性想象虽然也是在已有记忆表象的基础上展开的,但其并不限于已有记忆表象的水平,而是通过对已有记忆表象的加工、改造、重组的思维操作活动,产生出新的形象。其核心是必须有新形象产生,否则就不能称为创造性想象。几乎所有的创造性活动都离不开创造性想象,因此对其进行训练是十分重要的。

⑤ 幻想性想象训练　创造性想象的结果应该是具有新颖性和可行性的。幻想性想象可以看成创造性想象的一种极端形式,其特点是幻想的结果远远超出了现实可能性,甚至很荒谬。但其中也包含了创造的成分以及创造的先导思维,幻想性想象是有益无害的。在进行幻想性想象训练时,应大胆地任意想象,而不必考虑能否实现。

2.3.6　联想思维训练

联想思维是根据当前感知到的事物、概念或现象,想到与之相关的事物、概念或现象的思维活动。联想思维可以很快地从记忆里搜索出需要的信息并把它们构成一条链,通过事物的对比、同化等作用，把许多事物联系起来思考。联想思维能够开阔思路，加深对事物的认识。

（1）联想思维的类型

根据不同的侧重点，联想思维活动可以分为以下四个类型。

① 相关联想　根据事物在时间、空间、形态或性质、作用等方面的内在联系进行的联想称为相关联想。例如，由书可联想到笔，也可联想到笔记本，还可以联想到"用笔记本做笔记"，这都是相关联想。

② 相似联想　借助事物的相似性进行联想，称为相似联想。所谓相似，是指一物与另一物在形式上或在性质上存在相同或相近之处。

例如，由适度而有节奏的声响能催人入眠进行联想，可以在蜂鸣器中增设延时开关发出有节奏的声音，从而发明了"电子催眠器"；从鳄鱼"流眼泪"排泄体内多余的盐分进行联想，可以得到海水淡化的方法；英国鹞式垂直起落飞机，是由鹞鸟垂直起落的翅膀结构功能进行相似联想而研制的；从轮船的螺旋桨表面常有"气蚀"现象（受气泡破灭而产生的一种冲击力破坏），相似联想到用超声波在水中产生大量气泡，再使气泡破灭产生一种冲击力，代替洗衣机，发明了不用洗涤剂的洗衣机，见图2-14。

③ 对称联想　凡是可以比较的两个事物之间，它们因相比较而存在，在比较中体现出各自的特性。例如，古与今、新与旧、冷与热等，它们是对称的，由一面可以联想到另一面，运用这种特征进行思维的方法称为对称联想。

例如，1901年出现的除尘器是吹气式的，英国的土木工程师赫伯·布斯（Hurbert Booth）一次受邀前往伦敦莱斯特广场帝国音乐厅，去观摩美国生产的一种车厢除尘器的演示活动，这种除尘器除尘时吹得整节车厢里尘土飞扬，叫人透不过气来。布斯对这种用机器把灰尘吹走的办法并不赞赏，但他从中受到了启发。他认为，清扫灰尘不应该采用吹的办法，而应该采取先吸入其中再清理的办法。布斯决定亲自试一试。回家后，他用手绢捂住嘴，趴在地毯上使劲地吸气，结果灰尘被吸滤到手绢上了。后来，布斯终于发明了直接意义上的第一台真空吸尘器，见图2-15。

图2-14　超声波清洗机

图2-15　真空吸尘器

④ 因果联想　由事物的某种原因而联想到它的结果，或由一个事物的因果关系联想到另一事物的因果关系的思维方法称为因果联想。

例如，塑料拉链的发明就是使用因果联想的结果。一名叫德梅斯拉尔的工程师很喜欢打猎，每次打猎回来，衣服上都粘着很多大蓟花籽，为了弄清楚原因，他用显微镜观察，发现花籽上有很多小钩，他由此联想到，如果用塑料做成一边带小钩，而另一边带小圆圈的拉链一定很好用。经过反复试验塑料拉链诞生了。通过小小的大蓟花籽进行因果联想，激发了塑料拉链的发明，塑料拉链代替金属拉链大大降低了拉链的生产成本，并掀起了一场拉链革命。

（2）联想思维的方法

科学技术上的许多发明创造，都产生于人们的联想，在联想思维的运用过程中，通常是多种联想思维综合应用，常用的联想思维方法有自由联想法和强制联想法。

① 自由联想法　自由联想法指思维不受任何限制的联想，可以从多方面、多种可能性寻找问题的答案。这种联想的成功率比较低，但经常能产生许多出奇的设想，产生意想不到的结果。

荷兰生物学家列文·虎克曾从自由联想中发现了微生物。1675年，列文·虎克在显微镜下观察了很长一段时间，便走到屋檐下休息，他看着淅淅沥沥的雨思考着刚才的观察结果，突然想到一个问题：在这清洁透明的雨水里会不会有什么东西呢？于是，他拿起滴管取来一些放在显微镜下观察，没想到竟有许多"小动物"在显微镜下游动，后来他又广泛观察，发现"小动物"在地上有，空气里有，到处都有，只是在不同的地方小动物的形状和活动方式不同。列文·虎克发现的这些"小动物"就是微生物，这一发现打开了自然界的一扇神秘的窗户，开启了解释生命的新篇章，如图2-16所示。

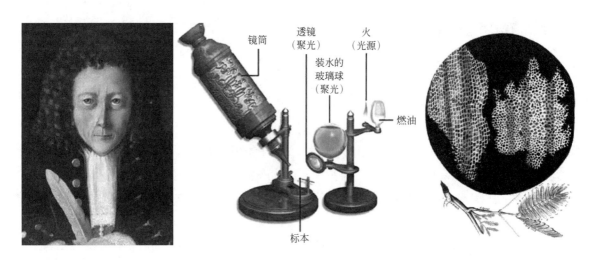

图2-16　列文·虎克与他的显微镜

② 强制联想法　强制联想法是与自由联想法相对而言的，是把两个事物强制性地联系起来，进行创造性思考，获得新观点、新认识和新设想。该方法主要应用于具体解决某一个问题或有目的性地制造出某种产品，在产品创新设计、广告策划、营销策略、艺术创作中得到了广泛应用。"机枪播种方法"是通过强制联想法构思产生的。大家都知道，机枪是打仗用的，播

种机是种庄稼用的,两件东西可谓是风马牛不相及,但偏偏美国加利福尼亚州的生物学家将机枪与播种机联系在一起,发明了机枪播种法。这一方法配合飞机播种使用,有效地解决了单纯飞机播种只能把种子撒在泥土表面上的缺点,只见随着机枪的"哒哒"声,"种子枪弹"射入了土地。

（3）联想思维的训练

联想思维可以在生活中培养和自我训练。在训练时可按照以下步骤进行:

① 从给定信息出发,尽可能地用到各种类型的联想,形成多种多样的综合联想链。

② 寻找任意两个事物的联系,建立两个事物间有价值的联系,并由此形成创造性设想。

例如,一名工人想到的两个商品是自行车和电线杆,经强制联想,发明了一种能爬电线杆的自行车,代替了用脚钩爬杆,实现了电工爬杆机械化,如图2-17所示。

图2-17　能爬电线杆的自行车

2.3.7　直觉思维训练

直觉思维是思维主体凭借已有的知识与经验对突然出现的新事物或新问题在不经过层层分析的情况下,也能迅速做出准确识别、本质理解和正确判断的一种跃迁式思维。直觉思维体现了人的领悟力和创造力。

（1）直觉思维能力培养

直觉是不可言传的预感,也称为第六感觉。培养直觉思维能力主要可从以下几点入手。

① 获取广博的知识和丰富的生活经验　直觉的产生是凭借人们已有的知识和经验才得以出现的,往往比较偏爱知识渊博、经验丰富的人。因此,获取广博的知识和丰富的生活经验是直觉强化的基础。

美国工程师斯本塞主要是做微波在空间中的分布研究。有一次,他在做雷达起振试验的时候,忽然有人对他说:"你受伤了,出血了!"他一看,果然,一股暗黑色的血迹从上衣口袋里渗了出来。他用手一摸,湿乎乎的,不禁大惊失色。但他立刻又明白过来,那渗出的是熔化了的巧克力糖液。这个现象让他感到非常奇怪,口袋里的巧克力怎么会融化呢?凭借他多年的工作经验,他断定是雷达发出的强大电波——微波使巧克力内部分子发生振荡,产生热量,因而融化的。随后经实验证实,结果正如他想的那样。后来,他又由此联想到既然微波可使巧克力融化,也一定可以加热其他的食品。经过研究,斯本塞最终发明了微波炉(图2-18)。

图2-18　微波炉

②　培养敏锐的观察力与洞察力　洞察力及穿透力是直觉突出的特点,因此直觉与思考者的观察力及视角息息相关。要有意识地培养自己的观察力,尤其是提高对那些不太明显的软事实,如感觉、印象、趋势等无形事物的观察力。一次,德国气象学家魏格纳卧病在床,在凝视墙上的世界地图时,他敏锐地发现大西洋两岸的弯曲形状非常相似。他由此进一步联想到,把它们拼到一块,简直就是一块完整的大陆。后来,他又了解到大西洋两岸的动植物基本相似,这说明两岸原本相连。于是,大陆漂移学说这一对世界地质研究有重大影响的新学说便诞生了。

③　学会倾听直觉的呼声　直觉思维凭的是"直接的感觉",人们通常所说的"跟着感觉走",除去其中表面的成分,剩下的就是直觉因素。直觉需要细心体会、领悟,去倾听它的信息、呼声。当直觉出现时,不必迟疑,更不能压抑,要顺其自然,作出判断、得出结论。

在鲁班发明锯之前,许多人都有过手被草叶划破的经历。但唯独鲁班在被划破后,敏锐地发现草叶的边缘有很多细齿,并产生用草叶的锯齿状结构划木料的念头。鲁班认为细齿既然可以划破手指,一定也可以划开木料。随后,他便着手实现这一想法,于是木工锯产生了。这一锯齿形结构,直至今天仍被广泛应用,如图2-19所示。

图2-19　鲁班造锯

④ 客观对待直觉 直觉常常会受到客观环境的影响以及个人情绪的干扰。因此，要真诚地对待直觉，直觉产生的过程要尽量排除各种干扰。出现直觉以后，还要冷静地对其进行客观性分析。

对于生病住院的人来说，天天都要打吊针，护士天天都要在皮肤上找静脉，这是一个既让患者痛苦，又让护士麻烦的问题。尤其是有的人静脉不好找，把针头扎进去不对，又要拔出来反复扎，患者倍感痛苦。上海一位大学生见此情景，便产生了一个想法：干脆把针头留在静脉里，就用不着天天找、天天扎了。很多人听到这一想法后，都认为是异想天开，这位大学生也在别人的指责声中放弃了最初的想法。可现在人们已设计出用高分子塑料制成的"封闭型静脉液软针"，它可以插入人体血管内保持数周，每次输液只要将软管接上即可。这一软针的发明使那位大学生的想法变成了现实，大大减轻了患者的痛苦，如图2-20所示。

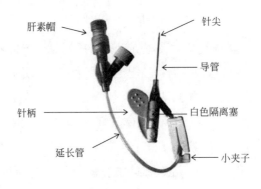

图2-20 留置针示意图

（2）直觉思维的训练

潜意识的直觉是一种可以维护、操控与训练的能力。训练直觉思维能力可从以下几个方面进行：

① 让思绪松绑。每天抽一定时间使自己思绪放松，如聆听音乐、做深呼吸、洗澡、慢跑等，在合适的环境下通过愉悦而有规律的活动，转移意识，感受直觉。

② 分辨情绪与偏见。直觉、情绪与偏见三者不可混为一谈，必须学会分辨，以分辨出哪些感觉是自己的情绪或渴望，哪些感觉含有先入为主的偏见。

③ 精简化。要对信息进行去粗取精，对问题进行归纳简化处理。选择信息太多会使潜意识无法消化而不知所措。要保护敏感的瞬间判断力，必须精简化。

④ 锻炼当机立断。应该多练习自发性决策，以提高当机立断能力。要多向消防员、医护急救员等经常要在巨大压力下作决策的专业人士学习，他们能做到当机立断，靠的就是经验与直觉。

⑤ 学习"薄片撷取"。潜意识能在极短时间内，仅凭少许经验切片，收集必要的信息，作出内涵复杂的判断。美国学者马尔科姆·格拉德伟尔把这种能力称为"薄片撷取"。

2.4 创造性思维技法

创造性思维技法是人们在创新实践基础上，提出的用于辅助人们产生创新思维的策略和手段，是有效、成熟创造性思维的规律化总结与结构化表达。有关创造性思维技法的研究，已走过近百年的发展历程，总结出来的创造性思维技法有数百种之多。这里选择了整体思考法、尺寸-时间-成本分析（STC算子）、资源-时间-成本分析（RTC算子）、九屏幕法、聪明小人法等创新思维技法予以介绍。

2.4.1 整体思考法

整体思考法是一种全面思考问题的模型，它提供了"横向思考"的工具，避免把时间浪费在相互争执上。这种方法将思维方式分为6类，而每次思考时，思考者只能用一种方式思考，这样可有效避免思维混杂，为在需要一种确定类型的思维时提供形式上的方便。同时，可将一般争辩型思维向制图型思维转化，从而形象地展示出思考的路线，这有利于思维的展开和整理，如图2-21所示。

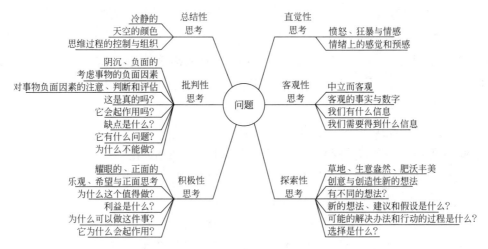

图2-21　整体思考法的不同思维角度

（1）整体思考法的内涵

① 客观性思考：当进行客观思考时，思考者要撇开所有建议与辩论，而仅对事实、数字和信息进行思考。通过提以下问题和回答罗列出已有信息和需求信息：已得到什么信息？缺少什么信息？想得到什么信息？怎样得到这些信息？

② 探索性思考：尽可能多地提出各类新奇建议，创造出新观念、新选择。探索性思考在创造性思维中是极其重要且最有价值的思考方式。尽管获得的思考结果有些不一定立即可行，但其中所包含的价值通过其他思考方式加工处理后，可逐步变成切实可行的方案。

③ 积极性思考：是以一种积极的态度和看法思考事物的优点，基于逻辑寻找事物发展的可能性。例如：它为什么有利？它为什么能做？为什么它是一件要努力做好的事情？其中包含了什么潜在价值？有时一些概念所包含的优势一开始并不是十分明显，需要刻意地去寻找。

④ 批判性思考：思考者要在事实基础上对问题提出质疑、判断、检验，甚至逻辑否定，并批判性地找到方案不可行的原因。例如：它起作用吗？它安全吗？它同事实相吻合吗？这事能做吗？批判性思考可以纠正事物中存在的错误和问题本身，是非常有价值的思考。同时，需要注意的是，不要由于思考习惯而过度使用批判性思考，并下意识地将其带入其他思考方式中，对事物过早地做出否定，从而扼杀一些看似荒谬实则很有价值的创造性想法。

⑤ 总结性思考：对思考方案及时总结，对下一步进行安排。进行总结性思考时，思考者要控制思维的进程，时刻保持冷静，以决定下一个思考步骤所使用的思考模式，或者评价所运用的思维，并及时对思考结果进行总结。

⑥ 直觉性思考：在进行直觉思考时，要表达出对项目、方法的感觉、预感或其他情绪，但并不要求给出原因。例如，觉得项目有没有前景？使用这种方法能不能达到目的？直觉与感情可能是思考者在某一领域多年的经验，在潜意识中进行的综合判断。尽管有时候没办法将直觉背后的原因说清楚，但它在思考过程中可能非常有用。同时，也应明白直觉并不总是正确的，它也会出现错误。因此，在直觉思维之后，还应用一些其他的思考方法对其结果加以验证。

（2）整体思考法的实施

整体思考法是一种集问题分析、方案生成、方案评价于一体的创造性思考过程的集合。其应用的关键在于使用者用何种方式去排列思考模式，也就是组织思考的流程。几种思考方式并不存在唯一正确的序列，因为序列会随着思考内容的具体性质而改变。但如何选择使用顺序，也存在一定的指导原则。例如：在需要找出困难、危险或者考虑方案是否正确可行时，使用批判性；经过逻辑否定后，允许使用直觉思考表达"我觉得这个想法仍有潜力"的感觉。下面是一个一般性思考的顺序：

① 客观性思考：收集可加以利用的有用信息。

② 探索性思考：对进一步探索和想出可供选择的信息进行考虑。

③ 积极性思考：对每一种选择的可行性和利益做出评估。

④ 批判性思考：对每一种选择的危险性和弱点做出评估。

⑤ 探索性思考：对最富有前景的选择进行进一步拓展，并做出决策。

⑥ 总结性思考：对目前为止已经取得的成果进行总结与评估。

⑦ 批判性思考：对所作选择做出最后的评判。

⑧ 直觉性思考：找出对结果的感受。

以上列举的这一思考顺序只是给思考者提供一个参考。在实际运用时，应针对不同的问题性质，结合思考方式自身的思维特点来安排顺序。

（3）注意事项

① 合理组织思考方式的序列。几类思考方式可按思考者的需要排序使用，任意一种思考方式也可随思考者的需要重复使用或不使用。没有必要每一种思考方式都用，可以连续使用两种、三种甚至更多思考方式，也可以单独使用某一种思考方式。

② 遵守思考纪律。讨论组成员必须遵循某一时刻使用合适的思考方式。思考方式不能用来描述想说什么，而是引导思考的方向。

③ 控制思考时间。为了使人们更加集中精力来解决问题，减少无目的的争论，思考时间应尽量短一些。

案例2-9　冰箱制冰装置改进

冰箱通常都装有一个制冰装置，其制冰的工作原理与大型制冰机一样。一般来说，冰箱内都有冷冻室、冷藏室两个相邻的舱，制冰装置放在冷冻室内。传统制冰装置的上面部分放置有普通的栅格式盒子。往盒子里倒上水，冷冻一定时间后，再由一个特制的带有蜗杆减速器的电机把盒子翻转。当盒子几乎朝下时，盒子的另外一边就顶到了专门的凸出部位上。盒子倾斜后，冰块就能实现与内壁相分离，往下脱落，并掉到收集器中。这一加工过程一直会持续到收集器装满冰块为止，如图2-22所示。

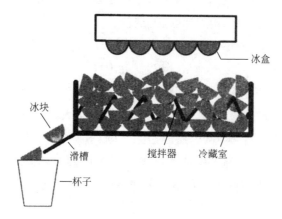

图2-22　传统制冰装置的工作过程

由于生产好的冰块通常需要储存一段时间，这就产生了一个不希望看到的现象：如果打开冰箱门，则冰块会部分融化，然后再经过冷冻后，单独的冰块就会被冻成一个大冰块很难将其分解开来。因此，就需要每隔一个小时，用一个很大功率的电机驱动搅拌器旋转，将凝固的冰块打碎。这样的生产冰块的"小工厂"在其生产和运营时都很复杂。另外，它还占据了冷冻室1/3的空间，使内部空间减小，且碎冰过程通常还会伴有很大的震动声音。

某产品研发部门组织相关技术人员利用整体思考法，针对这一问题进行系统分析，试图找到有效的解决办法。通过进行客观性思考收集到大量的有用信息，又经探索性思考对问题有进一步的认识，得到一系列进一步探索的方向。随后，进行积极性和批判性思考，以对每一方向进行正反两方面辩证思考。然后，再经探索性思考，以得到相应的解决方案集。最后，再进行直觉性思考，以在对方案进行优化评价的基础上，最终得到系统性较强的创造性解决方案。即采用一种栅格式的传输带，将其直接放在冷冻室的顶部沿着圆周运动，并采用一个带叶轮的旋转装置，以顶出栅格内的冰块，供用户使用，其工作过程如图2-23所示。

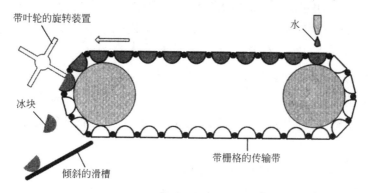

图2-23　传输带式制冰装置工作过程

这种方案去除了原有的冷藏室，缩小了工作空间，部分消除了收集、储存冰块所带来的各种不便，并通过合理调节传输带的运行速度，以实现按用户需求持续提供冰块的目的。

2.4.2 九屏幕法

TRIZ求解工程技术问题时，辩证地将问题从系统角度加以理解，工程技术人员所求解的问题存在于技术系统中，求解时通常头脑中都会产生系统的当前状态影像、未来可能状态以及系统过去的影像。这样在分析和解决问题的时候，系统的当前状态、过去和将来的状态可能都在设计人员的考虑范围之中。同时，系统由多个子系统所构成，系统的问题可能是其中某一个或几个子系统的问题，那么求解时自然就会出现某些子系统的状态影响；当前系统也是比其本身更高级的超系统的子系统，问题的答案可能通过超系统资源分析来获取。这样一来，子系统、系统、超系统均有过去、现在和将来的3种状态，总共可以构造出9种与系统问题求解相关的状态，如果将9种状态绘制出来，就构成了创新解决问题的9个屏幕（见图2-24）。因此，九屏幕法是指求解工程技术问题时，不仅要考虑系统本身，还要考虑它的超系统和子系统；不仅要考虑当前系统的过去和将来，还要考虑超系统和子系统的过去和将来状态。

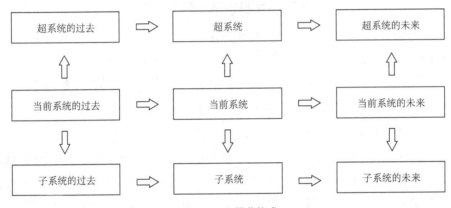

图2-24 九屏幕构成

九屏幕法是一种很好的理解问题的手段。它可帮助我们重新定义任务或矛盾，可帮助我们找出解决问题的新途径。九屏幕法是从多层次、多方位等一切与当前问题所在系统（如汽车）相关的系统去分析问题，这样才能更好地理解当前的问题及找到解决方案。考虑"当前系统的过去"是指考虑发生当前问题之前该系统的状况，包括系统之前运行的状况、其生命周期的各阶段情况等，考虑如何利用过去的各种资源来防止此问题的发生，以及如何改变过去的状况来防止问题发生或减少当前问题的有害作用。考虑"当前系统的未来"是指考虑发生当前问题之后该系统可能的状况，考虑如何利用以后的各种资源，以及如何改变以后的状况来防止问题发生或减少当前问题的有害作用。当前系统的"超系统的过去"和"超系统的未来"是指分析发生问题之前和之后超系统的状况，并分析如何利用和改变这些状况来防止或减弱问题的有害作用。

因此，九屏幕法其实是一种分析问题的手段，而并非是一种解决问题的手段。它体现了如何更好地理解问题的一种思维方式，也确定了解决问题的某个新途径。应用九屏幕法的流程为：

① 先从技术系统本身出发，考虑可利用的资源；

② 考虑技术系统中的子系统和系统所在的超系统中的资源；
③ 考虑系统的过去和未来，从中寻找可利用的资源；
④ 考虑超系统和子系统的过去和未来。

案例2-10　汽车系统的九屏幕

汽车系统以动力系统为子系统的九屏幕如图2-25所示。

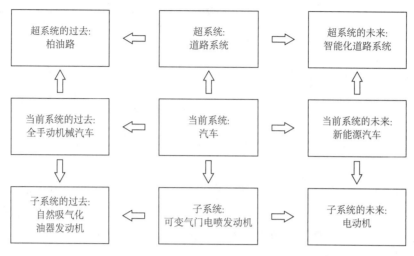

图2-25　汽车的九屏幕构成

2.4.3　尺寸-时间-成本分析（STC）

TRIZ创新思维中将物体的尺寸（Size）、时间（Time）、成本（Cost）三个方面来做6个智力测试，重新思考问题，以打破固有的对物体的尺寸、时间和成本的认识，称为STC算子。它是一种让人们的大脑进行有规律的、多维度思维的发散方法。它比一般的发散思维和头脑风暴，能更快地得到我们想要的结果。

STC法的规则为：

① 将系统的尺寸从目前尺寸减少到0，再将其增加到无穷大，观察系统的变化；
② 将系统的作用时间从当前值减少到0，再将其增加到无穷大，观察系统的变化；
③ 将系统的成本从当前值减少到0，再将其增加到无穷大，观察系统的变化。

例如，使用活动的梯子来采摘果子的常规方法，劳动量是相当大的。如何让这个活动变得更加方便、快捷和省力呢？

为了解决这个问题，使用STC算子方法，从尺寸、时间和成本这三个角度来考虑问题。事实上，这三个角度为思考提供了一种思维的坐标系，使问题变得容易解决。这一坐标系具有很强的普示意义，可以在其他很多问题的解决中灵活运用。

如图2-26所示，在这种思维的坐标轴系统中，果树可以沿着尺寸、时间、成本三个方向来做6个维度的发散思维尝试。

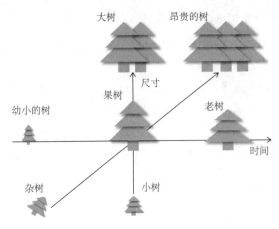

图2-26　按尺寸-时间-成本坐标显示的果树

① 假设果树的尺寸趋于零高度。在这种情况下，就不需要活梯。那么，第一种解决方案就是种植低矮的果树。

② 假设果树的尺寸趋于无穷高。在折中情况下，可以建造通向果树顶部的道路和桥梁。将这种方法转移到常规尺寸的果树上，就可以得出一个解决方案：将果树的树冠变成可以用来摸到果子的形状，比如带有梯子的形状。这样，梯子形的树冠就可以代替活梯，让人们方便地采摘果子。

③ 假设收获的成本费用必须为零。那么，最廉价的收获方法就是摇晃果树。

④ 如果收获的成本费用可以允许为无穷大，而没有任何限制，就可以使用昂贵的设备来完成这个任务。这种情况下的解决方案，就可以是发明一台带有电子视觉系统和机械手控制器的智能型摘果机。

⑤ 如果要求收获的时间趋于零，即必须使所有的果子在同一个时间落地。这是可以做到的，例如，可以借助于轻微爆破或者压缩空气喷射。

⑥ 假设收获时间是不受限制的。在这种情况下，不必去采摘果子，而是任由其自由掉落而保持完好无损即可。为此，只需在果树下放置一层软膜，以防止果子落下时摔伤。当然，也可以在果树下铺设草坪或松散土层。如果让果园的地面具有一定的倾斜角度，足以使果子在落地时滚动，则果子还会在斜坡的末端自动地集中起来。

总之，多角度地看待问题的思维方式，可以协助思维进行有规律的、多维度的发散而非胡思乱想，最终让许多看似很困难、无从下手的问题变得非常简便，易于解决。而通过这些多角度提出的解决方案，也多是有效的创新方案。

STC算子不能给出一个精确的解决方案，应用STC法的目的是产生几个指向问题解的设想，帮助克服思维惯性。

2.4.4　资源–时间–成本分析（RTC）

TRIZ创新思维中从物体的资源（Resource）或尺度、时间（Time）和成本（Cost）三个方面重新思考问题，以打破固有对物体尺寸、时间等的认识，称为RTC算子。RTC算子的作用并不是直接提供解决问题的方案，而是帮助人们找出解决问题的新思路。

资源是指可供人们在创新过程中能够自由选择创新尺度的一个空间，在这个空间里，人们同时放大物体三个维度的尺度，直到无限大，或缩小物体的三个维度的尺度，可小到零。如果这样还不能使物体的特性发生明显变化，就先固定一个维度的大小，而改变另两个维度的大小，直到满意为止。

时间是指逐步增加或减少物体完成功能过程的长短。

成本是指增加或减少物体本身功能所需的成本，以及物体完成主要功能所需辅助操作的成本。

执行RTC的过程如图2-27所示。其操作主要包括以下6个维度的思维尝试。

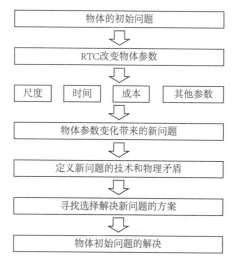

图2-27　RTC算子执行流程

① 设想逐渐增大物体的尺度，使之自动超过真实物体的尺度，直至无穷大。

② 设想逐渐缩小物体的尺度，使之自动小于真实物体的尺度，直至为零。在改变物体尺寸时，应注意到每个物体都有三个维度，即长度、宽度和高度。通常放大或缩小物体的尺寸均在三个方向上同时进行。但如果这样改变尺寸还不能使物体有明显的特性变化，就需要先固定一个维度，放大或缩小其他两个维度，来观察物体特性的显著变化。

③ 设想逐渐增加物体作用的时间，使之自动超过真实物体作用的时间，直至无穷大。

④ 设想逐渐减少物体作用的时间，使之自动少于真实物体作用的时间，直至为零。一般将物体完成有用功能所需要的时间理解为"时间"算子所指的时间。

⑤ 设想增加物体的成本，使之自动超过现有物体的成本，直至无穷高的成本。

⑥ 设想减少物体的成本，使之自动少于现有物体的成本，直至成本为零。

"成本"算子通常被理解为不仅包括物体本身的成本，也包括物体完成主要功能所需各项辅助操作的成本。

应用RTC算子，需遵循下述原则：

① 不得改变初始问题。

② 上述6个过程需要全部进行，直至获得一种变化了的新特性。每个过程需要分阶段进行。在每个阶段，必须多次改变物体的参数，来观察和分析每一次改变所引起的物体特性变化。

③ 必须完成各参数所有阶段的变更，不能因为中间找到了一个答案就停止，直到最后都要一直不断地反复比较。

④ 可将物体分成几个单独的子部分，也可组合几个相似物体来进行分析。

2.4.5 金鱼法

金鱼法源自普希金的童话故事《渔夫和金鱼》，故事中描述了渔夫老伴的愿望通过金鱼变成了现实。映射到TRIZ创新思维法——金鱼法中，则是指从幻想式解决构想中区分现实和幻想的部分，然后再从解决构想的幻想部分分出现实与幻想两部分。在创新过程中，有时候产生的想法看起来并不可行甚至不现实，但是，此种想法的实现却绝对令人称奇。通过这样不断地反复进行划分，直到确定问题的解决构想能够实现为止。如何才能克服对"虚幻"想法的自然排斥心理呢？金鱼法思维流程如图2-28所示，可帮助人们解决此问题。

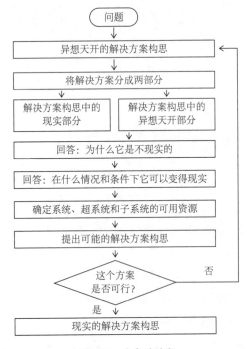

图2-28 金鱼法流程

金鱼法的基础，是将一个异想天开的想法分为两个部分：现实部分及非现实（幻想）部分。接着，把非现实部分再分为两部分：现实部分及非现实部分，继续划分，直到余下的非现实部分有时会变得微不足道，而想法看起来却愈加可行为止。

金鱼法具体做法是：

① 将不现实的想法分为两个部分：现实部分与非现实部分。精确界定什么样的想法是现实的，什么样的想法看起来是不现实的。

② 解释为什么非现实部分是不可行的。尽力对此进行严密而准确的解释，否则最后可能又得到一个不可行的想法。

③ 找出在哪些条件下想法的非现实部分可变为现实的。

④ 检查系统、超系统或子系统中的资源能否提供此类条件。

⑤ 如果能，则可定义相关想法，即应怎样对情境加以改变，才能实现想法的看似不可行的部分。将这一新想法与初始想法的可行部分组合为可行的解决方案构想。

⑥ 如果无法通过可行途径来利用现有资源，为看起来不现实的部分提供实现条件，则可将这一"看起来不现实的部分"再次分解为现实与非现实部分。然后重复步骤①~⑤，直到得出可行的解决方案构想。

金鱼法是一个反复迭代的分解过程，其本质是将幻想的、不现实的问题求解构想，变为可行的解决方案。

案例2-11　让毛毯飞起来

步骤1：将问题分为现实和幻想两部分。

现实部分：毯子是存在的；幻想部分：毯子能飞起来。

步骤2：幻想部分为什么不现实？

毯子比空气重，而且它没有克服地球重力的作用力。

步骤3：在什么情况下，幻想部分可变为现实？

施加到毯子上向上的力超过毯子自身重力。毯子的重量小于空气的重量。

步骤4：列出所有可利用资源。

① 超系统资源：空气；风（高能粒子流）；地球引力；阳光和重力。

② 系统资源：毯子的形状和重量。

③ 子系统资源：毯子中交织的纤维。

步骤5：利用已有资源，基于之前的构想（步骤3）考虑可能的方案。

① 毯子的纤维与太阳释放的粒子流相互作用可使毯子飞翔。

② 毯子比空气轻。

③ 毯子在不受地球引力的宇宙空间。

④ 毯子上安装了提供反向作用力的发动机。

⑤ 毯子由于下面的压力增加而悬在空中（气垫毯）。

⑥ 磁悬浮。

……

步骤6：构想中的不现实方案，再次回到步骤1。

选择不现实的构想之一：毯子比空气轻，回到步骤1。

步骤1：分为现实和幻想两部分。

现实部分：存在着重量轻的毯子，但它们比空气重。

幻想部分：毯子比空气轻。

步骤2：为什么毯子比空气轻是不现实的？

制作毯子的材料比空气重。

步骤3：在什么条件下，毯子会比空气轻？

制作毯子的材料比空气轻；毯子像尘埃微粒一样大小；作用于毯子的重力被抵消。

步骤4：考虑可利用资源。

① 超系统资源：空气；风（高能粒子流）；地球引力；阳光和重力。
② 系统资源：毯子的形状和重量。
③ 子系统资源：毯子中交织的纤维。

步骤5：结合可利用资源，考虑可行的方案。
① 用比空气轻的材料制作毯子。
② 使毯子与尘埃微粒的大小一样，其密度等于空气密度。
③ 毯子由于空气分子的布朗运动而移动；在飞行器内使毯子飞翔，飞行器以相当于自由落体的加速度向上运动，以抵消重力。

步骤6：构想中的不现实方案，再次回到步骤1。

选择不现实的构想之一：采用比空气轻的材料制作毯子。继续回到步骤1进行分析，直到找到切实可行的解决方案。

2.4.6 聪明小人法

聪明小人法（Smart Little People）是阿奇舒勒于1971年发布的形象生动地描述技术系统中出现的问题的一种方法，用拟人的手法从微观角度帮助工程技术人员理解系统的变化过程。

当系统内的某些组件不能完成其必要的功能，并表现出相互矛盾的作用时，用一组小人来代表这些不能完成特定功能的部件，不同的小人就表示执行不同的功能或具有不同的矛盾。通过能动的小人，实现预期的功能；然后根据小人模型对结构进行重新设计。

聪明小人法适用于各部件功能明确的简单系统，对于复杂系统需要与九屏幕法结合，先通过子系统提取转换为简单系统后，再建立问题的小人模型。而对于抽象性问题（如系统复杂性、可靠性等）则需转换为具体矛盾问题，再建立问题的小人模型。

例如，用一串高举手臂的小人表示某种实体提供支撑，小人之间距离拉大但是仍处于连接状态的话，则可以表示物质发生了热膨胀。一群奔跑的小人可以表示物质的运动状态，小人手拉手表示连接状态等。因此，聪明小人法的应用关键在于如何用小人去表达正确的功能含义以及建立正确的小人模型。聪明小人法的应用流程为：先通过对工程问题的描述以及系统分析，将原有系统转化为问题模型，再通过矛盾分析对能动小人的重新组合形成方案模型，最后根据方案模型中小人的位置和状态还原成实际方案。

① 问题描述及矛盾提取（问题分析）。

首先对问题背景进行描述，通过问题描述进行系统分析，明确各部件的功能及相互作用关系，并提出矛盾问题。

② 问题模型建立（当前怎样）。

对于存在矛盾问题的具体部件，将其想象成一群一群带有特定功能的不同的小人，再根据问题描述将各组小人进行分组及空间排布来替换原有系统各部件，建立问题模型。

③ 方案模型建立（怎样组合）。

研究得到的问题模型（有小人的图）并对其进行改造，在保证每组小人相对关系不变的情况下可对组内小人进行重组，或添加一组新的小人等方法，以便实现解决矛盾。

④ 过渡到技术解决方案（变成怎样）。

在各组小人重组后,根据方案模型中小人的分组情况及空间位置还原成系统部件,若添加了新的一组小人则根据小人功能寻找相应部件。

案例2-12　在行驶汽车中喝热饮的问题

当在行驶的汽车中喝热饮料(茶、咖啡)时,饮料洒出并烫伤乘客是完全有可能的。对装有饮料的杯子的矛盾要求是:一方面杯子必须让液体自由流出供人饮用;另一方面,在杯子翻倒时,它又要留住液体,不致烫伤他人。是什么使该问题如此难以求解?主要是因为人们在心理上"默认"杯子是由不能改变的固体材料制成。

利用智能小人对这种情境建模,可以帮助我们克服此类思维定势。在模型中,我们把液体想象成一群黑色的小人,把杯子壁想象成白色的小人,把杯子上方的空气看成是灰色的小人。当杯子翻倒时,黑色小人可移动,比灰色小人强壮,不受白色小人约束,可同时离开"杯子"(图2-29)。

图2-29　小人法示例

我们的期望是:可以让黑色小人分小组离开杯子,但不能让它们同时离开。在最理想的情况下,应只有黑色、灰色和白色小人参与此类解决方案,它们应该以某种方式重新排列,以防止可移动的黑色小人在杯子翻倒时集体离开,同时可让黑色小人分小组离开杯子。

因为黑色和灰色小人都是可移动的,所以它们都不能阻止黑色小人离开。因此,只有白色小人能执行此功能。应该对它们进行重新排列,以便让黑色小人分小组(一个一个地)离开,但不允许它们同时离开。看来白色小人应该构成狭窄的"过道",以便黑色小人一个一个地通过。

从模型过渡实物,黑色小人可给我们数种想法。例如,可以在杯子上设置数层环形薄膜,薄膜在杯子翻倒时会改变自身的倾角。在薄膜上开出小孔,以便让少量的液体流出供人饮用。

2.5　最终理想解(IFR)方法

在研究中,阿奇舒勒发现所有的技术系统都在沿着增加其理想度的方向发展和进化,技术系统的理想度与有用功能之和成正比,与有害功能之和成反比,理想度越高,产品的竞争能力越强。可以说,创新的过程,就是提高系统理想度的过程。因此,在发明创新中,应以提高理想度的方向作为设计的目标。人类不断地改进技术系统,使其速度更快、更好和更廉价的本质就是提高系统的理想度。以理想度的概念为基础,引出了理想系统和最终理想解的概念。

2.5.1 理想度

每个技术系统之所以被设计、制造,就是为了提供一个或多个有用功能(Useful Function,UF)。一个技术系统可以执行多种功能,在这些有用功能中,有且只有一个最有意义的功能,这个功能是技术系统存在的目的,称为主要功能(Primary Function,PF),主要功能也被称为首要功能或基本功能。一个系统往往具有多个有用功能,但是到底哪个有用功能才是主要功能,需要具体问题具体分析。另外,为了使主要功能得以实现,或提高主要功能的性能,技术系统往往还会有多个辅助性的有用功能,称为辅助功能(Auxiliary Function,AF)或称伴生性功能。同时,每个技术系统也会有一个或多个人们不希望出现的效应或现象,称为有害功能(Harmful Function,HF)。

例如,坦克的主要功能是消灭敌人。同时,为了使这个主要功能得以实现,且能够更好地实现,坦克还需要防护、机动、瞄准、自动装弹等有用功能的辅助。实现有用功能的同时,坦克在运行过程中也会引起空气污染,放出大量的热,产生振动,发出噪声,这些在TRIZ中都被看作是有害功能。

对于一个技术系统来说,从它诞生的那一刻起,就开始了其进化的过程。在进化过程中具体表现为:在数量上,技术系统能够提供的有用功能越来越多,所伴生的有害功能越来越少;在质量上,有用功能越来越强,有害功能越来越弱。

下面的理想度定义公式就表示了技术系统的这种进化趋势。对于理想度(Ideality)的定义,阿奇舒勒是这样描述的:系统中有益功能的总和与系统有害功能和成本的比率。

$$I = \frac{\sum\limits_{i=1}^{\infty} U_i}{\sum\limits_{j=1}^{\infty} C_j + \sum\limits_{k=1}^{\infty} H_k} = \infty$$

其中,I为理想度;U为技术系统的有用功能;C为成本;H为有害功能;i为变量U的数量;j为变量C的数量;k为变量H的数量。

从上式可以看出,随着技术系统的进化,系统的理想度不断增大,最终趋向于无穷大。将上式中的有用功能用技术系统的效益来表示,将有害功能细化为系统的成本(如时间、空间、能量、重量)和系统产生的有害作用之和。明确指出了在技术系统的进化过程中,其效益不断增加,有害作用不断降低,成本不断减小(系统实现其功能所需要的时间、空间、能量等不断减少,同时系统的体积和重量也不断减小),系统的理想度不断增大,最终趋向于无穷大。

根据定义,可以用以下三种方法来提高系统的理想度:

① 增加有用功能。
② 降低有害功能或成本。
③ 将上述两点结合起来。

2.5.2 理想系统

随着技术系统的不断进化,其理想度会不断提高,即技术系统会变得越来越理想。当技术系统的有用功能趋向于无穷大,有害功能为零,成本为零的时候,就是技术系统进化的终点。

此时，由于成本为零，所以技术系统已经不再具有真实的物质实体，也不消耗任何资源。同时，由于有用功能趋向于无穷大，有害功能为零，表示技术系统不再具有任何有害功能，且能够实现其应该实现的一切有用功能。这样的技术系统就是理想系统（Ideal System）。

在TRIZ中，理想系统是指，作为物理实体它并不存在，也不消耗任何的资源，但是却能够实现所有必要的功能。即系统的重量、尺寸、能量消耗无限趋近于零；系统实现的功能趋近于无穷大。因此，也可以说理想技术系统没有物质形态（即体积为零，重量为零），也不消耗任何资源（消耗的能量为零、成本为零），却能实现所有必要的功能。

理想系统只是一个理论上的、理想化的概念，是技术系统进化的极限状态，是一个在现实世界中永远也无法达到的终极状态。但是，理想系统就像北极星一样，为设计人员和发明家指出了技术系统进化的终极目标，是寻找问题解决方案和评价问题解决方案的最终标准。

在现实世界中，设计人员和发明家的使命就是通过不断地改善系统的有用功能、消除有害功能和降低成本，使技术系统逐步向理想系统逼近。

2.5.3 最终理想解

产品创新的过程就是产品设计不断迭代，理想化的水平不断由低级向高级演化的过程，无限逼近理想状态。当设计人员不需要额外的花费就实现了产品的创新设计时，就称为最终理想结果（Ideal Final Result, IFR），或者，基于理想系统的概念而得到的针对一个特定技术问题的理想解决方案，称为最终理想解。

最终理想解（IFR）的实现可以这样来表述：系统自己能够实现需要的动作，并且同时没有有害作用的参数。通常IFR的表述需包含以下两个基本点：系统自己实现这个功能；没有利用额外的资源，并且实现了所需的功能。

最终理想解是从理想度和理想系统延伸出来的一个概念，是用于问题定义阶段的一种心理学工具，是一种用于确定系统发展方向的方法。它描述了一种超越了原有问题的机制或约束的解决方案，指出了在使用TRIZ工具解决实际技术问题时应该努力的方向。这种解决方案可以看作是与当前所面临的问题没有任何关联的、理想的最终状态。

案例2-13 高层建筑物玻璃窗的外表面需要定期清洗

目前，清洁工作需要在高层建筑物的外面进行，是一种高危险、高成本的工作，只有那些经过特殊培训和认证的"蜘蛛人"才能够胜任（图2-30）。能不能在高层建筑物的内部对玻璃进行清洁呢？针对该问题，其最终理想解可以定义为：在不增加玻璃窗设计复杂度的情况下，在实现玻璃现有功能且不引入新的有害功能的前提下，玻璃窗能够自己清洁外表面。

通过这个例子可以看出，最终理想解是针对一个已经被明确定义出来的问题所给出一种最理想的解决方案。通过将问题的求解方向聚焦于一个清晰可见的理想结果，最终理想解为后续使用其他TRIZ工具来解决问题创造了条件。

图2-30 "蜘蛛人"清洗大楼外观

最终理想解的确定和实现可以按下面提出的问题分为6个步骤来进行：
① 设计的最终目的是什么？
② IFR是什么？
③ 达到IFR的障碍是什么？
④ 出现这种障碍的结果是什么？
⑤ 不出现这种障碍的条件是什么？
⑥ 创造这些条件时可用的资源是什么？

上述问题一旦被正确地理解并描述出来，问题也就得到了解决。当确定了创新产品或技术系统的最终理想解后，检查其是否符合最终理想解的特点，并进行系统优化，以确认达到或接近最终理想解为止。最终理想解同时具有以下4个特点：
① 保持了原系统的优点。
② 消除了原系统的不足。
③ 没有使系统变得更复杂。
④ 没有引入新的不足。

因此，设定了最终理想解，就是设定了技术系统改进的方向。最终理想解是解决问题的最终目标，即使不能100%地获得理想的解决方案，但最终理想解会引导人们得到最巧妙和有效的解决方案。

以定义最终理想解作为解决问题的开端，有以下好处：
① 有助于产生突破性的概念解决方案。
② 避免选择妥协性的解决方案。
③ 有助于通过讨论来清晰地设立项目的边界。

这个强有力的工具不仅可以用在TRIZ中，也可以用于其他的科学领域。它是研发人员确定理想目标的有效方法——如何在不增加系统复杂度的前提下得到所需的功能。

案例2-14　训练长距离游泳的小型游泳池

问题情境：要使训练有效，需要一个大型的游泳池，运动员可进行长距离游泳训练。但同时，游泳池的占地面积和造价就会相应地增加。用小型和造价低廉的游泳池怎样满足相同的要求？

① 将问题分成现实和幻想两部分。

现实部分：小型、造价低廉的游泳池。

幻想部分：在小型游泳池内实现单方向、长距离游泳训练。

步骤①的关键在于对现实和异想天开的部分一定要界定精确！否则会影响下面的分析。

② 问题1：幻想为什么不现实？

运动员在小型游泳池内很快游到对岸，需要改变方向。

③ 问题2：在什么条件下，幻想部分可变为现实？

如果运动员体型极小、运动员游速极慢或者运动员游动时停留在同一位置，止步不前，则幻想部分可变为现实。

步骤③的关键在于思考要全面，不要随意抛弃你认为是异想天开的条件。

④ 列出子系统、系统、超系统的可利用资源。

超系统资源：天花板、墙壁、空气、给排水系统、教练员、座椅……

系统资源：游泳池的面积、体积、形状……

子系统资源：泳池底、泳池壁、水、上下的梯子、进水口、排水口、泳道线……

⑤ 从可利用资源出发，提出可能的构想方案。

如果运动员体型极小，相对于泳道而言是现实的，让运动员体型变成小蚂蚁大小则是异想天开的。联想田径场的跑道，物理周长只有几百米，但是却可以让运动员无限跑起来，因此，现实部分——体型相对较小是相对泳道的，如果游泳池建造成环形，则可以实现在小型游泳池内实现单方向、长距离游泳训练。

⑥ 构想中的不现实方案，再次回到第①步，重复。

可能的方案1：游泳池变为环形的；

可能的方案2：产生与运动员运动方向相反的风；

可能的方案3：借助供水系统的水泵，产生反方向流动的水；

可能的方案4：利用教练员给运动员施加反方向的力；

可能的方案5：增大水的摩擦力，如游泳池中灌注黏性液体；

可能的方案6：将运动员进行固定；

……

思考题

1. 室内攀岩运动装置

问题情境：为了使攀岩运动能够在城市进行有效训练，需要建设一堵至少30m高攀岩墙进行训练，不但场地受限，也会受到不良气候的影响，为了运动员可进行长期训练，希望将墙放在室内，但同时，室内又难达到30m的高度。

请用金鱼法提出解决在普通室内攀岩墙的方案。

2. 回答以下问题：

① 简述思维定势对人的影响？

② 为了防止钢铁生锈，除了采用涂抹防锈漆的方法外，还可以采用哪些方法？

③ 应用最终理想解的思考方式分析热水器的最终理想解。

3. 请用九屏幕法分析吸尘器的九屏幕。

4. 请用九屏幕法分析共享单车系统的九屏幕。

参考文献

[1] 创新方法研究会，中国 21 世纪议程管理中心. 创新方法教程（中级）. 北京：高等教育出版社，2012.

[2] GEN3 PARTNERS. Advanced TRIZ Training（Level 2 of MATRIZ Certification）. 上海：上海交通大学，2013.

[3] 成思源，周金平，郭钟宁. 技术创新方法——TRIZ 理论及应用. 北京：清华大学出版社，2014.

[4] 周苏. 创新思维与 TRIZ 创新方法. 第 2 版. 北京：清华大学出版社，2018.

[5] 创新方法研究会，中国 21 世纪议程管理中心. 创新方法教程（高级）. 北京：高等教育出版社，2012.

[6] Randall Marin，Costa Rica. TRIZ and the Optimization Conjecture（part 1）. Saint-Petersbourg-Russia: TRIZ Conference，2007.

[7] Karen Gadd. TRIZ For Engineers: Enabling Inventive Problem Solving. John Wiley&Sons, Ltd. , Publication, 2011.

[8] 李彦，李文强. 创新设计方法. 北京：科技出版社，2013.

第 3 章
TRIZ 的基本概念和因果分析法

◎ **知识目标：**
① 掌握TRIZ的技术系统、功能、矛盾等基本概念。
② 掌握3个以上的因果分析方法。

◎ **能力目标：**
① 能够对技术系统的问题进行描述。
② 能够应用因果分析方法对技术问题进行分析。
③ 能够应用5W法、鱼骨图分析进行问题分析。

3.1 TRIZ 的几个基本概念

在学习 TRIZ 理论方法前需要了解阿奇舒勒为 TRIZ 建立的几个基本概念,包括技术系统、功能、矛盾、最终理想解等。其中,最终理想解前章已经讲述,本节介绍前三个基本概念。

3.1.1 技术系统

"系统"一词源于古希腊语,是由部分构成整体的意思。亚里士多德说:"整体大于部分之和。"由此可见,对系统的研究从古代就已经开始了。"宇宙、自然、人类,一切都在一个统一的运转系统之中!世界是关系的集合体,而非实物的集合体。"这是人们早期对系统最朴素的认知。随着人们对自然系统认知的加深,形成了系统的原始概念。再由自然系统到人造系统和复合系统逐次地深入形成了系统的概念。

能完成一定功能的一个产品就称为一个技术系统,一个技术系统可以包含一个或多个执行自身功能的子系统,子系统又可以分为更小的子系统,一直到分解为由元件和操作构成。

技术系统是相互关联的组成成分的集合。同时,各组成成分有其各自的特性,而它们的组合具有与其组成成分不同的特性,用于完成特定的功能。技术系统是由要素组成的,若组成系统的要素本身也是一个技术系统,即这些要素是由更小的要素组成,称之为子系统。反之,若一个技术系统是较大技术系统的一个要素,则称较大系统为超系统。这是技术系统的层次性。层次性是指任何系统都有一定的层次结构并可分解为一系列的子系统和要素。其中子系统仍是一个具有独特功能的有机体,而要素则是没有必要再行分解的系统组成部分。反过来说,任何系统都可以看成是某个更高级、更复杂的大系统,功能越来越齐全,越来越高级,结构越来越复杂。任何系统都具有层次结构。另外,系统具有相对性和独立性,不同层级具有各自的性质、遵循各自的规律,层级间相互作用、相互转化。

例如,汽车是一个技术系统,它的子系统有汽车发动机、汽车轮胎、方向盘、外壳等,同时我们还可以把整个交通系统看做是它的超系统(见图3-1)。而如果汽车发动机是一个技术系统,它的子系统就有变速齿轮、气缸、传动轴等,汽车则是它的超系统。

图3-1　汽车的当前系统、子系统、超系统

3.1.2 功能

19世纪40年代，美国通用电气公司的工程师迈尔斯首先提出功能（Function）的概念，并把它作为价值工程研究的核心问题。

功能的由来有两种：一种是人们的需求，另外一种是人们从实体结构中抽象出来的。人们的需求会主动地提出功能，在实体结构中会抽象而被动地挖掘出功能。如汽车、飞机的出现，最初不是人们想要利用其运载人或物，而是随着时代的发展，人们逐渐发掘出其功能。因此，广义的功能定义为：研究对象能够满足人们某种需要的一种属性。

例如，冰箱具有满足人们"冷藏食品"属性；起重机具有帮助人们"移动物体"的属性。企业生产的实际上是产品的功能，用户购买的实际上也是产品的功能。如用户购买电冰箱，实际上是购买"冷藏食品"的功能。

在TRIZ中，功能是产品或技术系统特定工作能力抽象化的描述，它与产品的用途、能力、性能等概念不尽相同。功能一般用"动词+名词"的形式来表达，动词为一主动动词（Activeverb），表示产品所完成的一个操作，名词（Noun）代表被操作的对象，是可测量的。

例如，钢笔，它的用途是写字，而功能是存送墨水；铅笔，它的用途也是写字，而功能是摩擦铅芯；毛笔，它的用途仍是写字，而功能是浸含墨汁。

任何产品都具有特定的功能，功能是产品存在的理由，产品是功能的载体；功能附属于产品，又不等同于产品。

3.1.3 矛盾

"矛盾"一词来源于《韩非子·难一》。楚国有一个人既卖矛，也卖盾。他见到人就夸他的盾最坚固，什么样的矛都刺不进。但同时，他又夸他的矛最锐利，什么样的盾都能刺穿。于是有人就问："用你的矛来刺你的盾，那会怎么样呢？"当然那个楚国人无言以答。自此，人们用"矛盾"比喻相互抵触，互不相容的关系。在TRIZ理论中把事物之间的冲突关系称为矛盾。

工程中同样存在矛盾。如在飞机制造行业中，为了增加飞机外壳的强度，很容易想到的方法是增加外壳的厚度，但是厚度的增加势必会造成重量的增加，而重量增加是飞机设计师们不想见到的。在其他很多行业中，如此的矛盾也十分常见。这就是TRIZ中所说的技术矛盾。

TRIZ中的技术问题可以定义为技术矛盾和物理矛盾。

所谓技术矛盾，是指为了改善系统的一个参数，导致了另一个参数的恶化。技术矛盾描述的是两个参数的矛盾。例如，改善了汽车的速度，导致了安全性发生恶化。这个例子中，涉及的两个参数是速度和安全性。

所谓物理矛盾，就是针对系统的某个参数，提出两种不同的要求。当对一个系统的某个参数具有相反的要求时就出现了物理矛盾。例如，飞机的机翼应该尽量大，以便在起飞时获得更大的升力；飞机的机翼应该尽量小，以便减少在高速飞行时的阻力。钢笔的笔尖应该细，以便使钢笔能够写出较细的文字；同时钢笔的笔尖应该粗，以便避免锋利的笔尖将纸划破。

通过上面实例可以看出，物理矛盾是对技术系统的同一参数提出相互排斥的需求时的一种物理状态。无论对于技术系统宏观参数，如长度、电导率及摩擦系数，还是对于描述微观量的参数，如粒子浓度、离子电荷及电子速度等，都可以对其中存在的物理矛盾进行描述。物理矛盾反映的是唯物辩证法中的对立统一规律，矛盾双方存在两种关系：对立的关系及统一的关系。一方面，物理矛盾讲的是相互排斥，即同一性质相互对立的状态，假定非此即彼；另一方面，物理矛盾又要求所有相互排斥和对立状态的统一，即矛盾的双方存在于同一客体中。物理矛盾和技术矛盾是有相互联系的。例如，为了提高子系统Y的效率，需要对子系统Y加热，但是加热会导致其邻接Y的子系统X的降解。这是一对技术矛盾。同样，这样的问题可以用物理矛盾来描述，温度既要高又要低。升高的温度提高Y的效率，但是恶化X的质量；而低的温度不会提高Y的效率，也不会恶化X的质量。所以技术矛盾与物理矛盾之间是可以相互转化的。在很多时候，技术矛盾是更显而易见的矛盾，而物理矛盾是隐藏得更深的矛盾。

因此阿奇舒勒认为分析矛盾可以找到技术系统的问题，寻找解决矛盾的过程就可以找到创新的方法。

3.2 因果分析概述

因果分析法（Cause and Effect Analysis）是研究事物发展的结果与产生的原因之间的关系，并对影响因果关系的因素进行分析的方法。

因果分析就是在研究对象的先行情况时，把作为它的原因的现象与其他非原因的现象区别开来，或者是在研究对象的后行情况时，把作为它的结果的现象与其他现象区别开来。因果分析主要解决"为什么"的问题。

因果分析属于求解流程开始时的问题分析阶段，通过问题分析，并结合各种解决问题的方法得到问题的解决方案。

常见的因果分析方法有：因果轴分析、5W分析法（又称5个为什么分析法，5Why分析法）、鱼骨图分析、故障树、失效模式与后果分析……本章主要介绍因果轴分析、5W分析法、鱼骨图分析三种因果分析方法。

3.3 因果轴分析

在寻找工程问题发生原因的时候，我们可以采用三轴问题分析法进行分析。

三轴问题分析法（见图3-2），即沿流程时序轴（操作轴）、系统层次轴（系统轴）和因果关系轴（因果轴）对初始问题进行分析与定义，将复杂的工程问题分解成为若干子问题，以帮助工程师发现隐藏在表层问题之后的真正问题，以及充分利用系统资源途径去寻求解决方案的方法。

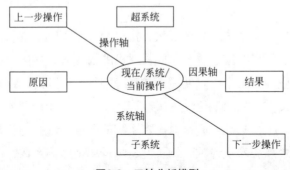

图3-2 三轴分析模型

三轴问题分析法的目的是：发现问题产生的根本原因，寻找解决问题的"薄弱点"，并分析解决问题的资源，以降低解决问题的成本。

下面主要介绍三轴问题分析法中的因果轴分析。

因果轴（也称为因果链）分析：通过构建因果链探明事件发生的原因和产生的结果之间关系的分析方法，以找出问题产生的根本原因。

因果轴分析的目的：由于根本原因与产生结果之间存在的一系列因果关系，这样便可构成一条或多条的因果关系链（见图3-3），通过发现问题的产生原因与发现链中的"薄弱点"，为解决问题寻找切入点。

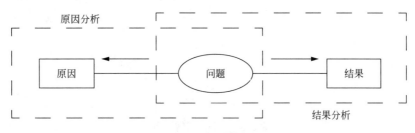

图3-3　因果链模型

根据图3-3，从问题往前可以寻找问题出现的原因，也可从问题寻找问题出现的结果。

（1）原因轴分析

目的：了解事件的根本原因，确定解决问题的最佳时间点。

分析过程如下：

① 从发现的问题出发，列出其直接原因。

② 以这些原因为结果，寻找产生这些结果的上一层原因。按照①→②的方法继续分析，直至找到根本原因。

③ 结束原因轴分析的判定条件是：当不能继续找到上一层的原因时，或当达到自然现象时，或当达到制度／法规／权利／成本等极限时，则不再寻找原因。

④ 将每个原因与其结果用箭头连接，箭头从原因指向结果，构成原因链，见图3-4。

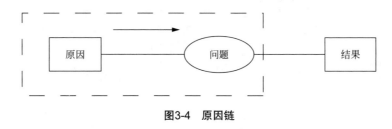

图3-4　原因链

对应一个问题，可能会有多个原因，因此原因轴可以有多条链。

案例3-1　某大楼火灾原因轴分析（见图3-5）

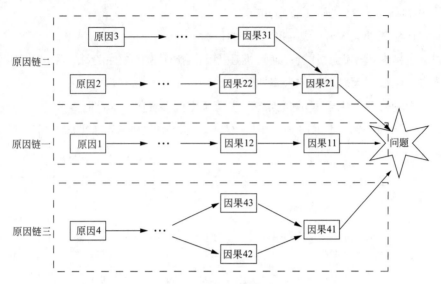

图3-5　多条原因链模型

某大楼发生火灾，据分析可能的原因如下。

A：烟花与金属幕墙相撞，烧穿装饰幕墙；

B：火种落入内侧，引燃内侧保温材料，保温材料大面积闷烧过火，烧穿防水层进入室内；

C：引燃室内可燃物，可燃装饰材料和施工材料着火又扩大了火势；

D：沿外墙面连续的金属幕墙部分形成了竖向火势延伸通道；

E：中庭部分产生"烟囱效应"，最终突破空中花园玻璃，发生爆炸。如图3-6所示。

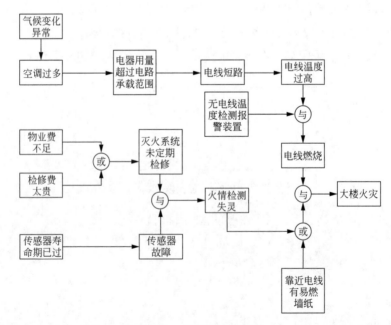

图3-6　大楼火灾原因轴

（2）结果轴分析

目的：了解问题可能造成的影响，并寻找可以控制结果发生和蔓延的时机和手段。

分析过程如下。

① 从目前的现象（问题）出发，推测其继续发展可能会造成的各种直接结果。

② 从每个直接结果出发，再寻找可能产生的下一步结果，按照①→②的方法继续分析。

③ 结束结果轴分析的判定条件是：当不能继续找到下一层的结果时，当达到重大人员、经济和环境损失时，当达到技术系统的可控极限时，结束分析。

④ 将每个现象与其后果用箭头连接，箭头从现象指向后果，构成结果链（见图3-7）。

⑤ 原因链与结果链构成因果轴。

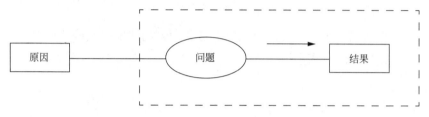

图3-7　结果链模型

对应一个问题，可能会有多个结果，因此结果轴可以有多条链（见图3-8）。

某大楼火灾的结果轴分析见图3-9。

因果轴分析的注意点：

1）如果因果关系不能确定，应增加其他方法进行分析，如：

① 定性分析方法：鱼骨图、因果矩阵、失效模式与影响分析等。

② 定量分析方法：假设检验、柏拉图、实验设计与分析等。

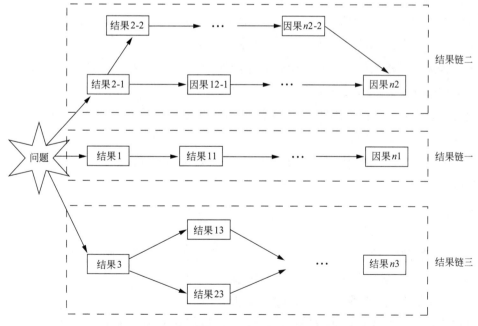

图3-8　多条结果链模型

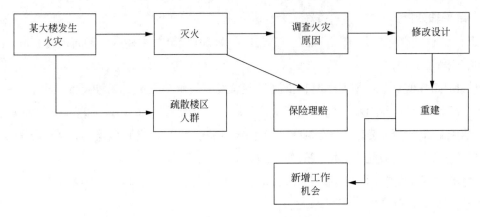

图3-9 某大楼火灾结果轴分析

2）如果同一个结果有多个原因，应该分析这些原因与造成的问题（现象）之间，以及原因之间的关系。通常只有一个是原因，其他是导致结果出现的条件。条件与原因之间存在以下逻辑关系。

① 与关系：几个条件或原因同时存在，才会导致结果。

② 或关系：几个条件或原因只要有一个存在，就会导致结果。

③ 必要时可以加上每个原因发生的概率，以便轻重缓急加以处理。

3）有时候从一个实际问题开始进行结果轴分析，其严重后果已经显而易见，就不需要继续分析结果轴。如果一个问题会引发后续多种后果，有必要了解这些后果出现的关系，如时间先后关系、共存关系或排斥关系。

（3）因果问题分析法的规范化格式

如图3-3所示的因果链模型，其规范化描述如下所述。

① 因果的规范化。

因果的规范化原则：原因的规范化应与功能描述一致。

问题：功能没有达到预计的效果，功能对象的参数表现出偏离目标值。

原因：因果是相对的，对象的某参数没有达到预计要求，直接导致结果的参数偏离目标。

因果的规范化描述类型如下所述。

a. 缺乏　对象应该提供有用的功能，但是没有对象提供此功能。

规范描述：缺乏—对象。

实例：仓库的零件因搁置时间太长生锈了，原因是没有上油保护。

零件生锈原因的规范描述：缺乏—防锈油。

b. 存在　某个对象在提供有用功能的同时，也产生了有害影响。

规范描述：存在—对象。

实例：家具上的油漆能使家具表面变得美观，但挥发的气体影响人的健康。

影响人的健康原因的规范描述：存在—油漆。

c. 有害　不需要某个对象，但这个对象却出现了。

规范描述：（存在）有害的—对象。

实例：汽车缩短了人们之间的距离感，改善了人们的生活品质，但是产生的尾气污染了环境。

污染环境原因的规范描述：有害的—尾气。

"存在的"对象是为了提供有用功能而存在的，但同时它有时存在负作用，即有害影响。

"有害的"对象是不希望有的，因为其提供的是有害影响，但当"有害的"对象能够提供一些有用功能时其描述可转化为"存在"，当"存在的"对象的有用功能完全消失，其描述可转化为"有害"。

实例：现在，有的汽车生产厂家开始利用尾气，如尾气制热。

尾气制热的原因：存在—尾气。

实例：汽车缩短了人们之间的距离感，改善了人们的生活品质，但是产生的尾气污染了环境。

污染环境的原因：有害的—尾气。

产生尾气的原因：存在—汽车。

当有用的对象提供了有用功能，但是其效果不令人满意时，按照导致问题的功能参数特征，又分为：过度、不足、不可控、不稳定。此时功能描述的一般格式为：定语＋主语＋表语，表示物体存在某个参数的状态。

• 过度　有用的功能，因其性能水平超过了上阈值而产生有害影响。

规范描述：对象（的）—参数—（是）过度（的），简写为：对象—参数—过度。

实例：工厂的围墙太高，造成厂区通风不好。

厂区通风不好原因的规范描述：围墙—高度—过度。

• 不足　有用的功能，因其性能水平低于下阈值而效果不足。

规范描述：对象（的）—参数—（是）不足（的），简写为：对象—参数—不足。

实例：自行车负重太大，轮胎爆了。

轮胎爆裂原因的规范描述：轮胎—强度—不足。

实例：用老式计算机显示器，眼睛看久了很累。

眼睛累的原因的规范描述：显示器—刷新频率—不足。

实例：笔记本电脑用了2年后，需要经常充电。

需要经常充电原因的规范描述：笔记本电脑电池—待机时间—不足。

• 不可控　有用的功能，但是无法有效地控制其性能水平。

规范描述：对象（的）—参数—（是）不可控（的），简写为：对象—参数—不可控。

实例：夏季南方城市的机场经常因恶劣天气造成大量航班延误。

航班延误原因的规范描述：机场—天气—不可控。

• 不稳定　有用的功能，但是其性能水平不够稳定，带来了有害影响。

规范描述：对象（的）—参数—（是）不稳定（的），简写为：对象—参数—不稳定。

实例：恒温车间由于人员进出频繁，造成车间内温度发生一定变化。

恒温车间温度不稳定原因的规范描述：恒温车间—温度—不稳定。

"不可控"的原因有时也可以表示为"不稳定"。

② 因果分析的图形化表示。

因果类型标准描述有缺乏、存在、有害、有用4类。

因果格式标准描述：对象+（参数）+描述。

因果图形标准描述如图3-10（a）所示，图3-10（b）为电线燃烧的图形标准描述实例。

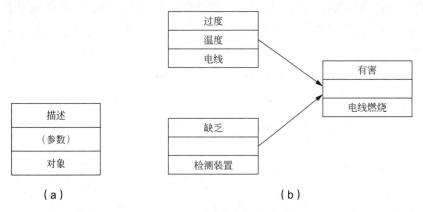

图3-10　电线燃烧的图形标准描述

例如，存在—尾气、显示器—刷新频率—不足、笔记本电脑电池—待机时间—不足、机场—天气—不可控、恒温车间—温度—不稳定的图形标准描述如图3-11所示。

存在	不足	不足	不可控	不稳定
	刷新频率	待机时间	天气	温度
尾气	显示器	笔记本电脑电池	机场	恒温车间

图3-11　图形标准描述实例

③ 因果分析图形标准化描述示例。

a. 缺乏。

例如，电路中缺少电流过载保护装置，见图3-12。

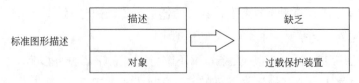

图3-12　缺乏的标准化描述

b. 存在。

例如，电路有电流过载保护装置，见图3-13。

标准化描述：对象—存在

标准化描述：过载保护装置—存在

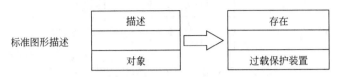

图3-13　存在的标准化描述

c. 有害。

例如，电路存在电流过载现象，引起短路，见图3-14。

标准化描述：对象—有害

标准化描述：电流过载—有害

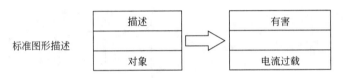

图3-14　有害的标准化描述

d. 有用。

有用功能具体体现在：不足、过度、不稳定、不可控4个方面。

• 不足。

例如，电路中的电流过载保护装置的灵敏度太低，导致电流有过载时，保护装置仍未反应，见图3-15。

标准化描述：对象—参数—不足

标准化描述：过载保护装置—灵敏度—不足

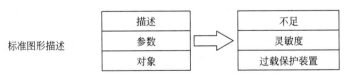

图3-15　不足的标准化描述

• 过度。

例如，电路中的电流过载保护装置的灵敏度太高，导致电流未过载时也出现跳闸现象，导致电路切断，见图3-16。

标准化描述：对象—参数—过度

标准化描述：过载保护装置—灵敏度—过度

图3-16 过度的标准化描述

- 不稳定。

例如，电路中电流过载保护装置性能不稳定，在过载时有时切断电路，但有时却不能切断电路，见图3-17。

标准化描述：对象—参数—不稳定

标准化描述：过载保护装置—性能—不稳定

图3-17 不稳定的标准化描述

- 不可控。

例如，电路中的电流过载保护装置灵敏度不能控制，比如在希望电路短时间允许过载时却被切断，见图3-18。

标准化描述：对象—参数—不可控

标准化描述：过载保护装置—灵敏度—不可控

图3-18 不可控的标准化描述

综上所述，因果关系标准化类型汇总如下。

a. 缺乏：对象—缺乏。

b. 存在：对象—存在。

c. 有害：对象—有害。

d. 有用。

- 不足：对象—参数—不足；

- 过度：对象—参数—过度；
- 不稳定：对象—参数—不稳定；
- 不可控：对象—参数—不可控。

在以上所有类型的因果描述中，有用功能是需要参数的，其他不需要参数。

（4）选择解题的入手点

选择解题的入手点，就是要发现从原因到问题所构成的整个链中的"薄弱点"，但如果根本原因不可改变或不可控制，那么就需从原因链中逐个检查原因节点，找到第一个可以改变或控制的原因节点，提出解决问题的方法。在解决问题时，要考虑解决问题的成本，如果消除结果的不良影响的成本比消除原因低，就从结果上采取解决不良影响的方法。

在选择解题入手点时，如果有多个原因节点，在采用解题方法上，可以选择其中容易实现、周期较短、成本较低、技术成熟等的节点实施解题。

在解决问题时，也可以利用专利分析的结果，按照企业的专利战略选择其中一个节点。例如，专利进攻：竞争对手在某个方向的专利薄弱，一旦攻克，就可以形成竞争优势；专利规避：竞争对手在某个方向的专利强大，可以选择专利规避方法以解决问题，或者专利交易直接利用对方的资源，或者放弃在此方向解决问题。

3.4　因果矩阵分析

矩阵图法就是从多维问题的事件中，找出成对的因素，排列成矩阵图，然后根据矩阵图来分析问题，确定关键点（图3-19）。它适用于分析多个结果与不同的原因之间的影响关系，是一种通过多因素综合思考探索问题的方法。

	顾客重要度													
			1	2	3	4	5	6	7	8	9	10	11	12
			Y1	Y2	Y3	Y4	Y5							
	过程步骤	过程输入												累计值
1														
2														
3														
4														
5														
6														
7														
8														
9														
10														
11														
12														

图3-19　因果矩阵样式

因果矩阵分析采用头脑风暴法，由客户确定主要价值参数（main parameter of value, MPV）作为输出Y，及其重要度I；团队搜集影响因素作为输入，然后评价每个输入与输出之间的相关性R，从而找出影响这些Y的最重要因素。

因果矩阵分析的实施步骤，一般可分为5步（图3-20）：

① 列出输出；
② 根据对客户的重要性给输出打分（1～10分）；
③ 列出输入；
④ 对每一个输入与输出之间的相关性打分（1～10分）；
⑤ 交叉相乘，累计数由相乘之和决定，然后选择重点。

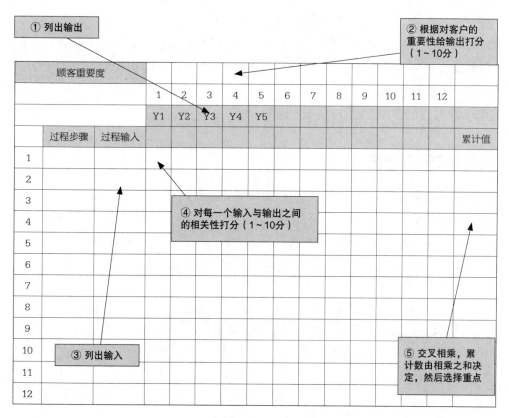

图3-20　因果矩阵五部分位置

案例3-2　如何开好咖啡店

如何开好咖啡店？对于这个问题，考察哪些参数是影响MPV的重要参数。假设对客户而言，咖啡店最重要的MPV是：服务速度、口味、咖啡浓度。

咖啡店老板选出了制作咖啡的输入参数：咖啡豆的品种，装水量，烧煮时间，咖啡辅料。然后根据对每一个输入与输出之间的相关性打分，并最后累计得出重点的影响因素。从图3-21可以看出，"豆的种类"是最关键的影响因素。

客户打分	5	10	4									
	1	2	3	4	5	6	7	8	9	10	11	12
工序输入	服务速度	口味	咖啡浓度									累计
1 豆的种类	2	10	3									122
2 装水量	0	5	10									90
3 烧煮时间	8	5	1									94
4 咖啡辅料	3	8	2									103
5												
6												
7												
8												
9												0
10												0
11												0
12												0

图3-21　因果矩阵实例

3.5　5W分析法

3.5.1　5W分析法概述

5W分析法又称五问法（亦称5个为什么分析法、5Why分析法），最初由丰田公司提出并在丰田公司广泛采用，因此也被称为丰田五问法。

5W分析法是一种用不断问"为什么"来寻找现象发生的根本原因的方法，这种方法是对现象发生的可能原因进行分析，在事实的基础上寻找根本原因的分析方法。它是一种更进一步的因果分析方法。

在遇到实际问题时，怎么找到问题发生的根本原因？在丰田汽车公司有一个著名的案例，有一次，大野耐一发现一条生产线上的机器总是停转，虽然修过多次，但问题总不能解决。于是，大野耐一与工人进行了一段对话。

一问："为什么机器停了？"

答："因为超过了负荷，保险丝就断了。"

二问："为什么超负荷呢？"

答："因为轴承的润滑不够。"

三问："为什么润滑不够？"

答："因为润滑泵吸不上油来。"

四问："为什么吸不上油来？"

答:"因为油泵轴磨损、松动了。"

五问:"为什么磨损了呢?"

答:"因为没有安装过滤器,混进了铁屑等杂质。"

经过连续5次不停地问"为什么",找到了问题的真正原因和解决的方法,就是在油泵上安装过滤器。如果没有这种追根究底的精神来发掘问题,而只看到问题的表象,很可能就换根保险丝了事,真正的问题还是没有解决。

另一个例子,林肯纪念堂外墙是花岗岩制成的,后来脱落和破损严重,再继续下去就需要重建,这需要花纳税人一大笔钱,还需要市议会进行商讨决议,于是在投票之前请专家进行了分析。针对外墙花岗岩经常脱落和破损的问题,专家经过分析提出了5个问题。

① 脱落和破损的直接原因是经常清洗,而清洗液中含有酸性成分。为什么需要用酸性清洗液?

② 花岗岩表面特别脏,因此使用去污性能强的酸性清洗液,究其原因主要是由于鸟粪造成的。为什么这个大楼的鸟粪特别多?

③ 楼顶常有很多鸟。为什么鸟愿意在这个大厦上聚集?

④ 大厦上有一种鸟喜欢吃的蜘蛛。为什么这个大厦的蜘蛛特别多?

⑤ 楼里有一种蜘蛛喜欢吃的虫。为什么这个大厦会滋生这种虫?

问题的根源是因为大厦采用了整面的玻璃幕墙,阳光充足,温度适宜(见图3-22)。

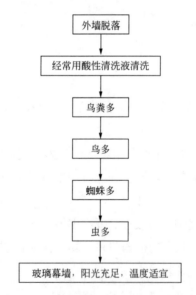

图3-22 林肯纪念堂外墙脱落和破损问题

至此,解决方案就简单了:拉上窗帘!

从以上两个例子来看,5W分析法的目的是:鼓励解决问题的人要努力避开主观或自负的假设和逻辑陷阱,从结果着手,沿着因果关系链条,顺藤摸瓜,找出问题的根本原因。

3.5.2 5W分析法的应用步骤

5W分析法用在原因调查阶段,要真正解决问题必须找出问题的根本原因,而不是问题表象。根本原因总是隐藏在问题的背后，因此在原因调查阶段需认真收集问题发生的原因以及相关的数据。

用5W分析法寻找问题的根本原因时，要注意两点：

① 所找的原因必须建立在事实基础上，而不是猜测、推测、假设的。

② 阐明现象时为避免猜测，需到现场去察看现象。这里现象是指能观察到的事件或事实。

如图3-23所示，当遇到异常现象时，先问第一个"问什么"，获得答案后，再问为何会发生，以此类推，层层推进，直到找到问题的根本原因，并确定治本对策。运用5W分析法进行分析时，真因必须靠更深入的挖掘，询问问题何以发生。

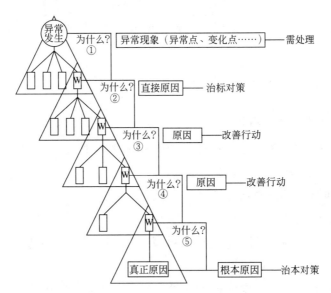

图3-23 5个为什么分析法应用步骤

3.5.3 5W分析法的常用工具

（1）5W分析法链式图表

进行5W分析时，可按链式图表来描述问题，进行提问和对问题结果进行分析，层层推进，直到找到问题的根源，见图3-24。

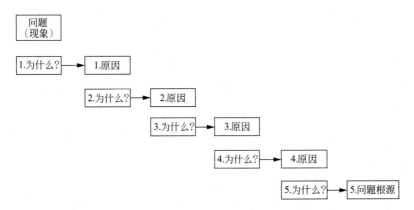

图3-24 5个为什么链式图表

(2) 研讨表

如表3-1所示，在进行问题分析时，将问题和得到的问题原因填在表中，并将每一次提问得到的即时解决方案填在表中，最后得到彻底解决方案。

表3-1　5W分析法研讨表

次数	为什么	原因	即时和最终解决方案
1			
2			
3			
4			
5			

3.5.4　5W分析法的注意要点

每个现象可能都存在很多原因，这就需要找出问题的主要原因，找主要原因与提问技巧是有很大关系的，下面介绍提问时的注意事项。

(1) 提问和答问时要注意的事项

1) "现象"栏（问题栏）的写法。

① 提问时针对所提问题要用简洁的词汇来表达。如：螺丝拧不动；镀层的厚度超过了规格要求。

② 避免使用2个动词。如：电流过大，镀层变厚了。这样提问要点不明确，是要分析电流过大，还是要分析镀层变厚？

③ 不要用抽象、含糊的词汇。如：在××工序中，零部件的组装缺陷很多。未明确具体缺陷，不清楚到底要分析什么。再如：原材料不好。未说明材料哪方面有什么不好。

2) "为什么"栏和"原因"栏的写法。

① 使用像"哪里不行"的简洁词汇。

② 避免使用两个动词。

③ 以写"事实"为原则，不能不做调查研究而只是推测原因。

④ 采用过去时态来提问。如："曾经怎么样"。

⑤ 不使用像"太忙了""太乐观了"等辩解和主观借口。

⑥ 不仅写有关自己、本部门的事情，也可写上一级或其他部门的情况。根据需要，还可以按照部门分析。

3) 一个为什么的原因往往不止一个，有两个以上时，我们将其并列写在分析表上，并各自反复追问为什么。

4) 最后从"根本原因"向"现象"追溯验证。

倒过来重新读一遍，以验证逻辑上是否存在不自然的地方。如果有不自然的地方，说明分析不当，对此部分必须重新分析。

（2）提问要点

1）提问要点。

下面从一个错误使用5W分析法的例子来分析提问要点。5W分析法的分析不是随意进行的，必须是朝解决问题的方向进行分析，如果脱离了这个方向，5W分析法就可能会误入歧途。

例3-3　一个人摔了一跤

分析原因：

① 为什么摔跤？　　　　　　——因为地面滑。
② 为什么地面滑？　　　　　——因为地面有水。
③ 为什么有水？　　　　　　——因为喝水时水洒了。
④ 为什么水洒了？　　　　　——因为纸水杯掉地了。
⑤ 为什么纸水杯掉地了？　　——因为没有杯托。
⑥ 为什么没有杯托？　　　　——因为总务小妹休息了没拿出来。
⑦ 为什么总务小妹休息了？　——因为总务小妹感冒了。
⑧ 为什么总务小妹感冒了？

如果按照这样的方法进行分析的话，就会发现离主题越来越远，且分析不出真正的原因。上述分析错在哪里？错在查找原因时没找到可控的原因。找原因要基于组织内部，去找内部的原因，而不能去找不可控的原因（比如卖不出东西去找顾客的原因）。

实际上对上述例子进行提问时：

到第②问时，可以采取纠正措施了，将水清除。

第①~④问的潜在因子都存在摔跤者"大意摔跤"，如果走路小心点，即使地面滑、即使地面有水，也不会造成摔跤现象。

第⑤问的回答存在逻辑错误。纸水杯掉地上一定是因为没有杯托吗？或者没有杯托一定会导致纸杯掉地上吗？

由于思维方式的差异，有些人喜欢找借口，这些借口就是那些不可控的原因。上述例子可控的原因是走路不小心，小心点就能避免摔跤，否则地上没水也会摔跤。

2）"为什么"要持续几次？

5W分析法的"5"是反复追问多个"为什么"的意思。需要说明的是，提问时并非一定要提问五次。有时追问三次便得到最后解决方案，有时却要反复追问十次以上甚至更多。反复追问到能采取具体的对策防止问题的再度发生为止。再追问下去就成了重复或概念性的东西，采取不了具体对策了，这时候就应停止追问为什么。

案例3-4　阿波罗13号服务舱的氧气罐发生爆炸

阿波罗13号（Apollo13）参与阿波罗计划（Project Apollo）中的第三次载人登月任务。发射后两天，服务舱的氧气罐发生爆炸，严重损坏了航天器（见图3-25），使其损失大量氧气和电力；三位宇航员使用航天器的登月舱作为太空中的救生艇。指令舱系统并没有损坏，但是为了节省电力，在返回地球大气层之前都被关闭。三位宇航员在太空中经历了缺少电力、正常温度以及饮用水的问题，但仍然成功返回了地球。

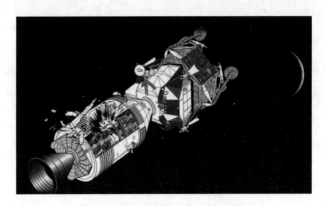

图3-25　阿波罗13号服务舱的氧气罐爆炸

针对氧气舱内的风扇开启后氧气舱爆炸的事故，下面用5W分析法进行分析。

① 为什么爆炸会发生？　　　　　——电线使风扇变成拱形并引燃舱内的氧气。

② 为什么会被电线弄成拱形？　　——导线中心被引爆。

③ 为什么中心被引爆？　　　　　——绝缘被烧坏。

④ 为什么绝缘被烧坏？　　　　　——在前导系统测试过程中氧气舱过热。

⑤ 为什么氧气舱过热？　　　　　——氧气舱中的加热器通常会维持舱内的压力，但在舱内被清空后（也就是测试结束后）没有被关掉。

⑥ 为什么加热器没有被关掉？　　——切断电源的开关可以在舱过热时自动关掉加热器，可是它失效了。

⑦ 为什么开关会失效？　　　　　——在测试中它超过了额定电压。工程师们确信舱内的液氧可以使开关保持冷却，然而，当舱内被清空时，开关就迅速地变热从而失效。

⑧ 为什么加热器首先被启动？　　——当测试结束时舱内的氧气并没有彻底清除干净（注：为了安全起见，测试结束后舱内不应留有氧气）。

⑨ 为什么舱内没有完全被清空？　——在前导系统测试中插口管被震松了。

3.5.5　5W分析法案例分析

案例3-5　针对螺栓松了的问题进行原因查找

不好的分析，见图3-26。图中的分析没找到螺栓松了这个问题的根本原因。

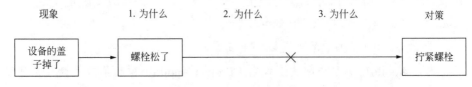

图3-26　螺栓松了不好的分析

好的分析，见图3-27。图中的分析对螺栓松动的原因作了进一步原因查找。为什么螺栓松了？扭力太小。为什么扭力太小？螺栓的直径太小。这样就找到根本原因了。

图3-27 螺栓松了好的分析

案例3-6 设备清扫问题的原因查找

不好的分析,见图3-28。图中的分析没找到设备没有清扫的根本原因。对没有清扫问题,只是采取简单的加强清扫的对策。

图3-28 设备没有清扫不好的分析

好的分析,见图3-29。好的分析中追究到了没有清扫的原因,采取了合适的对策。

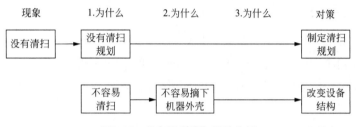

图3-29 设备没有清扫好的分析

3.5.6　5W分析法的补充说明

(1) 5W分析法的优点

① 5W分析法重视潜在的系统性问题,能找出问题发生的根源,彻底解决问题。

② 5W分析法的格式容易被人理解,"为什么—为什么"图表会把因果路径简单地呈现出来,因果关系被概括成摘要而不是技术细节,提供了一种大众语言,使人不必去考虑具体的方法。

(2) 5W分析法的不足

① 5W分析法报告虽然是解决品质问题的一种形式,但与8D(团队导向问题解决方法)报告还是有很大区别。8D报告可以包含5W分析法报告内的所有内容,但5W分析法报告不能涵盖8D报告的所有内容,而且5W分析法报告并不强调团队作用,这是两者最大的区别。

② 5W分析法比较适合作为专题改善的一种工具。它是一种追溯根原因的逆向思维分析方式,每个为什么问完后都有很多可能,甚至需要做试验验证,确定下一步可能的问题。有些问题仅仅靠问为什么也是解决不了的,这需要与其他工具组合使用。

③ 在5W分析法找出原因后确定对策时,要权衡利润与成本的关系,要考虑对策的成本,尽量采用成本不高的对策。

3.6 鱼骨图分析法

3.6.1 鱼骨图分析法概述

鱼骨图（Fishbone Diagram）：1953年，日本管理大师石川馨提出一种把握结果（特性）与原因（影响特性的要因）的极方便而有效的方法，名为"石川图"。因其形状很像鱼骨，是一种发现问题根本原因和透过现象看本质的分析方法，也称为"鱼骨图"（亦称"鱼刺图""特性要因图""因果图"）。

问题的特性总是受到一些因素的影响，我们可以通过头脑风暴法找出这些因素，并将它们与特性值一起，按相互关联性整理而成的层次分明、条理清楚，并标出重要因素的图形就构成"鱼骨图"。

头脑风暴法（Brain Storming，BS）：一种通过集思广益、发挥团体智慧，从各种不同角度找出问题所有原因或构成要素的会议方法。头脑风暴法有四大原则：严禁批评、自由奔放、多多益善、搭便车。

3.6.2 鱼骨图的用法

鱼骨图是一个非定量的工具，可以帮助我们找出引起问题的潜在的根本原因，提示问题为什么会发生？使项目小组聚焦于问题的原因，而不是问题的症状。

鱼骨图能够集中于问题的实质内容，以团队努力，聚集并攻克复杂难题，辨识导致问题或情况的所有原因，并从中找到根本原因。

（1）鱼骨图的三种类型

整理问题型：各要素与特性值间不存在原因关系，而是结构构成关系，对问题进行结构化整理。

原因型：鱼头在右，特性值通常以"为什么……"来写。

对策型：鱼头在左，特性值通常以"如何提高和改善……"来写。

（2）鱼骨图的基本结构

如图3-30和图3-31所示，鱼骨图由特性（现象或待解决的问题）①、主骨②、要因③、大骨④、中骨⑤、小骨⑥、孙骨⑦等构成。

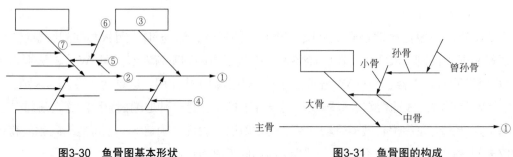

图3-30　鱼骨图基本形状　　　　　图3-31　鱼骨图的构成

特性①是指某种现象或待解决的问题，画在鱼骨图的最右端。

主骨②（也称为主刺），画在特性①的左端，可用粗线表示。

要因③，也称为大原因，一般鱼骨图有3～6个要因，并用大骨④将要因和主骨连接起来。绘图时，一般情况下应保证大骨与主骨成60°夹角，中骨与主骨平行。要因一般用四方框圈起来。

要因的确定方法：召开头脑风暴研讨会，在最初的草案阶段，对于制造类鱼骨图的大骨通常采用6M确定要因，见图3-32。6M是指人员（Man）、机器（Machine）、材料（Materials）、方法（Methods）、环境（Mother-nature）、测量（Measurement）。

6M方法常规鱼骨图，见图3-33。

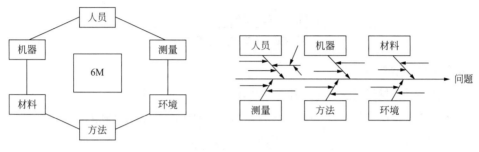

图3-32　制造类6M要因图　　　　图3-33　6M方法常规鱼骨图

对于服务与流程类鱼骨图，见图3-34和图3-35。

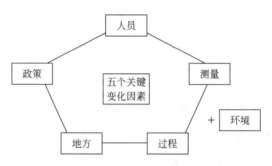

图3-34　服务与流程类鱼骨图模板

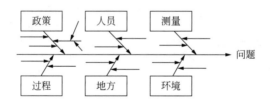

图3-35　服务与流程类鱼骨图

中骨⑤要说明"事实"，小骨⑥要围绕"为什么会那样？"来描述，孙骨⑦要更进一步来追查"为什么会那样？"。

中骨、小骨、孙骨的记录要点：要围绕事实系统整理要因，要因一般使用动宾结构的形式。如："没有照明""没有盖子""没有报警""没有干劲""学习不足""注意不足"。

（3）嵌套式鱼骨图

进行因果分析时，也可以用嵌套式鱼骨图的形式进行分析，见图3-36。

		质量意识淡薄	
波峰焊、虚焊多原因	人员	对操作技能不熟	理论培训时间不够
			实习操作时间不够
		新员工在操作	
	机器	喷雾不良	
		机器没维护	
		轨道不好	
	材料	线路板焊盘	
		元件端子氧化	
	方法	没有作业指导书	
	环境	照明不好	

图3-36 嵌套式鱼骨图样例

（4）鱼骨图的画法要点

怎么对某个现象进行原因分析？具体做法是，在绘制时，重点应放在为什么会有这样的原因，并依照5W1H的方法进行提问分析，这样可以理顺现象与原因之间的关系（见表3-2）。

表3-2 5W1H提问表

项目	为什么？	能否改变？	该怎么改变？
1. What 做什么	为什么生产这种产品或配件？	是否可以生产别的？	到底应该生产什么？
2. Where 何地	为什么在那干？	是否可在别处干？	在何处做效率才最高？
3. When 何时	为何在那时做？	是否在别的时间做更有利？	应该什么时候做？
4. Who 何人	为何要这个人做？	是否有可以做得更好的人？	到底应该谁做？
5. How 如何做	为何要这么做？	有无其他可替代的更好的方法？	应该怎么做？
6. Why 为何	为何要照目前的工作方式进行？	有无其他更好的方式？	更好的方式是什么？

案例3-7 搬运空箱较费时间的问题

搬运空箱较费时间的鱼骨图分析见图3-37。

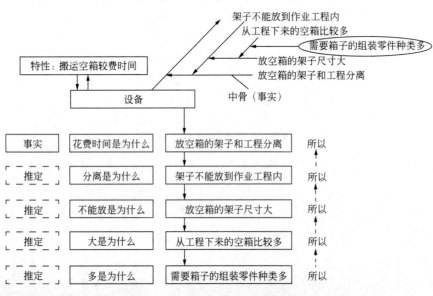

图3-37 搬运空箱较费时间的鱼骨图分析

案例3-8 改善活动不活跃

改善活动不活跃的鱼骨图分析，见图3-38。

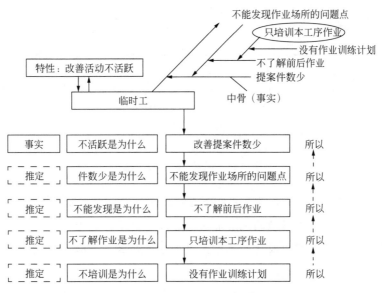

图3-38 改善活动不活跃的鱼骨图分析

案例3-9 曲别针安装不良品多

曲别针安装不良品多的鱼骨图分析，见图3-39。

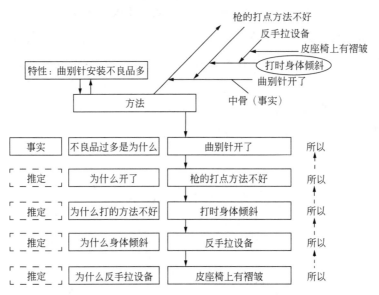

图3-39 曲别针安装不良品多的鱼骨图分析

（5）鱼骨图分析案例

案例3-10 管道焊接裂缝问题

图3-40中的"鱼头"表示需要解决的问题，即管道焊接出现裂缝的问题。根据现场调查，可以把管道焊接出现裂缝问题的要因概括为3类，即管道缺陷、扩产和人的因素。在每一类要因中包括若干造成管道焊接裂缝的可能因素，如焊接设备存在缺陷、采购的管道存在裂缝、无人监控裂缝等。

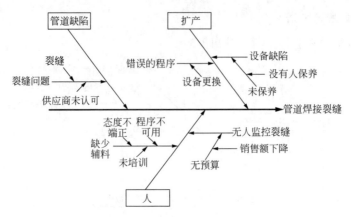

图3-40 管道焊接裂缝鱼骨图

将3类要因及其相关因素分别以鱼骨分布态势展开,形成鱼骨分析图。

下一步的工作是找出产生问题的主要原因,为此可以根据现场调查的数据,计算出每种原因或相关因素在产生问题过程中所占的比重,以百分数表示。最后针对这三大因素提出改进方案,以解决管道焊接裂缝的问题。

案例3-11 A12立式车床换件准备时间过长

图3-41中的"鱼头"表示需要解决的问题是A12立式车床换件准备时间过长。通过现场调查与分析,换件准备时间过长的要因为5类,即人、机、胎具、方法和环境。在每一类中包括若干造成这些换件准备时间过长的可能因素,如机类要因,就包括以下可能因素:安装T形螺栓不顺利、机床三爪不灵活、调整三爪位置麻烦。再如人的要因,也包括以下可能的因素:胎具找正时间长、操作不稳定,而操作不稳定又可能是操作工人对机床性能不熟悉或者体力不支等原因。

根据经验规律,20%的原因往往产生80%的问题。以上五类要因中,根据现场调查的数据,在人力有限的条件下,抓住主要原因并想出办法解决,可以大大提高换件效率。

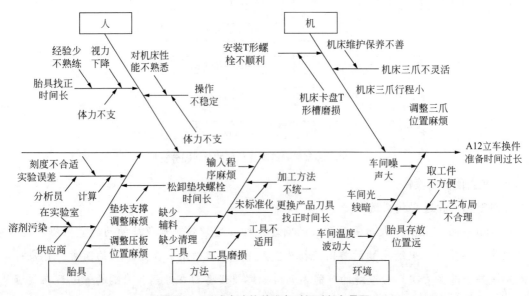

图3-41 立式车床换件准备时间过长鱼骨图

3.6.3 鱼骨图的评价

鱼骨图画好后，可进一步评价所找出的原因发生的可能性（表3-3）。用下面三种类型来标示：

V：非常可能（Very Likely to Occur）；
S：有些可能（Somewhat Likely to Occur）；
N：不太可能（Not Likely to Occur）。

表3-3　原因发生可能性标示

原因	非常可能	有些可能	不太可能
××××	V	S	N

对标有V和S（表3-3中椭圆框内的部分）的原因，评价其解决的可能性（表3-4）。用下面三种类型来标示：

V：非常容易解决（Very Easy to Fix）；
S：比较容易解决（Some What Easy to Fix）；
N：不太容易解决（Not Likely to Fix）。

表3-4　原因发生可能性和解决可能性标示

解决可能性 发生可能性	V	S	N
V	VV	VS	VN
S	SV	SS	SN

对标有VV、VS、SV、SS（图3-4中椭圆框内部分）的原因，评价其实施纠正措施的难易度（表3-5）。用下面三种类型来标示：

V：非常容易验证（Very Easy to Test）；
S：比较容易验证（Somewhat Easy to Test）；
N：不太容易验证（Not Likely to Test）。

为了全面了解上述三个方面，也可以通过表3-6所示的鱼骨图分析评估表，将以上内容合并到一起。

表3-5　原因发生可能性、解决可能性和验证难易标示

验证难易度 发生与解决的可能性	V	S	N
VV	VVV	VVS	VVN
VS	SVV	VSS	VSN
SV	SVV	SVS	SVN
SS	SSV	SSS	SSN

表3-6 合并后样式

序号	因素	发生可能性			解决可能性			验证可能性		
		V	S	N	V	S	N	V	S	N
1										
2										
3										
4										
5										
6										
7										
8										
9										
10										

案例3-12 送货时间太长（见图3-42）

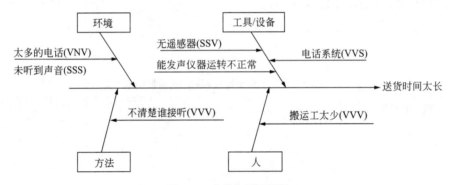

图3-42 完整鱼骨图样例

思考题

1. "三轴分析"中的"三轴"指的是哪三个轴，每个轴分析的目的是什么？
2. 在因果分析时，可以用哪些方法来分析技术系统中存在问题的原因和产生的结果？
3. 请用5W分析法分析某院校学生有50%在校外用餐现象。
4. 请用鱼骨图分析法分析自行车链条老掉的问题。

参考文献

[1] 创新方法研究会，中国21世纪议程管理中心. 创新方法教程（初级）. 北京：高等教育出版社，2012.
[2] 林岳，谭培波，史晓凌，等. 技术创新实施方法论（DAOV）. 北京：中国科学技术出版社，2009.
[3] 成思源，周金平，郭钟宁. 技术创新方法——TRIZ理论及应用. 北京：清华大学出版社，2014.
[4] 周苏. 创新思维与TRIZ创新方法. 第2版. 北京：清华大学出版社，2018.

第 4 章
TRIZ 的经典分析法

✅ **知识目标:**
① 掌握系统分析、功能分析、组件分析、资源分析、裁剪分析等TRIZ分析问题的方法。
② 掌握运用TRIZ分析问题的流程。

✅ **能力目标:**
① 能够以TRIZ分析问题的方法为工具对技术系统的问题进行分析。
② 能够在分析问题的过程中寻找解决问题的方向。

为了找到解决技术系统问题的方法，阿奇舒勒总结了TRIZ特有的一套分析问题的方法，称为TRIZ的经典分析方法：系统分析、功能分析、组件分析、资源分析、裁剪分析等，与前述的因果分析一起构成了TRIZ分析问题、查找系统问题、剖析问题产生原因、找到可以利用资源的主要工具。

4.1 系统分析

4.1.1 系统的概念

前面我们已经讲述了"系统"一词的来源，而系统是在实际应用中总是以特定场景出现的，如消化系统、生物系统、教育系统等，其前面的修饰词描述了研究对象的物质特点，即"物性"，而"系统"一词则表征所述对象的整体性。对某一具体对象的研究，既离不开对其物性的描述，也离不开对其系统性的描述。系统科学研究将所有实体作为整体对象的特征，如整体与部分、结构与功能、稳定与演化等。

系统论的创始人贝塔朗菲给系统下的定义是："处于一定的相互联系中的与环境发生关系的各组成部分的整体"。贝塔朗菲强调，任何系统都是一个有机的整体，它不是各个部分的机械组合或简单相加，系统的整体功能是各要素在孤立状态下所没有的新性质。尽管系统一词频繁出现在社会生活和学术领域中，但不同的人在不同的场合往往赋予它不同的含义。长期以来，系统概念的定义和其特征的描述尚无统一规范的定论。著名科学家钱学森同志对系统的定义："系统是由若干要素以一定结构形式联结构成的具有某种功能的有机整体。"

我们可以从三个方面理解系统的概念：

① 系统是由若干要素（部分）组成的。这些要素可能是一些个体、元件、零件，也可能其本身就是一个系统（或称之为子系统）。如运算器、控制器、存储器、输入/输出设备组成了计算机的硬件系统，而硬件系统又是计算机系统的一个子系统。

② 系统有一定的结构。一个系统是其构成要素的集合，这些要素相互联系、相互制约。系统内部各要素之间相对稳定的联系方式、组织秩序及失控关系的内在表现形式，就是系统的结构。如钟表是由齿轮、发条、指针等零部件按一定的方式装配而成的，但一堆齿轮、发条、指针随意放在一起却不能构成钟表；人体由各个器官组成，各器官简单拼凑在一起不能成为一个有行为能力的人。

③ 系统有一定的功能或者说系统要有一定的目的性。系统的功能是指系统与外部环境相互联系和相互作用中表现出来的性质、能力和功能。如信息系统的功能是进行信息的收集、传递、储存、加工、维护和使用，辅助决策者进行决策，帮助企业实现目标。

与此同时，我们还要从以下几个方面对系统进行理解：系统由组件组成，组件处于运动之中；组件间存在着联系；系统各变量和的贡献大于各变量贡献的和，即常说的1+1>2；系统的状态是可以转换、可以控制的。

4.1.2 系统的特征

贝塔朗菲认为，整体性、关联性、等级结构性、动态平衡性、时序性等是所有系统的共同的基本特征。这些既是系统所具有的基本思想观点，而且它也是系统方法的基本原则，表现了系统论不仅是反映客观规律的科学理论，也具有科学方法论的含义，这正是系统论这门科学的特点。

（1）系统整体性

系统整体性原理指的是，系统是由若干要素组成的具有一定新功能的有机整体，各个作为系统子单元的要素一旦组成系统整体，就具有独立要素所不具有的性质和功能，形成了新的系统的质的规定性，从而表现出整体的性质和功能不等于各个要素的性质和功能的简单叠加。

（2）系统层次性

系统的层次性原理指的是，由于组成系统的诸要素的种种差异，包括结合方式上的差异，从而使系统组织在地位与作用，结构与功能上表现出等级秩序性，形成了具有质的差异的系统等级，层次概念就反映这种有质的差异的不同的系统等级或系统中的高级差异性。

（3）系统开放性

系统的开放性原理指的是，系统具有不断地与外界环境进行物质、能量、信息交换的性质和功能，系统向环境开放是系统得以向上发展的前提，也是系统得以稳定存在的条件。

（4）系统的目的性

系统的目的性原理指的是，系统在与环境的相互作用中，在一定的范围内，其发展变化不受或少受条件变化或途径经历的影响，坚持表现出某种趋向预先确定的状态的特性。

（5）系统突变性

系统的突变性原理指的是，系统通过失稳，从一种状态进入另一种状态是一种突变过程，它是系统质变的一种基本形式，突变方式多种多样，同时系统发展还存在着分叉，从而有了质变的多样性，带来系统发展的丰富多彩。

（6）系统稳定性

系统的稳定性原理指的是，在外界作用下开放系统具有一定的自我稳定能力，能够有一定范围内自我调节，从而保持和恢复原来的有序状态，保持和恢复原有的结构和功能。

（7）系统自组织性

系统的自组织性原理指的是，开放系统在系统内外两方面因素的复杂非线性相互作用下，内部要素的某些偏离系统稳定状态的涨落可能得以放大，从而在系统中产生更大范围的更强烈的长程相关，自发组织起来，使系统从无序到有序，从低级有序到高级有序。

（8）系统相似性

系统的相似性原理指的是，系统具有同构和同态的性质，体现在系统的结构和功能，存在方式和演化过程具有共同性，这是一种有差异的共性，是系统统一性的一种表现。

4.1.3 系统思维

TRIZ把系统的概念引入解决矛盾的过程中，形成了TRIZ独特的系统思维方式。系统思维就是把认识对象作为系统，从系统和要素、要素和要素、系统和环境的相互联系、相互作用中综合地考察认识对象的一种思维方法。系统思维不同于创造思维或形象思维等本能思维形态，它能极大地简化人们对事物的认知，给人们带来整体观。

系统思维方式的主要特征是整体性、结构性、立体性、动态性、综合性。

① 整体性。系统思维方式的整体性是由客观事物的整体性所决定的，是系统思维方式的基本特征，它存在于系统思维运动的始终，也体现在系统思维的成果之中。整体性是建立在整体与部分之辩证关系基础上的。整体与部分密不可分。整体的属性和功能是部分按一定方式相互作用、相互联系所造成的。而整体也正是依据这种相互联系、相互作用的方式实行对部分的支配。

② 结构性。系统思维方式的结构性，就是把系统科学的结构理论作为思维方式的指导，强调从系统的结构去认识系统的整体功能，并从中寻找系统的最优结构，进而获得最佳系统功能。

系统结构是与系统功能紧密相连的，结构是系统功能的内部表征，功能是系统结构的外部表现。系统中结构和功能的关系主要表现为：系统的结构决定系统的功能。在一定要素的前提下，有什么样的结构就有什么样的功能。问题在于，与人相联系的系统的结构决定其功能，表现为优化结构和非优化结构同功能的关系。优化结构就能产生最佳功能，非优化结构不能产生最佳功能，这是结构决定功能的一个具有方法论意义的观点。

③ 立体性。系统思维方式是一种开放型的立体思维。它以纵横交错的现代科学知识为思维参照系，使思维对象处于纵横交错的交叉点上。在思维的具体过程中，系统思维方式把思维客体作为系统整体来思考，既注意进行纵向比较，又注意进行横向比较；既注意了解思维对象与其他客体的横向联系，又能认识思维对象的纵向发展，从而全面准确地把握思维对象。

④ 动态性。系统的稳定是相对的。任何系统都有自己生成、发展和灭亡的过程。因此，系统内部诸要素之间的联系及系统与外部环境之间的联系都不是静态的，都与时间密切相关，并会随时间不断地变化。这种变化主要表现在两个方面：一是系统内部诸要素的结构及其分布位置随时间不断变化；二是系统都具有开放的性质，总是与周围环境进行物质、能量、信息的交换活动。因此，系统处于稳定状态，并不是讲系统没有什么变化，而始终处于动态之中、不断演化之中。

⑤ 综合性。综合，本身是人的思维的一个方面，任何思维过程都包含着综合和综合的因素。然而，系统思维方式的综合性并不等同于思维过程中的综合方面，它是比"机械的综合""线性的综合"更为高级的综合。它有两方面的含义：一是任何系统整体都是这些或那些要素为特定目的而构成的综合体；二是任何系统整体的研究都必须对它的成分、层次、结构、功能、内外联系方式的立体网络作全面的综合的考察，才能从多侧面、多因果、多功能、多效益上把握系统整体。系统思维方式的综合已经是非线性的综合，是从"部分相加等于整体"上升到"整体大于部分相加之和"的综合，它对于分析由多因素、多变量、多输入、多输出的复杂系统的整体是行之有效的。

4.1.4 系统分析

为了发挥系统的功能，实现系统的目标，运用科学的方法对系统加以周详的考察、分析、比较、试验，并在此基础上拟定一套有效处理步骤和程序，或对原来的系统提出改进方案的过程，就是系统分析。系统分析的显著特点是完整地而不是零星地处理问题，考虑各种主要变化因素及其相互的影响，全面地思考和解决完问题。

系统分析（System Analysis）：就是一种研究方略，它能在研究方向还不确定的情况下，找到问题的本质和起因，明确咨询目标，找出各种可行方案，并对这些方案进行比较，帮助决策者做出科学抉择。

从广义上说，系统分析就是系统工程；从狭义上说，系统分析就是对特定的问题利用数据资料和有关管理科学的技术和方法进行研究，以解决方案和决策的优化问题的方法和工具。

系统分析的要素主要包括目的、方案和模型，其实质是：

① 应用科学的推理步骤，使系统中一切问题的剖析均能符合逻辑原则，顺乎事物发展规律，尽力避免其中的主观臆断性和纯经验性。

② 借助于数学方法和计算手段，使各种方案的分析比较定量化，以具体的数量概念来显示各方案的差异。

③ 根据系统分析的结论，设计出在一定条件下达到人尽其才、物尽其用的最优系统方案。

进行系统分析必须坚持外部条件与内部条件相结合；当前利益与长远利益相结合；局部利益与整体利益相结合；定量分析与定性分析相结合的一些原则。

系统分析的主要步骤是：

① 对研究的对象和需要解决的问题进行系统的说明，目的在于确定目标和说明该问题的重点和范围。

② 收集资料，在系统分析基础上，通过资料分析各种因素之间的相互关系，寻求解决问题的可行方案。

③ 依系统的性质和要求，建立各种数学模型。

④ 运用数学模型对比并权衡各种方案的利弊得失。

⑤ 确定最优方案。通过分析，若不满意所选方案，则可按原步骤重新分析。一项成功的系统分析需要对各方案进行多次反复循环与比较，方可找到最优方案。

TRIZ的系统分析包括功能分析和组件分析两部分。

功能分析：是从系统抽象的功能角度来分析系统，分析系统执行或完成其功能的状况。

组件分析：是从系统具体的组件角度来分析系统，分析每一个组件实现功能的能力状况。

TRIZ的系统分析流程如图4-1所示。

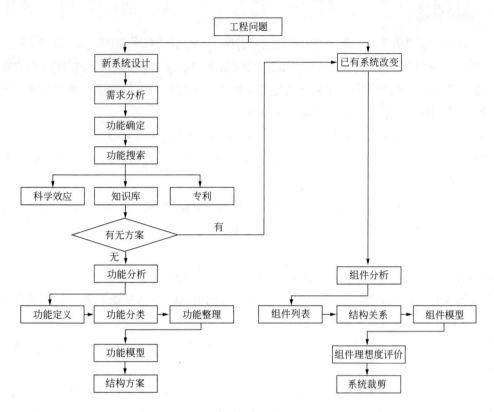

图4-1 系统分析流程

4.2 功能分析

20世纪40年代，美国通用电气公司的工程师Miles在寻求石棉板的替代材料的研究过程中，通过对石棉板的功能进行分析，发现其用途是铺设在给产品喷漆的车间地板上，以避免涂料玷污地板引起火灾，为了解决此问题，1947年，Miles提出了功能分析、功能定义、功能评价以及如何区分必要和不必要功能并消除后者的方法，最后形成了以最小成本提供必要功能，获得较大价值的科学方法——价值工程（Valve Engineering，VE）。Miles首先明确地把"功能"作为价值工程研究的核心问题，他认为"顾客购买的不是产品本身，而是产品所具有的功能"。因此，功能思想的提出，极大地促进了产品创新过程。

TRIZ理论是建立在世界范围内的专利分析基础上而产生的，是一种定性的理论，而非数学理论或定量理论，缺乏有效的对已有技术系统进行问题识别与分析的工具。以俄罗斯系统工程师索伯列夫（Sobolev）为代表的TRIZ研究者基于价值工程的功能分析方法，提出了基于组件的功能分析方法，实现了对已有技术系统的功能建模。通过对已有技术系统进行分解，得到正常功能、不足功能、过剩功能和有害功能，以帮助工程师更详细地理解技术系统中部件之间的相互作用。其目的是优化技术系统功能，简化技术系统结构，以对系统进行较少的改变就能解决技术系统的问题，并最终实现技术系统理想度的提升，实现系统的最终理想解，即IFR。基于组件的功能分析作为TRIZ识别问题与分析问题的工具引入，极大地丰富了TRIZ的知识体系。

功能分析是价值工程的核心内容，是对价值工程研究对象的功能进行抽象的描述，并分类、整理、系统化的过程，通过功能与成本匹配关系定量计算对象价值大小，确定改进对象的过程。功能分析应用在产品概念创新设计阶段，其主要目的是将抽象的系统或设计创意转化成具体的系统组件之间的相互作用关系，以便于设计者了解产品所需具备的功能与特性。基于价值工程的功能分析分为三个步骤：

① 功能定义。功能定义要求简明扼要，通常采用一个动词加一个名词的组合表达方式。如传递信息、连接物体等。

② 功能分类。功能按发挥作用的具体内容与其所处地位不同，一般可从以下4个方面分类，分别为基本功能与辅助功能、上位功能和下位功能、使用功能和品味功能以及必要功能与不必要功能。

③ 功能整理。功能整理从系统分析的角度，寻找、辨别、弄清它们之间所存在的相互关系，并以系统图的形态表明这些关系之间所存在的内在联系。因此，功能整理的过程就是建立功能系统图的过程。

功能分析系统技术（Function Analysis System Technique，FAST）是分析功能相互关系的强有力的图形工具，能准确地显示所有功能之间的特殊关系，检查所研究的各功能的有效性，帮助确定遗漏的功能，开拓价值工程团队成员的思维。

4.2.1 功能定义与表达

在价值工程中，Miles将功能定义为"起作用的特性"，他认为一个技术系统可通过以最小成本提供必要功能来实现技术系统价值的最大化，即价值（V）=功能（F）／成本（C）。凡是满足使用者需求的任何一种属性都属于功能的范畴，满足使用者现实需求的属性就是功能，而满足使用者潜在需求的属性也是功能。也就是说，功能是对技术系统具体作用的抽象描述，技术系统作为满足某种需求的属性是功能，承载这种属性的客观物质则是功能载体，一种功能的实现不可能没有载体。

（1）功能定义

基于功能的二重性，TRIZ中的功能定义是指某组件（或子系统，功能载体）改变或者保持另外一个组件（或子系统，功能对象）的某个参数的行为（Action），如图4-2所示。

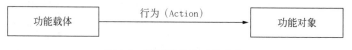

图4-2 基于组件的功能定义

可采用"X更改（或保持）Z的参数Y"的通用表达方式，这里X是指提供功能的组件，即功能载体（Function Carrier），它必须是物质、场或物质-场的组合，可以是技术系统的组件，也可以是技术系统的子系统或超系统。Z是指功能对象（Object of the Function），Y是指功能对象的某个参数（Parameter），功能载体对功能对象的作用结果就是参数Y发生了改变（或保持不变）。参数Y发生改变是功能载体X对功能对象Z的作用结果，例如牙刷的刷毛X对牙齿上黏附的牙垢Z实施机械力的作用，使得牙垢从牙齿表面剥离，则牙垢的位置参数Y发生了改变；参数Y保持不变则指的是功能对象Z的某个参数Y在功能载体X的作用下保持不变，例如机床夹具X对被加工工件Z实行定位与夹紧，使得加工过程中，工件Z在切削力等作用下，由于夹具提供的夹紧力作用保持工件位置Y不会发生改变。

因此，基于组件的功能定义有三要素，缺一不可：

① 功能载体X和功能对象Z都是组件（物质、场或物质-场组合）；
② 功能载体X与功能对象Z之间必须发生相互作用；
③ 相互作用产生的结果是功能对象Z的参数Y发生改变或者保持不变。

在一个技术系统中，某一组件可能既是功能载体，又是功能对象，即该组件作为功能载体对其他组件产生某种功能，作为功能对象则接受其他组件的作用，如图4-3所示。

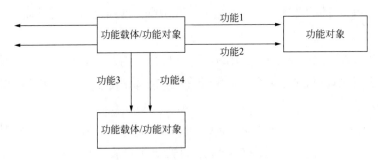

图4-3　功能载体与对象间的关系

实际工作中，工程技术人员对功能的定义可能采用的是一种陈述性的方法。例如：牙刷的功能是"刷牙"，洗衣机的功能是"洗衣服"等，这种定义方法不符合TRIZ对功能定义三要素的要求，也不利于后续的功能分析。因此，TRIZ功能定义亦采用"动词+名词"的方式来描述，例如：牙刷的功能是"去除牙垢"，洗衣机的功能是"分离脏物"，机床夹具的功能是"定位和夹紧工件"，等等。值得注意的是，"动词+名词"的定义方式中，名词指的是"功能对象Z"，而不是功能对象的某个参数Y。例如，如果将空调的功能定义为"改变温度"，此时名词"温度"只是空气的一个物理参数，而不是功能对象。

另外，在功能定义时需要避免使用负面定义的方式以及避免使用非因果关系的定义方式。例如：士兵所带的钢盔，如果将其功能定义为"阻止子弹穿透"，则是一种负面定义方式，恰当的定义应该是"改变子弹运行轨迹"。一个普通的水杯，当盛满开水之后会慢慢冷却，空气作为超系统，此时的功能是"冷却水"或"降低开水的温度"，而不能违背因果关系，将开水的功能定义为"（开水）加热空气"，尽管空气冷却水的同时水也局部加热空气。

由设计的观点看，任何技术系统内的组件必有其存在的目的，即提供功能。那么，技术系统中的组件越多，系统具备的功能也就越多。而从顾客的观点来看，顾客购买的是技术系统（或产品）的某一项（或几项）功能，用于解决顾客问题的相关功能。例如，顾客购买削铅笔的卷笔刀，主要看中的是卷笔刀的"去除铅笔外壳的包覆物""削尖铅芯"功能，当然也可能包括外观、使用舒适性等美学功能（属于工业设计的内容，TRIZ不能解决这类问题）。因此，对任何技术系统而言，必然存在着完成某种特定的用于解决主要问题的功能，即主要功能（Main / Basic Function）。主要功能的功能对象是技术系统的目标，用以实现技术系统的主要目的。功能定义阶段的任务除对技术系统各功能进行定义和识别外，还需要识别对主要功能改善产生最大影响的组件参数，如图4-4所示。

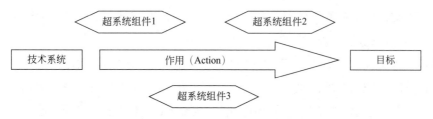

图4-4 技术系统的主要功能

以汽车系统为例，发动机、车身、座椅、变速箱子系统、轮胎等构成了汽车这一技术系统，超系统组件包含道路、乘客、货物、空气、汽油等，汽车系统的作用目标是乘客（包括驾驶员或货物），那么汽车系统的主要功能就是运载乘客（货物），作用的结果就是使乘客和货物的位置发生改变。

（2）功能定义的表达

功能定义的表达（Function Formulation）是指如何采用合适的动词来对功能进行定义，来描述功能载体对功能对象的作用（Action）。例如头发湿了，使用电吹风机吹干头发，使得我们通常认为电吹风机的功能是"吹干头发"；夏天使用电风扇会使人觉得很凉爽，我们便认为电风扇的功能是"凉爽身体"；使用放大镜来观看微小的物体，通常认为放大镜的功能是"放大目标物"；等等。这种功能定义的表达方式是直觉表达（Common Formulation），实质上是功能执行后的结果（Result）。

而TRIZ功能定义中，采用的是本质表达方式（Essence Formulation），也可以采用二元（或多元）表达。直觉表达中，我们认为电吹风机是功能载体，湿头发是功能对象，自然就认为电吹风机的功能是"吹干头发"，而从二元（或多元）表达方式看，电吹风机的功能是"加热空气并使空气流动"，"（热风）加热（头发上的）水分"使水分挥发以及流动的空气使头发上的水分挥发。因此，本质表达方式应该是"（热风）蒸发水分"。放大镜、眼镜等光学产品的本质功能是"改变光线"，而不是直觉结果的"放大物体"。表4-1举例说明了这两种表达的区别。

表4-1 功能的直觉表达和本质表达

技术系统	直觉表达	本质表达
电吹风机	（热风）吹干头发	（热风）蒸发（头发上的）水分
风扇	凉爽身体	移动空气
放大镜	放大物体	折射光线
白炽灯	照亮房间	发光
汽车挡风玻璃	保护司机	防止（车外物体的）撞击
二极管	整流电流	阻滞某极性电流

本质表达方式可能违背了我们的直觉，例如：我们直觉认为船舶的螺旋桨的功能是"驱动船舶（前进）"，事实上这种定义方式违反了功能定义三要素原则，在螺旋桨和船舶之间并没有直接的相互作用，那么"驱动"这个动词显然不合适用于表达螺旋桨的功能（可以用来表达螺旋桨马达的功能，如"马达驱动螺旋桨"）。那么什么动词可以比较准确地表达功能载体对功能对象的作用呢？按照功能定义三要素中"功能载体X与功能对象Z之间必须发生相互作用"的

约束，显然与螺旋桨直接接触的组件是超系统组件——水。螺旋桨接受船舶动力源提供的动力而旋转，从而实现"移动水"的功能。

作为功能定义本质表达的动词，不宜采用过于专业的词汇，亦不宜采用口语化的词汇，一个常见的错误就是使用非物理术语来表达。例如，炎热的天气里待在有空调的房间里感觉非常舒适，就认为空调的功能是"提高了人的舒适性"。实际上，"提高了人的舒适性"是空调功能"冷却空气"的一个结果而已。表4-2提供了一些在进行功能定义本质表达的常用功能动词。

表4-2 功能定义本质表达的常用功能动词

Verb（Function）	功能动词	Verb（Function）	功能动词	Verb（Function）	功能动词
Absorb	吸收	Destroy	破坏	Mixes	混合
Accumulate	聚集	Detect	检测	Move	移动
Assemble	装配（组装）	Dry	干燥	Orient	定向
Bend	弯曲	Embed	嵌插	Polish	擦亮
Break Down	拆解	Erodes	侵蚀	Preserve	防护
Change Phase of Melts	相变	Evaporate	蒸发	Prevent	阻止
		Extract	析取	Produce	加工
Clean	清洁	Freeze Boils	煮沸	Protect	保护
Condense	凝结	Heat	加热	Remove	移除
Cool	冷却	Hold	支撑	Rotate	旋转（转动）
Corrode	腐蚀	Inform	告知	Separate	分离
Decompose	分解	Join	连接	Stabilize	稳定
Deposit	沉淀	Locate	定位	Vibrate	振动

其他近似的功能动词有：开动、包括、过滤、调整、扩大、控制、点燃、遮蔽、应用、创造、生成、储藏、改变、放射、防癌、矫正、支持、传递、建立、限制、减少、转移、引导、紧固、定位等。

4.2.2 功能分类

价值工程中，功能按发挥作用的具体内容与其所处地位不同，一般可从以下4个方面分类，分别为基本功能与辅助功能、上位功能和下位功能、使用功能和品味功能以及必要功能与不必要功能。而在TRIZ理论中，功能定义为"功能载体改变或者保持功能对象的某个参数的行为"，功能结果就是参数改变是沿着期望的方向变化还是背离了期望的方向，即功能是有用的还是有害的。例如，我们使用牙刷的目的是希望通过刷毛、牙膏和牙齿的摩擦作用，去除黏附在牙齿表面的牙垢，"去除牙垢"是牙刷（刷毛）的有用功能。但同时，在刷牙的过程中，刷毛可能也会和牙龈发生摩擦，导致牙龈出血或损伤牙龈的现象发生，这是我们不希望见到的，违背了设计使用牙刷的初衷，因此"损伤牙龈"是牙刷（刷毛）的有害功能。

（1）有用功能

有用功能（Useful Function，UF）是指功能载体对功能对象的作用沿着期望的方向改变功能对象的参数，这种期望是"改善"，是设计者、使用者希望达成的功能。

根据功能对象在技术系统中所处的位置不同，有用功能可分为不同的等级（Ranking），有用功能等级划分的依据是该功能离系统目标的位置，离系统目标越近，则功能等级越高，等级高低采用功能价值来表达。显然，某个组件提供的功能如果直接作用在系统目标上，则该功能等级是最高的，称为技术系统的基本（主要）功能（Basic/Main Function，B）。基本功能的功能价值为3分。

基本功能是与技术系统的主要目的直接有关的功能，是技术系统存在的主要理由，它回答"该系统能做什么"的问题。基本功能包括价值（使用价值和功能价值），一个系统可能有多个基本功能。

如果功能对象为系统组件，那么该功能称为辅助功能（Auxiliary Function，A_x）。如果接受该辅助功能的功能对象是产生基本功能的功能载体，则该辅助功能的功能等级为A_1，以此类推。辅助功能的功能价值为1分。因此，辅助功能是为了更好地执行一个基本功能所服务的功能，是支撑基本功能的功能。辅助功能占据了大部分成本，对于基本功能来说很可能是不必要的。

如果功能对象为超系统组件，那么该功能称为附加功能（Additional Function，A_d），它回答"该系统还有什么其他作用"的问题。例如，洗衣机的基本功能是"分离脏物"，目标是脏衣物。在洗衣机系统中，需要的另外几个超系统组件就是水、洗衣液和柔顺剂等，洗衣机波轮的作用对象是水，它的功能是"搅动水"，这是一个附加功能。如果洗衣机用于洗衣物外的其他物品，不能认为系统目标发生改变了，而说洗衣机的附加功能为还可以"洗红薯""洗拖把"等，原因就在于不管放进洗衣机的具体物品是什么，目标是一致的，就是"分离（放进洗衣机内的物品中所含有的）脏物"，而不是放进洗衣机内的物品本身。就像牙刷的目标是黏附在牙齿表面的牙垢、食物残渣等，而不是牙齿本身。

图4-5表示了基本功能、辅助功能和附加功能的关系。系统组件1作为功能载体提供系统的基本功能，同时作为功能对象又接受了组件2提供的辅助功能，则该辅助功能等级为A_1。附加功能的功能价值为2分。

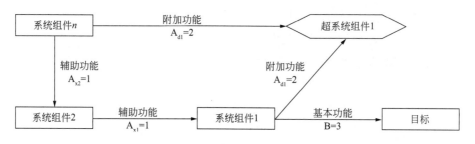

图4-5　有用功能的等级

技术系统中的有用功能在实际过程中对功能对象参数的改善值可能和期望的改善值之间存在一定的差异，称为有用功能的"性能水平（Performance）"。当实际的改善达到所期望的改善时，称为"正常功能（Normal Function，N）"；当实际的改善大于所期望的改善时，称为"功能过度（Excessive Function，E）"；当实际的改善小于所期望的改善时，称为"功能不足（Insufficient Function，I）"。任何局部必要功能的缺少或不足，都将影响整体功能的发挥，对功能系统具有破坏性，影响用户使用效果。

功能定义阶段需要确定各有用功能的性能水平，以便为后续功能分析和裁剪提供依据。功能的性能水平过度和不足都是技术系统的不利因素，除功能载体自身原因导致功能不足和功能过度外，多数情况下是由根原因产生的，经过功能链的传导而产生差异。因此，多数情况下，应用TRIZ的因果分析查找出产生问题的根原因并加以消除，那么经由功能链传导而产生的功能不足和功能过度可随之消失。

（2）有害功能

有害功能（Harmful Function）是功能载体提供的功能不是按照期望的方向对功能对象的参数进行改善，而是"恶化"了该参数。

有害功能是导致技术系统出现问题的主要原因。通过功能分析与因果分析，找出产生有害作用的根本原因，通过裁剪等工具实现对系统进行较小的改变就能解决技术系统的问题，并最终实现技术系统理想度的提升。因此，对于有害作用不用确定其等级，也不用确定其性能水平。在TRIZ的功能分析中，不采用折中方法（即减少有害作用的影响），而是必须消除有害功能。

综上所述，基于组件的TRIZ功能分类方法可以帮助工程技术人员确定已有技术系统所提供的主功能、研究系统组件对系统功能的贡献以及分析技术系统中的有用功能及有害功能的关系，为下一步进行功能分析和改善技术系统奠定基础。

4.2.3 功能分析与功能模型分析

（1）功能分析

功能分析是指对已有技术系统（或已有产品）进行分解，明确系统各组件的有用功能及功能等级、性能水平（正常功能、过度功能、不足功能）和有害功能，帮助工程技术人员更详细地理解技术系统中组件之间的相互作用，建立组件功能模型。因此，在TRIZ中，功能分析是识别系统及超系统组件的功能、等级、性能水平及成本的一种分析工具，主要内容包括：

① 确定技术系统所提供的主功能；
② 研究各组件对系统功能的贡献；
③ 分析系统中的有用功能及有害功能；
④ 对于有用功能，确定功能等级与性能水平（正常、不足、过度）；
⑤ 建立组件功能模型，绘制功能模型图。

功能分析的目的：

① 明确各功能之间的相互关系，合理地匹配功能；
② 简化技术系统，优化系统结构，降低成本，提高产品价值；
③ 使产品具有合理的功能结构，满足用户对产品功能的需求；
④ 确定必要功能，发现不必要功能和过剩功能，弥补不足功能，去掉不合理的功能以及消除有害功能。

功能分析的作用：

① 发现系统中存在的多余的、不必要的功能；
② 采用TRIZ其他方法和工具（如矛盾分析、物质-场分析、裁剪等），完善及替代系统中的不足功能，消除有害功能；
③ 为裁剪系统中不必要的功能及有害功能提供依据；

④ 改进系统的功能结构,提高系统功能效率,降低系统成本。

功能分析分三步进行:首先,识别技术系统的组件及其超系统组件,建立组件列表,分析组件的层级关系;其次,识别组件之间的相互作用,进行组件相互作用分析,建立相互作用矩阵;最后,依据功能定义三要素原则,在相互作用矩阵的基础上对组件功能进行定义,并识别和评估组件的等级和性能水平,建立功能模型。

功能模型(Functional Modeling)是定义技术系统内各功能元件之间、本系统与超系统组件的功能之间相互作用、相互制约关系的描述。

(2)功能模型分析

功能模型分析是指对系统进行分解,得到标准、不足、过剩、有害作用,帮助工程技术人员更详细地理解工程系统中部件之间的相互作用。

任何技术系统内的元件必有其存在的目的即是为系统提供功能。运用功能分析可以重新发现系统元件的目的和其性能表现,进而发现问题的症结,以便运用TRIZ的解题方法进一步加以改进。

运用功能分析,将已有产品或基础产品,以模块化的方式,将功能和元件具体表达出来。功能模型分析的过程分为两步:

① 确定系统的元件、制品、超系统。
② 进行作用(或连接)分析。

在功能模型中,元件、制品与超系统以形状区别。矩形代表元件,六角形代表超系统,椭圆形代表制品(见图4-6)。

图4-6 元件、制品及超系统的图形表示

元件:为所设计系统之组成分子。如同一个产品的组成零件,小到齿轮、螺母,大至一个由许多零件组成的系统,都可以认为是一个元件。

制品:系统所要达到的目的。

案例4-1 汽车的主要功能是载货或人,因此,该系统的目的或制品是货物或人。

杯子的主要功能是装流体,因此,制品是流体。

电灯的主要功能是照明,因此,制品是光。

笔的主要功能是书写,因此,制品是墨迹。

手表的功能是计时。时间是抽象的概念,不能作为制品,因此,这里的制品是时针、分针、秒针。根据它们的位置,才产生时间的概念,因此,以此作为制品才是恰当的。

超系统:为影响整个分析系统的要素,但设计者不能针对该类要素进行改进。

① 超系统不能删除或重新设计。
② 超系统可能使工程系统出现问题。
③ 超系统可以作为工程系统的资源,也可以作为解决问题的工具。

超系统在对系统有影响时才列入。

案例4-2 公共汽车系统中的发动机、车轮、车底盘等为元件，乘车的人为制品，路面、站台为超系统。

通过建立产品功能模型的过程，可以发现有害作用、不足作用及过剩作用，之后才能应用TRIZ中的发明原理、分离原理、标准解以及相应的知识库等去解决，达到完成现有产品的改进设计，推进产品进化的创新过程。

建立产品功能模型的过程如下。

第1步：选定现有产品或系统以及与之有输入/输出关系的各超系统。

第2步：确定系统与各超系统的输入与输出及系统的制品。

第3步：确定各功能元件。通常简单系统较容易确定各功能元件。

第4步：确定各个作用并判断其类型。

第5步：将作用连接各功能元件并绘制系统功能模型。

该过程的核心是第3步。

案例4-3 汽车的安全气囊

据分析，交通伤亡事故中有65%的原因是轿车正面碰撞。很多轿车安装有安全气囊，对这些轿车所发生的交通事故调查发现，安全气囊每保护20人中，就会有1人因不能受到适当保护而死亡，而且死亡的人中一般身材较矮，如儿童与妇女。

轿车是一个系统，道路、交通控制系统、碰撞物（如另一辆汽车、行人、树木等）都是轿车的超系统。轿车可分解为多个功能元件，如车轮、前排乘客、驾驶员、保险杠、座椅、安全气囊、发动机、变速箱、底盘等。图4-7是轿车系统功能模型的主要部分。本实例主要研究轿车碰撞，轿车模型可以不包括轿车的全部功能元件，而包含必要的部分即可。

建立功能模型的目的是为了确定小问题。问题功能所涉及的功能元件是冲突发生的区域，小问题由问题功能确定。

安全气囊与司机及前排乘客是冲突发生区域。小问题是在汽车正面碰撞时安全气囊保护司机与乘客，但只保护了身材高的司机与乘客，而有可能伤害身材矮的司机与乘客。

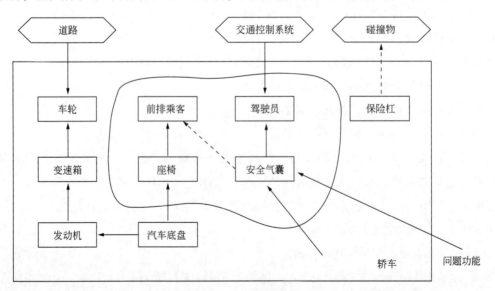

图4-7 轿车功能模型

4.3 组件分析

组件分析是指识别技术系统的组件及其超系统组件,得到系统和超系统的组件列表,即技术系统是由哪些组件构成的,这是识别问题的第一步。

4.3.1 建立组件列表

组件分析要通过建立组件列表来表达,组件列表要能够支持技术系统功能的各个组件。

组件是技术系统的组成部分,它执行定的功能,可以等同为系统的子系统。另外,系统作用对象是系统功能的承受体,属于特殊的超系统组件。

案例4-4 眼镜作为一个技术系统,由镜片、镜框、镜脚组成,镜脚又由金属杆和塑料套组成,而手、眼睛、耳朵、鼻子和光线就是系统作用对象(见图4-8)。

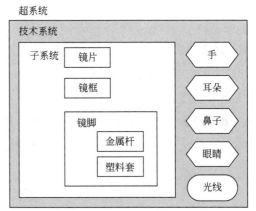

图4-8 眼镜系统组件

建立组件列表,将描述系统组成及系统各组件的层级。在这个步骤中,回答了技术系统是由哪些组件组成的,包括系统作用对象、技术系统组件、子系统组件,以及和系统组件发生相互作用的超系统组件。应该将技术系统至少分为两个组件级别,即系统级别和子系统级别。

超系统包括系统,是在系统外的更大的系统。超系统的特点主要有:

① 超系统不能被删除或重新设计;
② 超系统可能使系统出现问题;
③ 超系统可以为解决系统中的问题提供资源;
④ 超系统是分层级的,只有对系统有影响时才列入。

案例4-5 典型的超系统组件

生产阶段:设备、原料、生产场地等。

使用阶段:功能对象、消费者、能量源、与对象相互作用的其他系统。

储存和运输阶段:交通手段、包装物、仓库、储存手段等。

与系统作用的外界环境:空气、水、灰尘、热场、重力场等。

建立组件列表的原则是:

① 在特定的条件下分析具体的技术系统;

② 根据技术系统组件的层次建立组件列表；

③ 进一步分析完善组件列表；

④ 针对技术系统的各个生命周期阶段，可建立独立的不同的组件列表。

组件列表包括超系统、系统、子系统组件。其中：超系统组件应该与系统组件有相互作用关系，技术系统生命周期的不同阶段具有不同的超系统。组件列表通常以表格形式呈现，其中应当明确技术系统的名称、技术系统的主要（基本）功能以及系统组件和超系统组件（见表4-3）。

表4-3 组件列表

技术系统	主要功能	系统组件	超系统组件
技术系统的名称	To/Verb/Target	组件1 组件2 组件n	组件1 组件2 组件m

案例4-6 热交换器

图4-9所示为热交换器的结构简图，热交换器的主要功能是降低高温介质的温度。热交换器的壳体左上端安装有一个高温介质流入口，右下端安装有一个冷却后介质流出口；壳体左右两端各有一个端面封堵，左端安装一个补偿装置，然后再连接一个冷却介质流出口，右端封堵连接冷却介质入口。交换器内部的低温介质承载管道由左右端堵支撑。

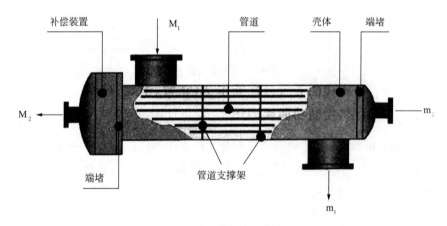

图4-9 热交换器的结构简图

热交换器的工作原理是：高温介质M_1由交换器上端入口进入，流经交换器内部与管道外壁接触并加热管道，由交换器右下端的出口流出后，形成低温介质m_1。冷却介质m_2由交换器右端进入内部管道，流经管道的过程中冷却管道，完成热交换过程后由交换器左端流出M_2。

因此，热交换器的组件构成有：壳体、端堵、管道、管道支撑架和补偿装置，另外还有高温介质的流入口、流出口，冷却介质的流入口、流出口。在加工制造过程中，高温介质的流入口、流出口可能是两个单独的器件，但在本例的功能分析中，它们的功能和交换器壳体功能一样，起"引导、支撑高温介质"的功能，可以将它们和壳体视为一个组件。同样，冷却介质的流入口和右端堵，流出口和补偿装置一起，均可视为一个组件。

M_1和m_2是系统的目标，属于超系统组件。同时，高温介质M_1会加热壳体，壳体热量有部分散失到空气中，因此空气也是超系统组件。这样得到热交换器的组件列表如表4-4所示。

表4-4　热交换器的组件列表

技术系统	主要功能	系统组件	超系统组件
热交换器	降低高温介质的温度	壳体 端堵 管道 管道支撑架 补偿装置	高温介质M_1 冷却介质m_2 空气

由例4-6可以看出，组件分析的关键是如何确定技术系统内组件的层级。例如，一个矿泉水瓶，从零部件构成角度看，矿泉水瓶由瓶身和瓶盖组成，那么矿泉水瓶的组件构成是否就是瓶身和瓶盖呢？显然，层级的划分应考虑技术系统处于什么条件，如果是分析如何打开一瓶矿泉水，这种层级的划分可能适用。但是如果是分析矿泉水灌装封装系统的，则瓶身可能需要往更深层级划分：瓶嘴、瓶身和瓶底。这是因为在灌装封装系统中，瓶嘴和瓶身的功能各异。因此，在进行组件分析的层级划分时，有如下一些建议可以参考：

① 依据项目目标和限制条件选择层级。

如果项目目标是优化技术系统中的某些特征性能参数，层级的划分与选择可考虑与目标相关联的系统组件和超系统组件。例如，需要优化风阻对汽车燃油消耗的影响，则组件的选择可考虑风阻会对汽车系统哪些组件产生影响，车身（形状）、进气栅、扰流板等和风阻直接相关，和汽车变速机构、座位等关联不大的组件则可以不予考虑或以一个大的结构组件来表达。

② 较低层级会增加分析的工作量，而较高层级会导致信息不充分。

层级划分得越细，组件数量就越多，对于查找深层次的原因有好处，但相应的功能分析的工作量就会变得非常大；相反，层级划分较粗，则可能导致信息不完全，某些问题产生的原因被掩盖起来。

③ 选择在同一层级的组件。

如果明确问题所处的层级，则可以选择在同一层级的组件进行分析，在分析该层级组件对其他层级所产生的影响时，其他层级组件可视为一个组件。

④ 将相似的组件看成为一个组件。

如果某些组件完成的功能相似，可以考虑看成为一个组件。例如，机械紧固采用螺栓螺母结构，多个同种型号的螺栓、螺母可以看作为组件"螺栓"和"螺母"，而将数量作为组件的参数来处理。这样一来，螺栓螺母的数量可以作为参数来进行矛盾的描述：螺栓螺母的数量越多，紧固效果越好，但是在维修拆卸时，操作所需花费的作业时间也就越多，显然这是一个物理矛盾问题。

⑤ 如果一个组件需要更多的分析，则从最低层级开始重新做组件分析。

以汽车系统为例，图4-10表示了汽车系统的层级关系，具体选择哪一层级进行组件分析，可以参照上述5条建议进行。

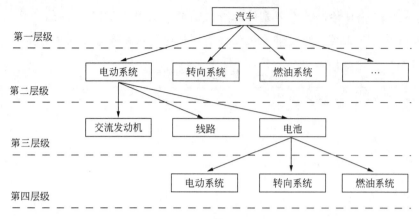

图4-10 汽车系统的层级划分

技术系统生命周期的不同阶段具有不同的超系统,项目目标和限制条件的不同,超系统组件的选择也会有所不同,因此超系统组件的选择也是根据具体情况来进行的。总体上看,除系统的目标必须是超系统组件外,其他典型的超系统组件有:

① 生产阶段:设备、原料、生产场地、生产环境、作业人员等;
② 使用阶段:消费者、能量源、其他关联系统;
③ 储存和运输阶段:交通工具、搬运工具、储存场所、储存环境、作业方法等;
④ 与技术系统作用的外部环境:空气、水、灰尘、热场、重力场等。

综上所述,组件分析的一般流程为:

① 建立构成系统的组件层级;
② 选择一个组件层级;
③ 识别选择的层级中的组件;
④ 填写组件列表。

案例4-7 浸漆工艺系统

在产品或工件表面上漆工艺有油漆喷涂、浸漆等。浸漆工艺是指将待上漆工件浸泡在油漆箱(池)中使工件外表面黏附油漆,当工件离开油漆箱后,可通过旋转工件或其他方法去掉工件表面多余的油漆,然后对工件进行烘烤,从而达到在工件表面固化油漆的目的,如图4-11所示。

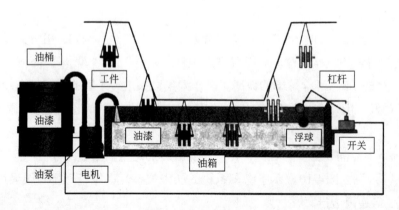

图4-11 浸漆工艺系统

该系统的工作原理是：当油箱的油漆下降到一定高度时，浮球下降并带动杠杆，杠杆右端触发开关，接通电源，由电机带动油泵工作，将油桶内的油漆抽到油箱中去。当油箱液面上升到一定高度时，浮球上升带动杠杆，杠杆触发开关关闭，电机和油泵停止工作。

实际运行过程中，由于空气对黏附在浮球表面上的油漆的干燥作用，使得部分油漆干燥固化在浮球表面，增加了浮球的重量，从而使浮球控制杠杆的功能下降，引出一连串反应导致油泵不能及时停止工作而将多余油漆抽取到油箱中。情况严重时，油漆会漫出油箱边缘而溢出。

按照组件分析的流程，建立浸漆工艺系统的组件列表如表4-5所示。

表4-5 浸漆工艺系统的组件列表

技术系统	主要功能	系统组件	超系统组件
浸漆工艺系统	移动（油桶中的）油漆（到油箱中）（为油箱补充油漆）	浮球 杠杆 开关 电机 油泵 油箱	油漆 油桶 工件 空气

4.3.2 相互作用分析

组件相互作用分析用于识别技术系统以及超系统的组件间的相互作用，这是功能分析的第二步。相互作用分析的结果就是构造组件列表中的系统组件和超系统组件的相互作用矩阵，用以描述和识别系统组件及超系统组件之间的相互作用关系。

相互作用矩阵的第一行和第一列均为组件列表中的系统组件和超系统组件，如表4-6所示。如果组件i和组件j之间有相互作用关系，则在相互作用矩阵表中两组件交汇单元格中填写"+"，否则填写"-"。判断组件i和组件j存在相互作用的依据是组件i和组件j必须存在相互接触（Touch）。

在灯光下进行阅读，日光灯和阅读材料之间有相互作用吗？按照前面4.2.1节关于功能定义的表达，直觉表达可能会认为这二者之间有相互作用，因为日光灯照亮了阅读材料。实质上，日光灯和阅读材料并没有发生接触，也就没有相互作用，因为日光灯的本质功能是"发光"，功能的结果是一种"光线场"，之所以能看清阅读材料，是"光线场"作用在阅读材料上，阅读材料将光线场进行反射，使得阅读者的眼睛能够感应光线的变化。另一方面，如果将日光灯和它产生的光线场看成一个"物质-场"的组合而定义为一个组件，那么该组件则和阅读材料之间存在相互作用。

因此，确定组件之间的相互作用是否存在，必要条件是两个组件之间存在相互接触。当按照相同的顺序将组件列表中的组件和超系统组件构造相互作用矩阵的行和列之后，依次去识别不同的行元素和列元素之间是否存在相互作用。如果某一行（列）与其他元素均不存在相互作用，需要移除这一行（列），同时在组件列表中移除该组件。

表4-6 相互作用矩阵

项目	组件1	组件2	组件3	...	组件n
组件1		−	+	−	−
组件2			+	−	−
组件3				+	+
...					+
组件n					

一般情况下，相互作用矩阵的左下角和右上角呈对称状态，组件i对组件j产生一个作用，那么，组件j对组件i必产生一个反作用，这种情况下一般不列出反作用，但是在后续功能分析过程中必须识别是否需要考虑反作用影响。如果组件间存在多个相互作用，在构造矩阵列表时不用特别指出，但是在后续的功能分析中必须全部指出并进行相关分析工作。

表4-7和表4-8分别表示了热交换器和浸漆工艺系统的相互作用矩阵。

表4-7 热交换器的相互作用矩阵

项目	壳体	端堵	管道	管道支撑	补偿装置	M_1	M_2	空气
壳体		+	+	−	+	+	−	+
端堵				+	−	+	−	−	+
管道				+	−	+	+	+
管道支撑					−	+	−	−
补偿装置						−	−	+
M_1							−	−
M_2								−
空气								

表4-8 浸漆工艺系统的相互作用矩阵

项目	浮球	杠杆	开关	电机	油泵	油箱	油漆	油桶	工件	空气
浮球		+	−	−	−	−	+	−	−	+
杠杆			+	−	−	−	+	−	−	+
开关				+	−	−	+	−	−	+
电机					+	−	−	−	−	+
油泵						−	+	−	−	+
油箱							+	−	−	+
油漆								+	+	+
油桶									−	+
工件										+
空气										

从表4-8中可以看出，需要浸漆处理的工件只和油漆、空气存在相互作用。由于浸漆工艺

系统的主要问题是"油泵不能及时停止工作而将多余油漆抽取到油箱中,导致油漆会漫出油箱边缘而溢出",该问题和需要浸漆处理的工件没有任何关系,可以将工件这一超系统组件从组件列表和相互作用矩阵中移除。在后续的功能分析与功能建模中,不再考虑工件这一个超系统组件。同样,热交换器中的超系统组件——空气,虽然和壳体、端堵及补偿装置均存在相互作用,由于和系统问题无关联,也可以移除不予考虑。

4.3.3 建立功能模型

由设计的观点看,任何系统内的组件必有其存在的目的,即提供功能;运用功能分析,可以重新发现系统组件的目的和其表现,进而发现问题的症结,并运用其他方法进一步加以改进。功能分析为创新提供了可能性,为后续技术系统裁剪实现突破性创新提供可能,功能分析的结果是功能模型。

功能模型描述了技术系统和超系统组件的功能,以及有用功能、性能水平及成本水平。建立功能模型的流程为:

① 识别系统组件及超系统组件;
② 使用相互作用矩阵,识别及确定指定组件的所有功能;
③ 确定及指出功能等级;
④ 确定及指出功能的性能水平,可能的话,确定实现功能的成本水平;
⑤ 对其他组件重复步骤①~④。

功能模型采用图形、文字及图例综合的模板来进行表达,表4-9为功能模型的常用图例列表,表4-10为建立功能模型的模板。

表4-9 功能模型图例

功能分类	功能等级	性能水平	成本水平
有用功能	基本功能B	正常N	微不足道的Ne(Negligible)
	辅助功能A_x	过度E	可接受的Ac(Acceptable)
	附加功能A_d	不足I	难以接受的UA(Unacceptable)
有害功能		H	
图形	正常功能 过度功能 不足功能 有害功能	———→ ━━━━▶ – – – → (红色)———×——→或〜〜〜▶	

表4-10 功能建模的模板

功能载体	功能名称	功能等级	性能水平	评价(成本)
功能载体1	To/动词/对象X	BA_n, A_d, 或H	N, E, I	Ne, Ac, UA
	To/动词/对象Z	BA_n, A_d, 或H	N, E, I	Ne, Ac, UA
...				
功能载体n	To/动词/对象X	BA_n, A_d, 或H	N, E, I	Ne, Ac, UA
	To/动词/对象Z	BA_n, A_d, 或H	N, E, I	Ne, Ac, UA

建立功能模型时的注意事项：

① 针对特定条件下的具体技术系统进行功能定义；

② 组件之间只有相互作用才能体现出功能，所以在功能定义中必须有动词来表达该功能且采用本质表达方式，不建议使用否定动词；

③ 严格遵循功能定义三要素原则，缺一不可；

④ 功能对象是物质，不能仅仅使用物质的参数；

⑤ 如果不能确定使用何种动词来进行功能定义，请采用通用定义方式："X更改（或保持）Z的参数Y"。

有两种方法来完成功能分析过程：

第一种是功能对象分析法，即以功能对象为单位，分析与功能对象相互作用的功能载体的功能，并且按照先分析与系统目标相互作用的功能载体的功能，然后分析与超系统组件相互作用的功能载体的功能，最后以前面两步分析得到的功能载体作为功能对象，来分析与其相互作用的其他功能载体的功能，直到每一个组件都分析完成。显然，这是一种由基本功能分析向附加功能分析，再向辅助功能分析的过程。

第二种是顺序分析法，即以相互作用矩阵为基础，按照矩阵中组件出现的先后顺序，将其作为功能载体，分析该功能载体可以提供的功能。本书采用第二条途径来进行功能分析并建立功能模型，以案例4-6热交换器为例，说明功能模型的建立过程。参照表4-7热交换器的相互作用矩阵，分别以壳体、端堵、管道、管道支撑、补偿装置、M_1和m_2作为功能载体进行功能分析。

壳体和端堵、补偿装置及M_1有相互作用，首先考虑壳体与系统目标M_1的作用，M_1在壳体中流动，壳体对M_1的功能则是"导向和支撑"，属于基本功能、正常的有用功能（但不是系统的主要功能）。同样，M_1对壳体除有反作用外，M_1还会加热壳体，M_1也可能通过与壳体内壁摩擦而磨损或腐蚀内壁，这个在以M_1作为功能载体时再分析。端堵连接固定在壳体的端面，因此壳体对端堵的功能是"支撑（固定）端堵"，这是系统组件之间的相互作用，属于辅助功能，是系统所期望的，属于有用功能且是正常功能；补偿装置用于补偿M_1对管道的加热作用导致的管道伸长，壳体需要对补偿装置进行支撑固定，因此对补偿装置而言，壳体的功能是"支撑"，属于辅助功能、正常的有用功能。壳体的功能分析模板列表如表4-11所示。

表4-11 壳体的功能分析表

功能载体	功能名称	功能等级	性能水平	评价（成本）
壳体	引导（支撑）M_1	B	N	
	支撑（固定）端堵	Ax	N	
	支撑补偿装置	Ax	N	

从表4-11可以看出，端堵与补偿装置、管道有相互作用，另外由于壳体对端堵的支撑固定功能，端堵会对壳体产生一个反作用，这个作用对系统问题分析没有什么影响，则不予考虑了。端堵对补偿装置、管道而言，只起"支撑"功能，端堵的功能分析如表4-12所示。

表4-12 端堵的功能分析表

功能载体	功能名称	功能等级	性能水平	评价（成本）
端堵	支撑补偿装置	Ax	N	
	支撑管道	Ax	N	

　　管道支撑安装在两端的端堵上，不和壳体内壁接触，多管道中间用几个管道支撑。因此，管道支撑的功能是"支撑管道"，属于正常的辅助功能。同时由于M_1在壳体内从左端流向右端，管道支撑会阻滞M_1的流动，属于有害功能。

　　高温介质M_1通过加热壳体和加热管道的方式来交换热量，加热壳体后由壳体散热到环境中去，属于被动方式，不属于系统设计功能范畴，作为正常有用功能。加热管道的散热方式属于系统设计目的，是基本（主要）功能，但是交换效率一般，属于功能不足。由于M_1高温作用（"热胀冷缩"原理），会对管道产生拉长且产生振动这两个有害作用。为消除这两个有害作用的影响，当前系统采用了在壳体左端安装补偿装置的方式来补偿管道的拉长与振动，但是效果不是很理想，是该系统目前最主要的问题。另外，M_1与壳体内壁摩擦而磨损或腐蚀内壁，属于有害功能，但由于有害作用微细且不是影响系统的主要问题，功能分析过程中可以忽略（如果腐蚀有害作用影响系统使用寿命，作为系统的主要问题之一的话，需要进行功能分析）。

　　管道受热后，通过加热内部的冷却介质M_2完成热量交换，交换效率一般，属于功能不足。由于管道受热后长度变化会对端堵造成挤压，即对端堵而言，受热的管道功能是"移动端堵"，显然这是系统不期望的结果，属于有害功能。

　　冷却介质M_2的功能是"冷却管道"，是管道"加热M_2"功能的反作用，属于功能不足，冷却的同时所造成管道的缩短，属于有害功能。而对于补偿装置而言，其设计的主要目的是补偿"管道受热造成端堵的位置移动"，功能是"补偿端堵"，为消除管道受热变形对端堵挤压影响而专门设计了补偿装置，显然属于功能过度。将热交换器的7个组件的上述功能分析进行汇总，得到如表4-13所示的热交换器的功能分析表。

表4-13 热交换器的功能分析表

功能载体	功能名称	功能等级	性能水平	评价（成本）
壳体	引导（支撑）M_1	B	N	
	支撑（固定）端堵	A_x	N	
	支撑补偿装置	A_x	N	
端堵	支撑补偿装置	A_x	N	
	支撑管道	A_x	N	
管道支撑	支撑管道	A_x	N	
	阻滞M_1	H		
M_1	加热壳体	B	N	
	加热管道	B	I	
	拉长管道	H		
	振动管道	H		
M_2	缩短管道	H		

续表

功能载体	功能名称	功能等级	性能水平	评价（成本）
管道	移动端堵	H		
	加热 m_2	B	I	
补偿装置	补偿端堵	A_x	E	

将系统的功能分析表以图形的方式表达出来就可以得到系统功能模型图，图4-5显示出"组件""超系统组件"和"目标"的不同图符表达方式，各类计算机辅助创新CAI软件也有不同的图形表达。功能模型图例则可以参照表4-9对于正常功能、功能不足、功能过度和有害功能的图形表示，建议与TRIZ中"物质-场模型"的表达方式保持一致。将表4-13进行一定的转化，就可以得到如图4-12所示的热交换器的功能模型图。

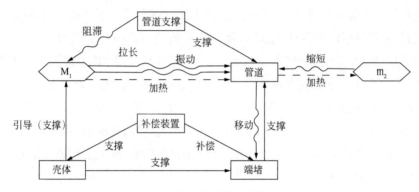

图4-12 热交换器的功能模型图

按照同样的方法，可以得到例4-7浸漆工艺系统的功能分析表（见表4-14）和相应的功能模型图（见图4-13）。

表4-14 浸漆工艺系统的功能分析表

功能载体	功能名称	功能等级	性能水平	评价（成本）
浮球	支撑油漆（黏附）	H		
	移动杠杆	A_x	I	
杠杆	支撑浮球	A_x	N	
	控制开关	A_x	I	
开关	控制电机	A_x	I	
电机	旋转油泵	A_x	E	
油泵	移动油漆	B	E	
油箱	容纳油漆	B	1	
	支撑杠杆	A_x	N	
	支撑开关	A_x	N	
油漆	移动浮球	A_x	I	
油桶	容纳（支撑）油漆	B	N	
空气	固化油漆	H		

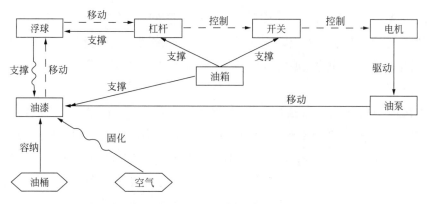

图4-13 浸漆工艺系统的功能模型图

4.4 资源分析

"资源"最先是与自然资源联系起来的。人类的进步伴随着可用资源的消耗,但一旦可用资源被消耗殆尽,人类将会遭受巨大灾难。因此,人们不断地发现、利用和开发新能源,并创造出很多新的设计和技术。例如,太阳能蓄电池、风力发电机、超级杂交水稻、基因技术等。这些新技术、新成果,大多都来源于人们对现有资源的创造性应用。能不能有一套有效的、可靠的方法在人们进行发明创造、解决工程难题的过程中,指导人们对资源进行创造性地应用呢?

TRIZ在其不断发展的过程中,提出了对技术系统中"资源"这一概念系统化的认识,并将其结合到对问题应用求解的过程中。TRIZ认为,"资源"就是影响技术系统的一切条件,包括物质的和非物质的条件,对于技术系统中可用资源的创造性应用能够增加技术系统的理想度,这是解决发明问题的基石。

4.4.1 资源的特征

资源具有以下特征:

① 资源本体的生成性。所有的资源都是在一定的自然和社会条件下生长而形成的。生成性是一种存在着的事实,是资源运行中的一种规律性。资源是可以培养或培植的,不能消极等待资源的出现,而是创造新的资源,满足生产活动的需要,应积极创造条件培育和发展人文资源和社会资源。

② 资源存在的过程性。任何资源都有始有终,从而具有有限性质,它的存在和变化都是有条件的并具有时效性。人们在开发利用资源时,要把握时机,一旦时机成熟,便抓住不放。

③ 资源属性的社会性。资源都是被人开发出来的,注入了人的智力和体力,是劳动的产物,它用于社会生产过程中,服从人的意志,反映人的利益和要求,是用于生产产品来满足人们的消费需求。资源作为商品投入市场进行交换将会产生如下四点影响:一是影响到价格;二是由价格影响到资源的分配;三是由这一分配结果又进一步影响到资源在生产中的实际利用以及利用结果,是资源的节约或浪费;四是最终地影响到资源本身的开发与利用,由此影响到环境问题的发生。

④ 资源数量的短缺性。资源短缺性特征是指任何现实的、可提供的资源数量,相对于社

会生产的需要来说，都呈现不足的一种现象。自然资源面临着日益枯竭，自然资源在自然界的储量日益减少。社会资源和人文资源也同样短缺。人们需要克服在资源问题上的盲目状况，不能无节制地消耗和浪费。同时人们需要合理配制、合理利用，提高资源使用效率，是一项全球性的共同行动。

⑤ 资源使用的连带性。不同的资源形态之间在使用上互相连带、互相制约。对任何具体资源形态的考察，必须放到大资源背景中，要有一个系统观、大局观、整体观。如土地、森林、资本、人才、科技、信息等资源形态，作为具体存在，都是相对独立的，有着各自的存在形式和功能，及被开发利用的条件与环境。现实生活中，土地和森林密切相关，没有土地，森林无法生长，而森林一旦被破坏，土地也会流失或荒漠化。雄厚资本会招来大量人才，而人才的积聚又会使资本增加。这些资源之间呈现着一种既互相依赖又互相抵触、销蚀的关系。例如，用铁矿石冶炼钢铁的过程中，不仅需要铁矿石资源，而且还要投入煤炭炼成的焦炭作为能源，即使不用焦炭而改用电冶炼，同样需要投入电力资源。在发电过程中，则要消耗水资源或煤炭资源或者原子能资源。因此，对资源功能、开发利用条件及效果等方面要综合考察，从而获得全面有效的建议及有关资源趋势的预见。

4.4.2 资源的分类

资源有很多不同的分类方式。从资源的存在形态角度出发可将资源分为宏观资源和微观资源；从资源使用的角度出发可将资源分为直接资源和派生资源；从分析资源角度出发可将资源分为显性资源和隐性资源。显性资源指的是已经被认知和开发的资源，隐性资源指的是尚未被认知或虽已认知却因技术等条件不具备还不能被开发利用的资源。从资源与TRIZ中其他概念结合的角度出发将资源分为发明资源、进化资源和效应资源。

TRIZ认为，任何技术都是超系统或自然的一部分，都有自己的空间和时间，通过对物质、场的组织和应用来实现功能。因此，资源也通常按照：物质、能量、时间、空间、功能、信息等角度来划分。下面我们以这种典型的分类方式来介绍TRIZ中资源的类型及其含义。

① 物质资源，是指用于实现有用功能的一切物质。例如：鞋子是物质资源，它可以用来增加高度；雪是物质资源，北方用雪作为过滤填料净化空气。

应用建议：系统或环境中任何种类的材料或物质都可看作是可用物质资源。

例如废弃物、原材料、产品、系统组件、功能单元、廉价物质、水。建议应用系统中已有的物质资源解决系统中的问题。例如：阿坝县的藏居，海拔3600m以上，处于高原河谷地区，藏居材料就地取泥。新中国成立后，当地政府曾经推行过砖房，但适应不了当地的巨大温差，所以还是保留了现有土夯建筑。内部保温效果极好，冬暖夏凉，一般一年维护一次，主要是修补自然裂缝。

② 能量资源，是指系统中存在或能产生的场或能量流。一般能够提供某种形式能量的物质或物质的转换运动过程都可以称为能源。能源主要可分为三类：一是来自太阳的能量，除辐射能外，还可经其转化为很多形式的能源；二是来自地球本身的能量，例如热能和原子能；三是来自地球与其他天体相互作用所引起的能量，例如潮汐能。

应用建议：考虑使用过剩能量，系统中或系统周围可用于其他用途的任何可用能量，都可看做是一种资源，例如机械资源（旋转、压强、气压、水压等）、热力资源（蒸汽能、加热、冷却等）、化学资源（化学反应）、电力资源、磁力资源、电磁资源。建议在使用过程中减少能量损失，变害为利。例如：利用汽车的废气来升高温度；汽车发动机既驱动后轮或前轮，又驱动液压泵，使液压系统工作；发电厂余热供工厂生产或居民取暖。

③ 信息资源，是指系统中存在或能产生的信息。信息作为反映客观世界各种事物的特征和变化结合的新知识已成为一种重要的资源，在人类自身的划时代改造中产生重要的作用。其信息流将成为决定生产发展规模、速度和方向的重要力量。在信息理论、信息处理、信息传递、信息储存、信息检索、信息整理、信息管理等许多领域中将建立起新的信息科学。建议提高个体感知信息的能力。例如根据钢水颜色判断钢水的温度。钢水温度高了，容易造成消耗增加，温度低了，容易造成生产事故。一般炼钢过程温度在1600～1700℃之间，出钢温度判断误差不能超过3～5℃。观察钢水的温度是最关键的技术。再比如根据汽车尾气中的某些物质含量可以判断发动机的性能。

④ 时间资源，是指系统启动之前、工作中以及工作之后的可利用时间。

应用建议：利用空闲时刻或时间周期，部分或全部未使用的各种停顿和空闲；运行之前、之中或之后的时间。特别是：利用作用之间的停顿时间、同时进行两种或多种作用、利用预先作用、为达到附加目的，利用作用之后的时间。

建议利用作用之间的停顿时间，停顿时间的用途如下：清洁、改造、测量。建议利用同时作用，找机会同时进行不同的动作。利用运输过程进行机械加工，利用制造过程进行精加工，利用制造动作防止破坏，同时应用两种或多种张力，利用预作业时间做下一步工作，同时执行几种相似的作用，结合两种方向作用，同时应用不同的操作，利用"开发时间"进行冷却，利用开发时间进行维修，采用同时测量。

建议利用预先作用，事先采取行动可以轻易地解决很多问题。采取预先作用可以达到以下目的：产生预张力、在安全区域中进行缓冲、预加固、引入保护层、引入附加功能单元、引入必要材料、引入一种介质产生隔离、作出标记、安装传感器、赋予必要的性质、创造一种材料的特殊结构、创造异质性、创造必要的速度、创造一种作用程序等。

建议利用作用之后的时间。动作自动完成时，似乎太晚了，以致什么都做不成，真是这样吗？然而，人类的经验表明，这种说法通常都是错误的。有很多事情是可以在"事后"做的，比如拆除模具功能单元、排除固定功能单元、移除媒介载体、去除耗尽功用的物质、进行产品精加工、产品的制造、损坏后自修、产生压强、测量等。

⑤ 空间资源，是指系统本身及超系统的可利用空间。

应用建议：利用未用空间。为了节省空间或者当空间有限时，任何系统中或周围的空闲空间都可用于放置额外的作用对象，特别是某个表面的反面、未占据空间、表面上的未占用部分、其他作用对象之间的空间、作用对象的背面、作用对象外面的空间、作用对象初始位置附近的空间、活动盖下面的空间、其他对象各组成部分之间的空间、另一个作用对象上的空间、另一个作用对象内的空间、另一个作用对象占用的空间、环境中的空间等。

⑥ 功能资源，是指利用系统的已有组件，挖掘系统的隐性功能。建议挖掘系统组件的多用性，例如飞机门也可以作舷梯。

上面介绍了系统资源的分类方法。而相对于系统资源而言，还有很多容易被我们忽视，或者没有意识到的资源，这些资源通常都是由系统资源派生而来。能充分挖掘出所有的资源，是解决问题的良好保证。

对于现有资源的巧妙而创造性的改造或者结合都能产生新的派生资源。按照与系统资源类似的划分方法，派生资源一般可分为以下几类：

① 派生物质。如果系统或附近环境中不存在所需物质，可以通过以下方式获得：物理效应、化学反应、物质迁移。

② 派生能量。如果没有所需能量资源，可以通过以下方式获得能量：能量传递、能量结合、物理效应、化学反应。

③ 派生空间。如果没有足够空间，可以通过以下方式获得所需空间：通过以下方式改变物体定位，线或轴旁边的空间、不同于轨道方向的方向、垂直于线或轴的方向、垂直于表面的方向。利用几何效应，包括圆圈代替直线、柱面或球面代替平坦表面、莫比乌斯带代替平坦表面等。

④ 派生时间。为了获得所需要的时间可以加快动作/操作、放慢动作/操作、中断动作/操作、改变操作顺序。

⑤ 派生结构。从现有结构中导出所需的结构：将物体分成几部分、将两个相似物体整合到同一系统中、将两个物体整合到同一补偿系统中、将两个功能相反的物体整合在一起、将两个物体整合到同一共生系统中、将几个单独的物体进行整合。

通常，现实问题情境中存在各种资源，但是不易发现。在TRIZ中，我们称之为潜在资源或隐藏资源。一次著名的心理学实验表明，观察表面以下的东西是非常重要的，实验内容如下：实验要求完成一项任务，需要用一种尖锐物体，在卡纸板上打一个洞。在第一组进行实验的房间内，桌上有多种物体，包括一根钉子。在第二组进行实验的房间内，也有很多物体放在桌上，但是没有一样尖锐物品，但墙面上突出一根钉子。第三组实验的房间与第二组相似，只是墙面上突出钉子上挂着一幅画。第一组能100%完成任务，第二组有80%能完成任务，第三组有80%的不能完成任务。实验表明，人们很难发现图画背后的钉子。

4.4.3　资源分析方法

资源分析就是从系统的高度研究分析资源，挖掘系统的隐性资源，关注系统资源间的有机联系，合理地组合、配置、优化资源结构，提升系统资源的应用价值或理想度。资源分析可以帮助你寻找到解决问题所需要的资源。如果明确了问题所发生的区域，也就确定了相应可能的解决方案发生的区域，资源分析能够帮助我们在这些可能的方案中找到理想度相对比较高的解决方案。

资源分析的目的是挖掘系统中未被发现的隐性资源，实现系统中隐性资源显性化，显性资源系统化，强调资源的联系与配置，提高系统资源的理想度（或资源价值）。资源分析的步骤分为以下四步：发现及寻找资源、挖掘及探究资源、整理及组合资源、评价及配置资源。

第一步：发现及寻找资源。

可以使用的工具有：九屏幕法、组件分析法和物-场分析法。

① 九屏幕法是一种系统思维的方法，按照时间和系统层次两个维度对情境进行系统的思

考。不仅考虑当前，也要考虑过去和未来；不仅考虑本系统，还要考虑相关的其他系统和系统内部。它强调的是系统地、动态地、联系地看待事物。将寻找到的资源填入表4-15。

表4-15 多屏幕方法资源列表

项目	物质资源	能量资源	信息资源	时间资源	空间资源	功能资源
系统						
子系统						
超系统						
系统过去						
系统未来						
子系统过去						
子系统未来						
超系统过去						
超系统未来						

② 组件分析法指的是从构成系统的组件入手，分清层级，建立组件之间的联系，明确组件之间的功能关系，构建系统功能模型的过程（图4-14）。此工具强调从功能的角度寻找资源。

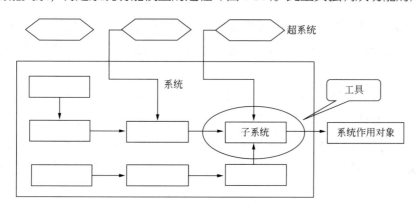

图4-14 组件分析法

将找到的资源填入表4-16中。

表4-16 组件分析法资源列表

项目	物质资源	能量资源	信息资源	时间资源	空间资源	功能资源
工具						
系统						
子系统						
超系统						
系统作用对象						

③ 物-场分析法是指以物质和场的形式，描述技术系统中不同元素之间发生的不足的、有害的、过度的和不需要的相互作用（图4-15）。在建立物-场模型的过程中，有助于弄清物质及场的现状，针对问题挖掘隐性资源。该方法将在后面的章节中进行详细介绍。

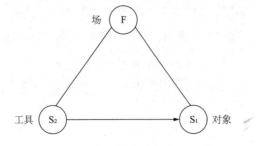

图4-15 物-场分析法

将找到的资源填入表4-17中。

表4-17 物场分析法资源列表

项目	物质资源	能量资源	信息资源	时间资源	空间资源	功能资源
物质S_1						
物质S_2						
场						
物质S_1与物质S_2的组合						

第二步：挖掘及探索资源。挖掘就是向纵深获取更多有效的、新颖的、潜在的、有用的资源。探索就是针对资源进行分类，针对系统进行聚集，以问题为中心寻找更深层级的资源及派生资源。

派生资源可以通过改变物质资源的形态而得到，主要有物理方法和化学方法两种：

① 改变物质的物理状态（相态之间的变化）。包括物理参数的变化，如形状、大小、温度、密度、重量等；机械结构的变化：直接相关（材料、形状、精度），间接相关（位置、运动）。

② 改变物质的化学状态。包括物质分解的产物；燃烧或合成物质的产物。派生资源可以通过以下规则得到：

规则1：如果按照问题的描述无法直接得到需要的物质粒子，可以通过分解更高一级的结构而得到；

规则2：如果按照问题的描述无法直接得到需要的物质粒子，可以通过构造或者集成更低一级的结构而得到。

第三步：整理及组合资源。

资源整合是指工程师对不同来源、不同层次、不同结构、不同内容的资源进行识别与选择、汲取与配置、激活并有机融合，使其具有较强的系统性、适应性、条理性和应用性，并创造出新的资源的一个复杂的动态过程。

资源整合是系统论的思维方式，是通过组织和协调，把系统内部彼此相关又彼此分离的资源，及系统外部既参与共同的使命又拥有独立功能的相关资源整合成一个大系统，取得1+1>2的效果。

资源整合是优化配置的过程，是根据系统的发展和功能要求对有关的资源进行重新配置，以突显系统的核心能力，并寻求资源配置与功能要求的最佳结合点。目的是要通过整合与配置来增强系统的竞争优势，提高资源的利用价值。

资源的整合包括资源的整理与组合。资源整理采用关联图法，目的是把资源同问题联系起来。资源组合采用矩阵图法，目的是把同解决问题相关的资源组合起来。

第四步：评价及配置资源。

在解决方案的过程中，资源利用最佳的理念与理想度的概念是紧密相关的。

事实上，在某一解决方案中采用的资源越少，求解问题的成本就越小，理想度的指数就高。这里所说的成本应理解成为广义的成本，就是解决问题所消耗的各类成本（如人力、物力、财力、社会资源等）的总和，而并非只是采购价格这一具体可见的成本。

对于资源的遴选，需要进行资源评价，在评价时要关注资源的数量、质量、可用度、取得范围、价格等几个方面。从数量上看有不足、充分和无限；从质量上看有有用的、中性的和有害的；资源的可用度从应用准备情况看，有现成的、派生的和特定的；从取得范围看有操作区域内、操作时段内、技术系统内、子系统中和超系统中；从价格看有昂贵、便宜和免费等。最理想的资源是取之不尽、用之不竭、不用付费的资源。

配置资源是指经济中的各种资源（包括人力、物力、财力）在各种不同的使用方向之间的分配。资源配置的三要素就是时间、空间和数量。

技术系统中资源配置要关注资源的利用率，资源的利用率总是不断地提高，资源在今后的使用必然价值更高。我们应当关注资源的储存状况及获得资源的成本，注重开发资源的新功效，关注系统资源的开放性、区域间资源充分的流动性，遵循可持续发展的原则。

4.4.4 资源使用的顺序

资源利用的核心思想是：挖掘隐性资源，优化资源结构，体现资源价值。系统资源利用的一般原则是：

① 由实到虚：实物资源、虚物资源（微观资源、场）。
② 由内到外：内部资源、外部资源。
③ 由静到动：静态资源、动态资源。
④ 由直接到派生：直接资源、派生资源。为了解决问题需要用新的物质，但引入新的物质会使系统复杂化，或带来有害作用。这时，需要新的物质，又不能引入新的物质，可以考虑使用派生资源，考虑使用资源的组合，如空物质等。
⑤ 由廉到贵：廉价资源，贵重资源。
⑥ 由自然到再生：自然资源、再生资源（循环利用）。

使用的资源顺序依次为：

① 执行机构的资源；
② 技术系统资源；
③ 超系统的资源；
④ 环境的资源；
⑤ 系统作用对象的资源。

当系统内部的所有资源都不能解决问题时，才考虑从外部引入新的资源。内部资源指的是与问题直接相关的系统资源，如执行机构的资源。外部资源指的是与问题间接相关的系统资源。超系统资源指的是系统外与系统相关的其他的系统资源。如与系统相关的设备、工序、流程。环境和系统作用对象是特殊的超系统资源。

在分析资源的时候，系统作用对象被认为是不可改变的，所以尽量不要从系统作用对象中寻找资源。但有时可以考虑：

① 改变自身物理形态；
② 允许在系统作用对象的物质大量存在的地方做部分改变；
③ 允许向超系统转化；
④ 考虑微观级的结构；
⑤ 允许与"空"结合；
⑥ 允许暂时的改变。

4.5 裁剪分析

如果技术系统需要删减其某些组件，同时保留这些组件的有用功能，从而实现降低成本，提高系统理想度，称此类问题为技术系统的裁剪问题。对技术系统实施裁剪的关键在于"确保被裁剪的组件有用功能得到重新分配"。

裁剪问题也属于一类发明问题。针对技术系统实施裁剪，可以简化系统结构，提高理想度。在企业实施专利战略的过程中，裁剪方法也是进行专利规避的重要手段，有用功能得以保留和加强，降低成本，产生新的设计方案。

裁剪的作用：

① 精简组件数量，降低系统的组件成本；
② 优化功能结构，合理布局系统架构；
③ 体现功能价值，提高系统实现功能效率；
④ 消除过度、有害、重复功能，提高系统理想化程度。

4.5.1 裁剪对象的选择

按照功能分析的结果，对各组件进行价值评价，通常选择价值最低的组件作为裁剪对象开始实施系统裁剪，如提供辅助功能的组件、实现相同功能的组件、具有有害功能的组件等，不能选取超系统组件作为裁剪对象。

① 基于项目目标和约束选择组件作为裁剪对象：降低成本、稳健设计、消除问题、增强专利。如果系统本身没有什么问题，只是出于降低成本的目的，则可以考虑裁剪系统中功能价值较低但是成本昂贵的组件。对于专利规避，假定竞争专利的技术系统是没有问题的，针对竞争专利权利书中独立权利声明的相关组件的一个或者几个实施裁剪，并将其原来承载的功能转移到独立声明中剩下的其他组件中或者超系统组件中，从而可以绕开竞争对手专利保护。如果需要最大限度地改善技术系统，则可以考虑裁剪有主要缺点的组件，提高系统的稳定性。

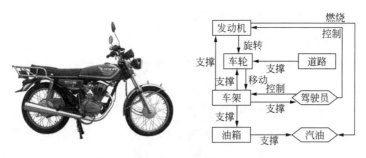

图4-16 摩托车系统的简易功能模型图

图4-16为摩托车系统的简易功能模型,为了将摩托车的成本降低,可以假定现有摩托车系统没有大的技术问题,只是期望通过裁剪来降低摩托车的成本。如果裁剪发动机组件,成本可以降低非常大,但是系统缺少了动力系统,变成了"单车",原有系统的性能大幅降低了,显然裁剪发动机不合适。如果裁剪油箱的话,发动机需要的汽油储存在哪个剩下的组件中,即原来油箱"储存汽油"的功能转移到哪一个系统组件中去。通过资源分析,需要分析剩余组件中,哪些组件可以提供足够的空间来储存汽油且安全性良好。那么车架、座位等可以进行结构改变,即保留原来组件的功能,同时增加封闭空间可以用于储存汽油。另外,也可以考虑裁剪其中一个车轮,获得单轮摩托车的创意设计(此时系统的主要问题是单轮的前后平衡),两种裁剪得到的创新设计如图4-17所示。

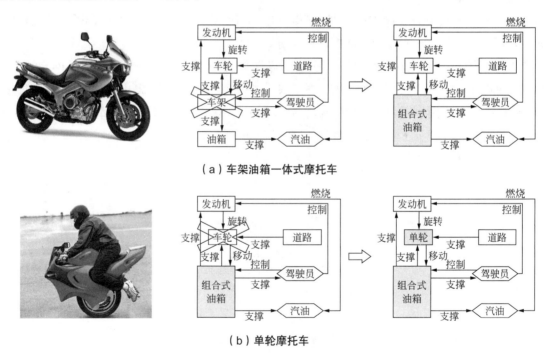

(a)车架油箱一体式摩托车

(b)单轮摩托车

图4-17 通过裁剪得到的新型摩托车创意设计

② 选择"具有有害功能的组件"作为裁剪对象,需要进行因果分析,构造因果链图,找出最根本的有害原因,然后只需要裁剪产生根本有害原因的组件,由此产生的一系列问题就可以一次性全部解决。例如,浸漆工艺系统中的"浮球支撑油漆"是产生系统问题的根本原因,如果消除该有害作用,由其导致的一系列的功能不足、功能过度等问题就可以全部解决。

③ 选择价值最低的组件作为裁剪对象。评估"具有有用功能的组件"的价值参数有三个：功能等级、性能水平和成本。

全面的内容已对功能等级进行了划分，评估组件功能价值时，对功能等级赋予一定的等级分值。基本功能（B）分值为3，附加功能（A_d）分值为2，辅助功能（A_x）分值为1，特别地，对于辅助功能的功能对象如果是提供基本功能的组件，则该辅助功能分值为2。图4-18为某系统的功能模型示意图，组件1的功能等级分值为$F_1 = 3$，组件2的功能等级分值为$F_2 = 3$（2+1），组件3的功能等级分值为$F_3 = 2$，组件4/5的功能等级分值为$F_4 = 1$和$F_5 = 1$。

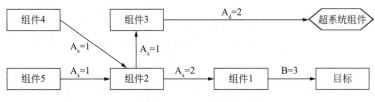

图4-18 功能等级分值

功能性能水平是指功能载体对功能对象参数的改善值和期望的改善值之间的差异，即功能产生问题的严重程度，用H（Harmful）来表示，由工程技术人员结合自身专业知识和问题实质进行确认，正常功能的H = 0。一般地，有害功能产生问题的严重性最大，功能不足和功能过度的问题严重性根据实际确定。

功能成本主要由功能载体的设计制造等成本因素构成，实际工作中有相当多的成本计算方法，公司、企业均有一套成熟的成本计算方法。

当功能等级、性能水平和成本识别之后就可以计算每一功能的价值参数（Parameters of Value，PV_i）：$PV_i = F_i / (H_i+C_i)$。这样一来，技术系统就可以计算出很多的功能价值参数PV，以H+C作为横坐标，F作为纵坐标，就可以画出技术系统的功能-成本图（Function-Cost Chart），如图4-19所示。根据实际情况，可以将各价值参数PV划分为4个区域。

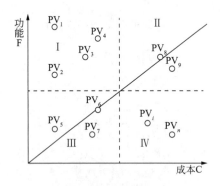

图4-19 功能-成本图

如果某些价值参数PV落在Ⅰ区，说明其功能价值高，这是系统所期望的。落在Ⅱ区的功能价值参数PV，虽然功能很强，但是实现功能的成本较高或产生问题的严重性较高，此时的改善策略是降低成本，减少某些功能产生问题的严重性。落在Ⅲ区的功能价值参数PV，虽然成本较低或对系统不产生什么问题，但是功能偏弱，此时的改善策略是功能增强。对于Ⅱ区和Ⅲ区的功能价值参数PV，均可使用裁剪和其他TRIZ工具进行系统功能改进。对于落在Ⅳ区的功能价值参数PV，价值低且成本高，一般采取裁剪的方法去除这些功能，同时分配其有用功能给其他组件来完成。

在技术系统的多个功能参数中，总有一些对产品或者服务消费决策过程做出关键贡献或者结果的PV存在，称为主要价值参数（Main Parameters of Value，MPV）。MPV的架构思路聚焦于实现客户价值（需求），同时也关注公司新产品的未来盈利能力高低，MPV体现了客户的重要需求信息，应该是指导创新的指南针。TRIZ认为，技术系统的主要价值参数MPV的显著提升就是创新。

确定技术系统的裁剪对象之后，以下一些建议可以用于指导裁剪：
① 基于项目目标和约束选择组件；
② 裁剪具有主要缺点的组件，以最大限度地改善技术系统；
③ 根据裁剪规则进行裁剪；
④ 如果没有可接受的替代品可供再分配就不要裁剪；
⑤ 如果项目的目标和约束条件允许，执行极端（暴力）裁剪而不是渐进式裁剪；
⑥ 根据裁剪组件的数量和相对重要性，裁剪可以更极端，也可以很保守。

4.5.2 技术系统裁剪规则

裁剪规则是指对技术系统的组件进行裁剪时必须遵循的一些基本法则。世界各地的TRIZ研究者提出了许多裁剪规则，比较常用的有C2C Solutions公司的David Verduyn在2006 PDMA会议上介绍的技术系统裁剪六规则（见表4-18），国际MATRIZ协会主席Sergei先生所在的GEN3 PARTNERS公司提出的三个裁剪规则。

表4-18 C2C Solutions公司的技术系统裁剪六规则

编号	规则内容	应用实例
1	The function does not need to exist 不再需要某种功能，则裁剪功能载体	裁剪磁带，随身听→MP3
2	The function can be performed by another component or an element in the larger system 功能可由其他系统组件或超系统组件提供	牙刷手柄功能由超系统替代
3	The recipient of the function can perform the function itself 功能对象能对自己提供功能	喷水牙刷
4	The recipient of the function can be eliminated 功能对象可以去除	去除长脚杯的支撑脚

编号	规则内容	应用实例
5	The function can be performed better by a new/improved part providing enhanced performance or other benefits 新的/改进的组件可以提供更好的功能	固体硬盘在体积与存取速度上比目前的磁介质硬盘具有更显著的性能，因此高性能的平板电脑大多数已采用该组件，而裁剪掉原来使用的磁介质硬盘
6	A new or niche market can be identified for the trimmed product 新/已有市场能够找到类似的裁剪产品	无轮辐自行车

由于裁剪对象只能是系统组件，要么是裁剪功能载体，要么是裁剪功能对象。如果是裁剪功能对象，功能载体所产生的功能没有作用对象了，那么这个功能也就没有意义，即功能载体也不需要了。如果裁剪对象是功能载体，有两种情况：一是功能对象自身能提供相应的功能，功能载体的功能不再需要，也就可以裁剪功能载体；二是功能载体的功能可以由已有的或新增的其他系统组件（或超系统组件）来提供的话，功能载体可以裁剪。这也是GEN3 PARTNERS公司的三规则的核心，下面介绍该公司三规则的详细内容。

规则A：如果移除有用功能的作用对象B，那么功能载体A可被裁剪（见图4-20）；另一种表达为：如果功能对象B不需要功能载体A提供的有用功能，则功能载体A可被裁剪。

实例分析：浸漆工艺系统中，如果杠杆被移除了，作为功能载体的浮球"移动杠杆"也就没有功能对象了，那么功能载体浮球就可以被裁剪。

规则B：功能对象B能自我完成功能载体A的有用功能（见图4-21）。

图4-20　裁剪规则A　　　　　　图4-21　裁剪规则B

实例分析：由于笔记本电脑提供的USB插口有限，当需要同时连接多个USB设备时，通常会采用外接一个USB-HUB[见图4-22（a）]，需要花费一定的购置成本，携带也不太方便。对用户而言，USB-HUB的功能是"扩充USB插口的数量"，如果需要的插口数量越多，USB-HUB也就越复杂，体积越庞大；如果USB设备的插头在占用计算机的一个USB插口的同时又能自身提供出一个USB插口的话，USB-HUB也就可以裁剪了。因此，将现有的USB设备需用的插头设计成图4-22（b）所示的结构，理论上计算机能连接的USB设备是没有限制的。

(a)　　　　　　　　　　(b)

图4-22　自服务的USB接线口

规则C：技术系统或超系统中其他的组件C可以执行功能载体A的功能，组件C可以是系统中已有的，也可以是新增加的，如图4-23所示。

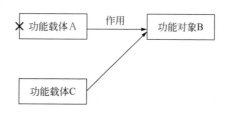

图4-23　裁剪规则C

实例分析：浸漆工艺系统中，应用规则A时假定杠杆被移除了，浮球就可以被裁剪。对于功能对象"开关"而言，原来功能载体"杠杆"提供控制功能，在杠杆被裁剪后必须重新分配到系统中的已有组件或新增组件，或者超系统组件。如果"（杠杆）控制开关"的功能可以由超系统组件——空气来执行的话，则功能载体A——杠杆可以被裁剪。

如何将裁剪后的有用功能分配到系统组件或超系统组件上去，使之成为新的功能载体并提供已裁剪旧功能载体所保留的功能，这是新功能载体的选择问题。一个新的功能载体必须满足如下4个条件之一：

① 组件已经对功能对象执行了相同的或类似的功能；
② 组件已经对另一个对象执行了相同的或类似的功能；
③ 组件对功能对象执行任一功能，或至少简化与功能对象的交互作用；
④ 组件拥有必要的资源组合，以执行所需的功能。

案例4-8　戴森风扇（无叶风扇）

有叶电风扇[见图4-24（a）]主要的问题是高速旋转的叶片可能对人造成伤害。为解决这个问题，目前有叶电风扇增加了前后栏栅罩盖，但手指或其他小物件还是有可能不小心伸进前后栏栅罩盖内被高速叶片伤害。如果能将风扇的叶片裁剪，前后栏栅罩盖也就可以裁剪了（规则A）。如果裁剪了叶片，叶片"产生气流"的功能需要由剩下的组件或新增一个组件来完成（规则C）。2009年10月12日，由英国人詹姆斯·戴森发明的第一台无叶风扇问世，如图4-24（b）所示。戴森风扇在普通有叶电风扇的基础上，裁剪了叶片和前后栏栅罩盖，将叶片"产生气流"的功能转移到戴森风扇的出风环来完成[见图4-24（c）]。戴森风扇的出风环如何产生气流则是裁剪了叶片和前后栏栅罩盖之后的裁剪问题。

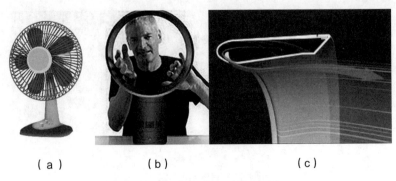

(a) (b) (c)

图4-24　有叶电风扇和无叶戴森风扇

詹姆斯·戴森借用了很多在飞机构造上应用到的空气动力学知识，利用涡轮增压原理，空气从基座进入，形状似机翼的环高速转动，由于离心作用，基座内的空气从环中一条裂缝中高速喷出环外，同时带动环内的空气流动，从而能将周围比喷出气流大最高16倍量的空气加压并带动喷出，而由于环内空气被甩出环外，形成负压，也使空气不断从基座吸入，进入环体内补充。

通过对三个裁剪规则的应用分析可知，对技术系统实施裁剪的关键在于"确保被裁剪的组件有用功能得到重新分配"，新功能载体如何产生"被裁剪的组件有用功能"则是技术系统裁剪后产生的新问题，即裁剪问题。

4.5.3　裁剪模型与裁剪问题

裁剪模型是对技术系统实施裁剪后的功能模型，它包含为实施裁剪模型一系列需解决的裁剪问题。显然，运用不同的裁剪规则，实施不同的裁剪方式，可以产生不同的裁剪模型，同样可能得到的裁剪问题也不一样。创建裁剪模型的流程为：

① 使用前述选择指南选择要裁剪的技术系统组件；
② 选择要裁剪的第一个有用的功能组件；
③ 选择适用的裁剪规则（不建议对基本功能使用规则A）；
④ 如果选择了规则C，需选择新的功能载体；
⑤ 拟定裁剪问题；
⑥ 对所有功能组件重复步骤②~⑤；
⑦ 对所有被裁剪的组件重复步骤①~⑥。

裁剪模型是指技术系统裁剪后剩余组件所构成的功能模型。按照裁剪模型建立流程，以浸漆工艺系统为例（参照图4-13），选择要裁剪的系统组件为浮球和杠杆，第一个裁剪的功能载体为浮球，应用规则A，如果杠杆被移除了，作为功能载体的浮球"移动杠杆"也就没有功能对象了，那么功能载体浮球就可以被裁剪。裁剪带来的好处是：空气干燥固化油漆使得浮球支撑（黏附）油漆的有害功能消失了；油漆移动浮球的不足功能也不存在了；浮球移动杠杆的不足功能也没有了。所有这一切的前提是"杠杆被移除"，但是系统需要杠杆控制开关的功能，而且是需要"正常功能"不是"不足功能"。应用规则C，如果旧的功能载体"杠杆"的"控制开关"功能可以由其他组件（已有的或新增的）或超系统组件来完成的话，则杠杆可以被裁剪。浮球和杠杆被裁剪后的裁剪模型如图4-25所示。

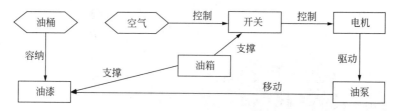

图4-25 浸漆工艺系统的裁剪模型

从图4-25所示的裁剪模型可以看出，开关的控制功能要求是正常的有用功能，那么"（开关）控制电机""（电机）驱动油泵"和"（油泵）移动油漆"三个功能也就改善为正常有用功能了。现在的问题是，"控制开关"的功能由什么组件来承载？按照规则C，必须找到一个新功能载体，且新功能载体必须满足4个条件之一，超系统组件"空气"是新功能载体的选择之一。"空气如何控制开关"则是裁剪产生的裁剪问题，可以利用自身专业知识得到答案。也可将该问题转化成"How to control switch by air"的"How to"模型，在google的patents中进行功能导向搜索，可以查找到很多空气控制开关的专利与文献。

空气不能自动控制开关，可以利用空气的压力参数来控制开关。图4-26为浸漆工艺系统的空气控制开关示意图。

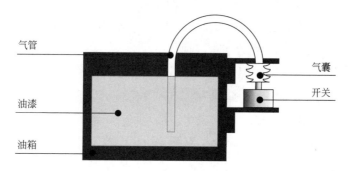

图4-26 浸漆工艺系统的空气控制开关示意图

4.5.4 极端裁剪

通过有限的系统组件裁剪可以减少系统组件的数量而不造成系统任何有用功能的缺失，同时加强有用功能消除有害功能，达到精简系统组件数量、降低系统复杂性和减少设计制造成本的目的，这种裁剪方法称为"渐进式裁剪（Incremental Trimming）"。如果工程技术人员希望研究系统是否可以大幅度移除零部件而彻底精简，以及新技术、新原理在精简系统上的应用，使技术系统向更高水平进化，那么可以采取极端裁剪（Radical Trimming）方式，又称激进裁剪。

极端裁剪是对目前技术系统一次未来进化方向的考验，也是系统精简的主要工具。实施极端裁剪后的裁剪模型相比原系统功能模型已变得面目全非，同时极端裁剪带来的裁剪问题比起渐进裁剪的裁剪问题要更尖锐，如果能够找出裁剪问题的解决方案，往往创新级别也是比较高的（Level 3及以上）。

图4-27（a）为一般机械式捕鼠器，可以有效捕捉老鼠，但可能对宠物、儿童，甚至成年

人造成潜在伤害。由于采用机械夹紧方式，可能出现令人不适的血腥场面。图4-27（b）为捕鼠器的功能分析模型。

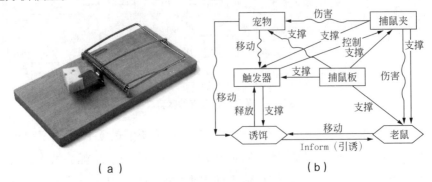

图4-27　机械式捕鼠器与功能模型图

由于捕鼠器主要由三个组件（捕鼠板、捕鼠夹和触发器）构成，实施极端裁剪后，原来的捕鼠器最终只剩下一个组件——捕鼠板。裁剪问题就是：一个捕鼠板如何能抓住老鼠而且不希望伤害老鼠，需要的话还能释放被捉住的老鼠。从物质-场模型来看，一个捕鼠板要捉住老鼠，只有两个物质，缺少场的作用。按照不完全物质-场模型的标准解，需要引入物质或者场来完成该物质-场模型。

引入物质：参照粘蝇胶系统，在捕鼠板某个区域涂覆强力胶，上面放置诱饵，当老鼠进入强力胶区域就被粘住。显然，强力胶粘住老鼠，也就可能粘住宠物或者小孩不小心被粘住手指等，相比原系统有了一定的结构简化。

引入场：捕鼠板除承载诱饵作用外，同时还是一种电波发生器，这种电波的频率和老鼠脑电波频率一致，当老鼠接近诱饵时，捕鼠板发出的电波和老鼠脑电波发生共振，瞬间杀死或者击昏老鼠。此时，裁剪问题转化成"如何设计一种频率与老鼠脑电波一样的电磁波发生器"。

利用超系统和现有环境资源：老鼠是捕鼠器的目标，属于超系统组件，超系统组件的参数也是可利用的资源之一。考虑老鼠本身的重量，即存在一个重力场，需要利用老鼠的重力，由老鼠自己将自己关起来。这样，裁剪问题转化为"如何利用重力场捕捉老鼠"。显然，需要对捕鼠板进行重新设计，捕鼠板必须设计成一种桶状的容器，当老鼠掉进去之后就难以爬出桶。那么诱饵就简单地放在桶底就可以吗？试验证明，初期几次可以捉住几只，后来这种方法就失灵了。一种利用重力场的捕鼠盒的创意设计，如图4-28（a）所示；图4-28（b）介绍了一种利用重力场的简易但是非常有效的捕鼠器创意方案。

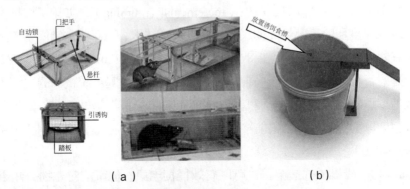

图4-28　利用重力场的捕鼠盒与踏板式捕鼠桶

案例4-7浸漆工艺系统经过渐进裁剪得到的裁剪模型如图4-25所示，图4-26所示新增的空气开关有效地解决了裁剪问题。如果我们需要将系统进一步简化，则可以实施极端裁剪。若移除电机，则开关可以被裁剪（规则A），此时渐进式裁剪可应用规则C，引入一个新组件——传感器，将开关控制电机的功能分配给传感器组件；若移除油泵，则电机可以被裁剪（规则A）；如果油漆能够自动从油桶灌装到油箱，油泵可以被裁剪（规则B）。极端裁剪后的功能模型如图4-29（a）所示，极端裁剪将系统的电机、油泵等组件悉数裁剪，大大精简了系统，也消除了能源消耗。极端裁剪带来的裁剪问题是："如何让油桶里面的油漆自动灌装到油箱里面"，按照TRIZ问题一般化描述，可以转化为"在无外来动力的情况下，液体如何自流动"。我们已知的液体流动方法有：阿基米德原理、伯努利定理、帕斯卡定律、势差、渗透、毛细效应、蒸发、漏斗效应、超声波、共振、抽水等，图4-29（b）是利用势差原理和帕斯卡原理而开发的油漆自动灌装创意设计方案。

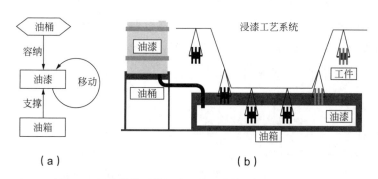

图4-29　极端裁剪后的浸漆工艺系统裁剪模型及解决方案

4.5.5　裁剪的适用

一旦对已有的技术系统完成功能模型的建立，技术系统存在的问题就可以在功能模型中展现出来。对于工程技术人员而言，接下来就是通过裁剪工具对系统组件进行裁剪，目的是减少系统组件的数量，精简系统的构成，以降低系统成本，提高系统理想度。

裁剪对于技术系统绝大多数问题均可适用，是TRIZ解决问题工具中最强大和最有效的工具之一，同时裁剪也是应用TRIZ工具进行专利规避和专利增强最重要和最强大的工具之一，随着裁剪过程进行而出现的裁剪问题，要比已有系统问题更尖锐、更复杂，往往会变成阻碍工程技术人员进行裁剪的绊索。因此，在裁剪工具的应用过程中，需要克服的心理惯性和心理障碍是比较痛苦的。但是通过裁剪得到的解决方案，尤其是极端裁剪得到的解决方案往往创新级别比较高。经过几次这样的裁剪创新训练之后，可以培养工程技术人员在解决问题的时候，头脑中的第一反应是"系统需要这么多组件吗？"这样一来，很自然地就会应用裁剪工具，减少系统组件数量，增强系统稳定性、可靠性。

当然，裁剪并不是消除有害功能、增强不足功能和降低系统构成成本的唯一工具，但通过裁剪可以获得创意灵感、创新思维和获得意想不到的解决方案，这种创意创新就体现在尽量搜寻可用的系统资源、超系统资源来执行被裁剪系统组件的有用功能上面，从根本上改变或消除至少一个主要系统组件来解决系统的矛盾，按照TRIZ中发明等级划分的依据，裁剪后所获得的创新方案或发明基本上可以达到三级及以上。系统型寻找可用资源的有效方法是正确使用裁剪规则，关于裁剪模型建立流程是非常简单而有效的，这和精益生产中消除一切浪费、着重于增值的实现这一基本思想是一致的。

裁剪应用过程中，识别系统中哪些组件可以被裁剪，哪些组件最应该被裁剪，寻找资源来执行这些被裁剪组件的有用功能，多数情况下采用的是TRIZ工具和方法。事实上，实施裁剪的工程技术人员的经验以及项目小组成员的头脑风暴法也是创意创新的有效方法。

思考题

1. 系统分析有什么意义？
2. 请简述组件分析的分析流程。
3. 请按组件分析流程对手电筒进行组件分析。
4. 资源分析的目的是什么？
5. TRIZ对资源是如何分类的？
6. 系统裁剪的方法有哪些？裁剪目标如何进行选择？

参考文献

[1] 沈萌红.TRIZ理论及机械创新实践.北京：机械工业出版社，2012.

[2] 创新方法研究会，中国21世纪议程管理中心.创新方法教程（初级）.北京：高等教育出版社，2012.

[3] 创新方法研究会，中国21世纪议程管理中心.创新方法教程（中级）.北京：高等教育出版社，2012.

[4] 成思源，周金平，郭钟宁.技术创新方法——TRIZ理论及应用.北京：清华大学出版社，2014.

[5] 周苏.创新思维与TRIZ创新方法.第2版.北京：清华大学出版社，2018.

[6] 赵敏，胡钰.创新的方法.北京：当代中国出版社，2008.

[7] 李海军，丁雪燕.经典TRIZ通俗读本.北京：中国科学技术出版社，2009.

[8] 赵辉.系统创新方法概述.北京：科学出版社，2012.

[9] 王亮申，孙峰华，等.TRIZ创新理论与应用原理.北京：科学出版社，2010.

[10] 林岳，谭培波，史晓凌，等.技术创新实施方法论（DAOV）.北京：中国科学技术出版社，2009.

[11] 颜惠庚，李耀中，等.技术创新方法入门——TRIZ基础.北京：化学工业出版社，2011.

[12] 赵敏，史晓凌，段海波.TRIZ入门及实践.北京：科学出版社，2009.

[13] [俄] 奥尔洛夫.用TRIZ进行创造性思考实用指南.陈劲，等译.北京：科学出版社，2010.

[14] [苏] 阿奇舒勒.创造是精确的科学.广州：广东人民出版社，1987.

[15] [苏] 阿奇舒勒.实现技术创新的TRIZ诀窍.林岳，等译.哈尔滨：黑龙江科学技术出版社，2008.

第 5 章
矛盾问题与解决方法

✓ **知识目标：**
① 认识TRIZ的矛盾问题，分清物理矛盾与技术矛盾的参数关系。
② 掌握TRIZ矛盾分析方法。

✓ **能力目标：**
① 能够利用矛盾分类提出解决矛盾的方法与解题方案。
② 能够熟练运用TRIZ的问题矩阵寻找解决技术系统问题的方案。
③ 能够通过发明原理找到技术系统问题的解决方法。

工程师在解决问题时，最为有效的解决方案就是解决技术难题中的矛盾（有时也称作"冲突"）。矛盾是客观社会中普遍存在的现象，对矛盾（冲突）的认识以及如何解决矛盾（冲突）问题是TRIZ理论中非常重要的基础思想之一。

矛盾是指内在要素、作用或主张彼此不一致或相反的情境。TRIZ理论认为：发明问题的核心是解决矛盾，未克服矛盾的设计不是创新设计。即TRIZ理论认为创新必须克服冲突，而产品进化的过程就是不断解决产品中所存在冲突的过程。并且认为，当产品因前一个冲突的解决而获得进化后，产品的进化又将出现停滞不前的现象，直到另一个冲突被解决。

TRIZ理论将常见的矛盾分为三种：管理矛盾、技术矛盾和物理矛盾。管理矛盾指为了避免某些现象或希望取得某些结果，需要做一些事情，但不知如何去做。管理矛盾本身具有暂时性，无启发价值，不能表现出问题的解的可能方向。因此，TRIZ主要考虑的是后两类矛盾，即技术矛盾和物理矛盾。本章将对创新问题中的技术矛盾、物理矛盾以及如何定义矛盾、解决矛盾问题的流程和方法进行详细的论述。

5.1 技术矛盾

5.1.1 什么是技术矛盾

当改善技术系统中某一特性或参数时，同时引起系统中另一特性或参数的恶化，这种矛盾就称为技术矛盾。

技术矛盾是我们常见的一类矛盾，在生活中普遍存在。如在雨天撑伞走路时，我们喜欢比较大的伞，这样可以更好地挡雨。但同时大伞一般较重，撑起来十分费力。这个例子中，改善的参数是雨伞的面积，面积是我们希望提高的参数，恶化的参数是雨伞的重量，这是我们不希望看到的结果。所以，面积和重量这两个参数就构成了技术矛盾。又如，对于一个测量系统，我们希望这个测量系统的精度高以减小测量误差，可要使精度高则要花费更多的时间以及更复杂的流程来制造它。这里，改善的参数是测量系统的精度，恶化的参数是制造该系统所需的时间及流程的复杂性。

从上面的例子中，我们可以看出技术矛盾描述的是两个参数的矛盾，是存在于技术系统内部的矛盾。改善的一方在很多情况下就是指技术系统或产品的功能、目的或效果等，而恶化的一方对于一个具体的技术系统一般也是可以客观判断的。

5.1.2 39个通用技术参数

阿奇舒勒分析了大量专利后发现工程中存在大量的工程参数，每个行业、每个领域都有各自的工程参数。为了方便、准确地描述出工程领域中的技术矛盾，阿奇舒勒通过对大量的专利文献进行分析，陆续总结出39个参数，把它们称为39个通用技术参数。他分析，利用39个技术参数，就足以描述工程领域中出现的绝大多数技术矛盾。可以说，通用技术参数是连接具体问题与TRIZ的桥梁，是开启问题之门的第一把"金钥匙"。借助39个通用技术参数可以将一个具体的实际问题转化并表达为标准的TRIZ问题。这39个通用技术参数如表5-1所示。

表5-1　39个通用技术参数

序号	名称	序号	名称	序号	名称
1	运动物体的重量	14	强度	27	可靠性
2	静止物体的重量	15	运动物体的作用时间	28	测量精度
3	运动物体的长度	16	静止物体的作用时间	29	制造精度
4	静止物体的长度	17	温度	30	作用于物体的有害因素
5	运动物体的面积	18	照度	31	物体产生的有害因素
6	静止物体的面积	19	运动物体的能量消耗	32	可制造性
7	运动物体的体积	20	静止物体的能量消耗	33	操作流程的方便性
8	静止物体的体积	21	功率	34	可维修性
9	速度	22	能量损失	35	适应性及通用性
10	力	23	物质损失	36	系统的复杂性
11	应力或压强	24	信息损失	37	控制和测量的复杂性
12	形状	25	时间损失	38	自动化程度
13	稳定性	26	物质的量	39	生产率

注：这39个通用技术参数都具有固定的序号，其中任意两个不同的参数就可以表示一种技术矛盾。通过组合，利用这39个技术参数可以表示大约1500种标准的技术矛盾。

在实际问题分析过程中，为了表述系统存在的问题，工程参数的选择是一个难度较大的工作。工程参数的选择不仅需要拥有关于技术系统的全面专业知识，还要对TRIZ的39个通用技术参数进行正确的理解。

为了便于理解及应用，可以对上述的39个通用技术参数分类。依据不同的方法可有不同的分类。

① 根据39个通用技术参数的特点，可分为物理及几何参数、技术负向参数、技术正向参数三大类。

通用物理及几何参数：1～12、17、18、21。

通用技术负向参数：15、16、19、20、22～26、30、31。

通用技术正向参数：13、14、27～29、32～39。

负向参数（Negative Parameters）是指这些参数的数值变大时，使系统或子系统的性能变差。如子系统为完成指定的功能时，所消耗的能量（No.19和No.20）越大，则说明子系统设计得越不合理。

正向参数（Positive Parameters）是指这些参数的数值变大时，使系统或子系统的性能变好。如子系统的可制造性（序号32）指标越高，则这个子系统的制造成本就越低。

② 根据系统改进时工程参数的变化，可分为改善的参数和恶化的参数两大类。

改善的参数：系统改进中将提升或加强的特性所对应的通用技术参数。当这些参数提高时，系统的性能变好。

恶化的参数：在某个技术参数得到改善的同时，将会导致其他一个或多个技术参数变差，这些变差的参数称为恶化的参数。

改善的参数和恶化的参数构成了技术系统内部的技术矛盾。创新的过程也就是消除这些矛盾，让相互矛盾的通用技术参数不再相互制约，能同时得到改善，实现"双赢"，从而推动产品向提高理想度方向发展。

5.1.3 40个发明原理及实例

工程中存在大量的技术矛盾，将实际问题转化为技术矛盾后，接着就需要一种针对技术矛盾的解决方法。从1946年开始，阿奇舒勒对世界各国的大量发明专利进行研究，对其进行深入的统计和分析后，他得出了一个重要的结论：虽然不同的专利解决的是不同领域内的问题，但是它们所使用的方法（技巧）却是相同的。即一种方法可以解决来自不同工程技术领域的类似问题。通过对这些方法的归纳和总结，阿奇舒勒最终找到了40种最常用的解决问题的方法，即40条发明原理，如表5-2所示。

表5-2　40条发明原理

序号	名称	序号	名称
1	分割原理	21	减少有害作用的时间原理
2	抽取原理	22	变害为利原理
3	局部质量原理	23	反馈原理
4	增加不对称原理	24	借助中介物原理
5	组合原理	25	自服务原理
6	多用性原理	26	复制原理
7	嵌套原理	27	廉价代替品原理
8	重量补偿原理	28	机械系统替代原理
9	预先反作用原理	29	气压和液压结构原理
10	预先作用原理	30	柔性壳体或薄膜原理
11	预补偿原理	31	多孔材料原理
12	等势原理	32	颜色改变原理
13	反向作用原理	33	均质性原理
14	曲面化原理	34	抛弃或再生原理
15	动态特性原理	35	物理或化学参数改变原理
16	未达到或过度作用原理	36	相变原理
17	空间维数变化原理	37	热膨胀原理
18	机械振动原理	38	强氧化剂原理
19	周期性作用原理	39	惰性环境原理
20	有效作用的连续性原理	40	复合材料原理

通过实践，人们认识到发明原理是用于解决技术矛盾的行之有效的创造性方法。当前，40个发明原理已经从传统的工程领域扩展到微电子、医学、管理、文化教育等各个领域，这些发明原理的广泛应用，产生了不计其数的发明专利。在今天，创新方法已经成了全人类的共有的知识成果，强有力地推动着人类的发展与进步。学习并掌握40条创新原理，对于解决科研、

生产以及生活中的各类问题都有着重要的意义。

下面是对40条TRIZ发明原理的具体介绍以及一些应用实例，大部分的发明原理包括几种具体的应用方法。

（1）分割原理（Segmentation）

1）分割原理具体描述　分割原理是指以虚拟的方式或实物的方式将一个系统分成若干部分，以便分解（分开、分隔、抽取）或合并（结合、集成、联合）一种有益的或有害的系统属性。在多数情况下，可对各部分进行重组或合并，以执行某些新的功能，并（或）消除某一问题。分割原理体现在3个方面：

① 将一个物体分割成相互独立的几个部分；

② 使一个物体分成容易组装及拆卸的部分；

③ 提高物体的可分性，以实现系统的改造。

2）应用实例

① 废旧物资回收系统，如图5-1所示。为了解决垃圾可回收问题，以及不同材料（如玻璃、纸、铁罐等）的综合利用，人们把一个大的垃圾箱分为相互独立的几个小的回收箱。

图5-1　废旧物资回收系统

② 卫星在探测提供地球陆地表面及周围海岸区域的遥感图像时，是对地球表面进行分割及重组，以便观察、分析大的空间。

③ 将卡车分割成相互独立的部分，当车厢装货时车头可以牵引其他车厢，从而提高车头与车厢的使用效率，如图5-2所示。

  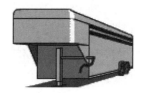

图5-2　卡车分割成相互独立的部分

④ 使物体成为可组合的（组合家具），可以充分利用屋内空间，如图5-3所示。

⑤ 一个挖掘机铲斗的唇缘是由钢板制成的。只要它的一部分磨损或毁坏，就必须更换整个的唇缘。这是一项既费力又费时的工作，而且挖掘机也不得不停止工作。使用"分割原理"来解决这一问题，将唇缘分割成单独的可分离的几部分。这样，可以快速地将毁坏或磨损的部分更换，具体如图5-4所示。

图5-3　组合家具　　　　　　　图5-4　挖掘机铲斗

（2）抽取原理（Taking Out）

1）抽取原理具体描述　抽取原理是指从整体中分离出有用的（或有害的）部分（或属性）。由于每个物体都是一个矛盾体，都同时存在着正面和负面、必要和不必要的因素，我们可以通过抽取的方法使系统增加价值。抽取原理体现在两个方面：

① 从物体中抽取出可产生负面影响的部分或属性；

② 从物体中抽出必要的部分或属性。

2）应用实例

① 将空调中产生噪声的空气压缩机置于室外，如图5-5所示；

② 飞机场候机大厅中都设有专用吸烟室；

③ 将汽车的维修和售后服务等外包其他"4S"公司。

空调室内送风　　　　　　　　　　室外压缩机

图5-5　空调压缩机的抽取

（3）局部质量原理（Local Quality）

1）局部质量原理具体描述　局部质量原理是指在一个对象中，特殊的（特定的）部分应该具有相应的功能或条件，能够最好地适应其所在的环境，或更好地满足特定的要求。局部质量原理体现在3个方面：

① 将物体、环境或外部作用的均匀结构变为不均匀的；

② 让物体的不同部分，各具有不同的功能；

③ 使物体的各部分均处于完成各自动作的最佳状态。

2）应用实例

① 桥梁在跨中的荷载所引起的弯矩远大于梁两边的弯矩，因此减小跨中的面积可以减小梁的自重，就形成了变截面桥梁，梁的两头增加的面积还可以增强梁克服剪切力的负载能力，

如图5-6所示。

图5-6 变截面梁桥

② 午餐盒可以被分为盛放热食、冷食及液体等的各种空间。

③ 数控折弯机在对板材进行折弯加工时,由于作用力作用在滑块和工作台的两端,从而导致中间部分受力不均匀产生挠曲变形,影响板材的折弯精度,严重的还会出现"中开"现象。解决方案为:从两端到中间逐步增加下模厚度,形成局部增强质量。

(4)增加不对称原理(Asymmetry)

1)增加不对称原理具体描述 增加不对称原理涉及从"各向同性"向"各向异性"的转换,或是与之相反的过程。各向同性是指,无论在对象的哪个部位,沿哪个方向进行测量,都是对称的。各向异性就是不对称,指在对象的不同部位或沿不同的方向进行测量,测量结果是不同的。增加不对称原理具体体现在两个方面:

① 将原来对称的物体变为不对称的;

② 增加不对称物体的不对称程度。

2)应用实例

① 倾斜的屋顶及复合的多斜面屋顶;

② 小轿车的燃油箱用对称的形状会占用车内的有限空间,如果改用非对称的形状,就能充分利用汽车配件之间的狭小空间,增大载油量,提高燃油的续航里程,如图5-7所示;

③ 对不同的顾客群可以采用不同的营销策略来达到营销目的;

④ 非圆截面的烟囱改变气流的分布。

 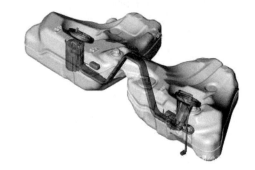

(a)对称型油箱　　　　　　(b)非对称型油箱

图5-7 对称与非对称油箱

（5）组合原理（Merging）

1）组合原理具体描述　为了提高效率或改善性能，可以将相同的物体或相似的操作进行组合。组合原理体现在两个方面：

① 在空间上，将相同的物体或相关操作组合在一起；

② 在时间上，将相同或相关的操作进行合并。

2）应用实例

① 将罗盘与水准器、尺子组合在一起，就组成了组合式地质罗盘，如图5-8所示；

图5-8　组合式地质罗盘

② 将两把伞组合为情人雨伞，如图5-9所示；

③ 将风扇与晾衣架组合为带风扇的晾衣架，如图5-10所示。

图5-9　情人雨伞　　　　　　　图5-10　带风扇的晾衣架

（6）多用性原理（Universality）

1）多用性原理具体描述　多用性或通用性是指将不同的功能或非相邻的操作合并。使一个对象具备一个功能，从而消除这些功能在其他对象内存在的必要性，使对象具有多用性，因而可以产生在其他情况下不存在的机会和协力优势。多用性原理体现在两个方面：

① 使一个物体具备多项功能；

② 消除了该功能在其他物体内存在的必要性后，进而裁剪其他物体。

2）应用实例

① 如将手表设计成为可听歌、看电视的手表；

② 可调扳手（一把扳手可适合多种螺母）具有多用性，如图5-11所示；

③ 在白天为沙发而在晚上可转换为床的沙发床。

图5-11 可调扳手

（7）嵌套原理（Nested Doll）

1）嵌套原理具体描述　通过递归的方法将一个物体嵌入另一个物体的内部，或让一个物体通过另一个物体的空腔而实现嵌套。即物体之间彼此吻合、彼此组合、内部配合的性质。

2）应用实例

① 俄罗斯套娃，如图5-12所示；

② 自动铅笔的空腔可以放置多根备用的铅笔芯；

③ 瑞士军刀是将多种功能嵌套于同一对象内的经典实例，如图5-13所示；

图5-12　俄罗斯套娃　　　　图5-13　瑞士军刀

④ 汽车安全带收缩机构；

⑤ 超市购物车嵌套后节约停放空间，如图5-14所示。

图5-14　超市购物车

（8）重量补偿原理（Anti-Weight）

1）重量补偿原理具体描述　通过一个相反的平衡力（浮力、弹力或类似的力）来阻碍（或抵消）一个不良的（或不希望有的）力。重量补偿原理体现在两个方面：

① 将某一物体与另一能提供上升力的物体组合，以补偿其重量；

② 通过与环境（利用空气动力、流体动力或其他力等）的相互作用，实现物体的相互补偿。

2）应用实例

① 在圆木中注入发泡剂，可以使其能更好地漂浮；

② 飞艇利用浮力来补偿人和货物的重量，如图5-15所示；

图5-15　飞艇

③ 直升机的螺旋桨与空气发生相对运动时，可以提升上升力。

（9）预先反作用原理（Preliminary Anti-Action）

1）预先反作用原理具体描述　预先了解可能出现的问题，提前采取行动来消除出现的问题、降低问题的危害、防止问题的出现。预先反作用原理体现在以下两个方面：

① 事先施加机械应力，以抵消工作状态下不期望的过大压力；

② 如果问题定义中，需要某种相互作用，那么事先施加反作用。

2）应用实例

① 涂用防晒霜可防止晒伤；

② 对于会产生高水平热量的部件，可设计带有散热功能的表面；

③ 预应力钢筋混凝土（在浇筑混凝土之前，拉伸钢筋，然后在拉伸状态把钢筋固定在模型里并注入水泥，当水泥硬化后，把钢筋两头松开，钢筋缩短产生拉应力使水泥收缩，从而提高钢筋混凝土梁的承载力），如图5-16所示；

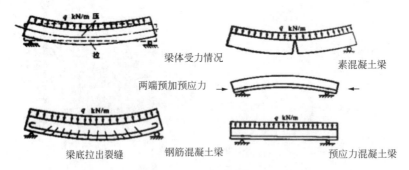

图5-16　预应力混凝土

④ 建筑物着火时，若有人要冲进建筑物救人，通常先要用水将这个人的全身浇湿，这样就可以在短时间内防止其被火烧伤。

（10）预先作用原理（Preliminary Action）

1）预先作用原理具体描述　在真正需要某种作用之前，预先执行该作用的全部或一部分。预先作用原理体现在两个方面：

① 预先对物体（全部或部分）施加必要的改变；
② 在最方便的位置预先安置物体，使其在第一时间发挥作用，避免时间的浪费。

2）应用实例

① 在灌装生产线中使瓶口朝一个方向，以增加灌装效率。

② 建筑业中大量使用的预制件。

③ 预先在邮票边缘打孔，如图5-17所示。早期的邮票是整张的，用时必须一张张剪开，然后在其背后涂抹胶水，才能使用。邮票打孔后既方便了使用，又增加了邮票的美观性。后来为了方便还在邮票背面预先抹了背胶，贴邮票不再需要临时找胶水了。

图5-17　邮票上打孔

④ 纺织出来的棉布被水洗后通常会"缩水"。如果用没经过"缩水"处理的棉布做成衣服，用水洗过一次后就会变小而影响使用。因此，当棉布被纺织出来以后，通常要进行预先缩水处理，这样制造出来的衣物被水洗后就不会再缩水了。

（11）预补偿原理（Beforehand Cushioning）

1）预补偿原理具体描述　通过预先准备好的应急措施（如备用系统、矫正措施等）来补偿对象较低的可靠性。

2）应用实例

① 汽车上的备用轮胎；

② 在溜直排滑轮时，戴上护膝或肘垫及安全帽，可防范无法避免的风险，如图5-18所示；

图5-18　溜直排滑轮运动及防护装备

③ 预先准备应急防火通道，以防范火灾危险；

④ 为了解决混凝土梁在自重及荷载作用下的梁底下挠，可以在浇筑前预设预拱度，以抵消向下的挠度。

第5章　矛盾问题与解决方法　147

（12）等势原理（Equipotentiality）

1）等势原理具体描述　通过始终在相同的高度（级别）上执行某个过程或操作，来减轻工作的要求。等势原理涉及三个既可以单独使用又可以合并起来使用的概念。等势原理具体体现在以下3个方面：

① 将一个系统或程序内所有通过点建立在同一个势能状态下，以获得某种系统增益；

② 在系统内部建立关联，使系统可以支持等势状态；

③ 建立连续的、完全互相联系的组合与关系。

2）应用实例

① 电梯可以将乘客运送到高层建筑上，从而避免了人们自己爬楼梯，为此给电梯加一个与轿厢重量相等的配重可以大大减小提升电动机的功率，如图5-19所示；

② 汽车修理时，汽车高度不变，修理工改变位置；

③ 为在高低不同的水位之间实现船舶的通航，人们利用船闸来进行船体的升降。

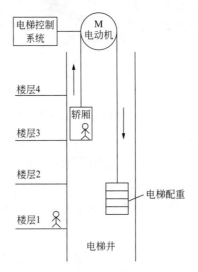

图5-19　4层电梯原理示意图

（13）反向作用原理（The Other Way Round）

1）反向作用原理具体描述　此原理是TRIZ最重要的发明原理之一：逆向思维。若某事物以一种特殊的方式制造或执行，则尝试以一种相反的方式来制造或执行，以避免固有的问题。反向作用原理体现在以下3个方面：

① 用相反的动作来代替问题定义中所规定的动作；

② 把物体上下或内外颠倒过来；

③ 让物体或环境，可动部分不动，不动部分可动。

2）应用实例

① 为了拆卸配合紧密的两个零件，采用冷却内部零件的方法，而不采用加热外部零件的方法；

② 如图5-20所示为游不完的泳池，即利用水循环使水动而人的位置不动，既节约了空间又达到了运动的效果；

图5-20　游不完的泳池

③ 翻转型窗户，使在屋内擦外面的玻璃成为可能；

④ 人在地面跑步，地面不动人向前运动，而跑步机则是地面向后运动人保持不动；

⑤ 利用黑笔和白板的组合代替传统的黑板和白粉笔的组合；

⑥ 用平车运送货物时，既可以采用推的方式，又可以采用拉的方式，都可以实现相同的结果。

（14）曲面化原理（Spheroidality）

1）曲面化原理具体描述　使用弯曲或球面的元件代替线性的元件，使用转动取代直线运动，使用滚轮、球或螺线。曲面化原理具体体现在3个方面：

① 将物体的直线或平面部分用曲面或球面代替，变平行六面体或立方体结构为球形结构；

② 采用滚筒及球状、螺旋状等结构；

③ 改直线运动为螺旋运动，利用离心力。

2）应用实例

① 洗衣机甩干的电机高速旋转时可以产生很大的离心力，去除衣物上的水分；

② 在家具腿部装上滚轮，变推（或抬）动为滚动，以便于家具的移动，如图5-21所示；

图5-21　家具装上滚轮

③ 两表面间引入圆弧结构以降低应力集中，如机械零件中的倒角、圆弧过渡结构。

（15）动态特性原理（Dynamics）

1）动态特性原理具体描述　使构成整体的各个部分处于动态，即各个部分是可以调整的、活动的或可互换的，以便使其在工作过程中的每个动作或阶段都处于最佳状态。动态特性原理体现在3个方面：

① 调整物体或环境的性能，使之在工作的各个阶段都达到最优状态；

② 将物体分成能彼此相对移动的几个部分；

③ 如果一个物体整体是静止的，使之移动或可动。

2）应用实例

① 可调整的驱动轮、可调整的座椅、可调整的反光镜等；

② 电子广告牌可以顺序显示多幅平面广告；

③ 折叠椅和笔记本是通过分割物体的几何结构，引入铰链连接使其各部分可以改变相对位置；

④ 车顶帐篷行车时可以折叠收起，使用时打开可以成为临时宿舍，如图5-22所示。

图5-22　车顶帐篷

（16）未达到或过度作用原理（Partial or Excessive Action）

1）未达到或过度作用原理具体描述　如果很难百分之百达到所要求的效果，则可以采用"略少一点"或"略多一点"的做法，此时可以大大降低解决问题的难度。既可以采用局部不足的作用来"略微不足地"初步完成某项任务，然后再进行最后的调整；也可以采用过度过量的作用来"略微过量地"初步完成某项任务，然后再进行最后的调整。

2）应用实例

① 用灰泥填墙上的小洞时首先多填一些，之后再将多余的部分去掉；

② 过度的辐射是致命的，但是未达到的剂量可以帮助减缓恶性肿瘤生长；

③ 在机械加工领域中，对一个零件毛坯进行加工时，首先进行的是粗加工，目的是快速去除绝大部分多余的材料，然后再进行精加工，慢慢地去除剩余的少量材料，使零件的加工精度能达到所要求的公差范围。

（17）空间维数变化原理（Another Dimension）

1）空间维数变化原理具体描述　通过将对象转换到不同维度，或将对象分层或改变对象的方向来改变对象的维度。空间维数变化原理体现在以下4个方面：

① 将物体变成二维（如平面）运动来克服一维直线运动或定位的困难，或过渡到三维空间运动以消除物体在二维平面运动或定位的问题；

② 将单层排列的物体变为多层排列；

③ 将物体倾斜或侧向放置；

④ 利用照射到邻近表面或物体背面的光线。

2）应用实例

① 从顺序操作（一维）变为并行操作（二维）。

② 摩天大楼可以提高土地利用率。

③ 在拥挤的城市搜索停车位往往很恼人。新型机械式停车设备采用垂直停车模式，其大

小和噪声可达到最小，因此可以很容易地安装在建筑上。此外，该停车设备灵活方便，可以适应不同高度的车型，如图5-23所示。

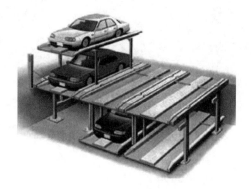

图5-23　新型机械式停车设备

④ 从汽车上装卸油桶时，在地面与车厢之间利用木板形成斜坡，从而使装卸变得容易。

⑤ 阳光无法直接照射到位于山坳里的小镇上，居民们在附近的山顶上利用大镜子将太阳光反射到小镇里。

（18）机械振动原理（Mechanical Vibration）

1）机械振动原理具体描述　通过振动使对象产生机械振动，增加振动的频率或利用共振频率；利用振动或振荡，在某个区间内产生一种规则的、周期性的变化。机械振动原理体现在以下5个方面：

① 使物体发生机械振动；

② 如果物体已处于振动状态，提高其振动的频率（直至超声振动）；

③ 利用共振频率；

④ 用压电振动代替机械振动；

⑤ 利用超声波振动和电磁场耦合。

2）应用实例

① 利用振动，乐器可以发出悦耳的声音；

② 利用超声波进行无损检测，如图5-24所示；

图5-24　利用超声波进行无损检测

③ 石英表利用石英振动机芯代替了机械表的机械振动机芯；

④ 在高频炉中对液态金属进行电磁搅拌，使其均匀混合；

⑤ 隔振减震器建筑物；

⑥ 在浇筑混凝土时，利用振动式励磁机（激励器）去除混凝土中的孔隙，如图5-25所示。

图5-25 混凝土振动器

（19）周期性作用原理（Periodic Action）

1）周期性作用原理具体描述　通过有节奏的行为、振幅和频率的变化及利用脉冲间隔，来实现周期性的作用。周期性作用原理体现在3个方面：

① 用周期性的动作或者脉冲来代替连续动作；

② 如果作用已经是周期性的，则改变其运动频率；

③ 在脉冲周期中，利用暂停来完成其他有用动作。

2）应用实例

① 医用呼吸器系统中，是按照人的吸气期和呼气期来周期性地帮助患者呼吸；

② 在不同工作状态下，洗衣机会采用不同的水流喷射方式；

③ 盘铣刀的加工效率比普通铣刀的效率要高（盘铣刀对金属的切割是周期性的，普通铣刀对金属的切割是连续的）。

（20）有效作用的连续性原理（Continuity of Useful Action）

1）有效作用的连续性原理具体描述　建立连续的流程或移除所有空闲及间歇性以提高效率。有效作用的连续性原理体现在3个方面：

① 使物体的各个部分同时满载持续工作；

② 消除空闲和间歇性的动作；

③ 用旋转运动代替往复运动。

2）应用实例

① 设计自动流水线时，是以整个流水线的设计产量为基础来设计的。只有当流水线上所有的设备都是连续的、同时满负荷工作时，才能达到流水线的设计产量，如图5-26所示。

图5-26　汽车自动生产流水线

② 用加工中心代替多台机床，能消除零件在不同机床之间的运输时间。

③ 利用旋转是此原理迄今为止最为重大的一个成果。滚动可以产生连续性的有效作用，这为人们发现其他技术机会提供了思考的方向。

（21）减少有害作用的时间原理（Skipping）

1）减少有害作用的时间原理具体描述　若某事物在一个给定的速度下出现问题，则使其速度加快，将危险或有害的流程在高速下进行。

2）应用实例

① UHT（Ultra-High Temperature processing）瞬间高温灭菌技术，短时间超热处理灭菌；

② 修理牙齿的钻头高速旋转，以防止牙组织升温；

③ 闪光的瞬间强光用于拍摄，可使人免受伤害；

④ 超音速飞机快速通过音障，以避免共振发生，如图5-27所示。

图5-27　飞机通过音障

（22）变害为利原理（Turn the Harm to One's Good）

1）变害为利原理具体描述　将有害的作用或情况变为有用的作用以利用有害因素。变害为利原理体现在3个方面：

① 利用有害因素（特别是环境中的有害影响），得到有益的效果；

② 将两个有害的因素相结合，以此消除它们；

③ 加大有害的幅度，直至有害性消失。

2）应用实例

① 燃烧垃圾用来发电，不仅可以解决能源短缺问题，燃烧后的灰分还可以作为化肥或制成建筑材料，为人类带来有益的效果，如图5-28所示。

图5-28　垃圾分类回收利用

② 使人致病的病毒也可以用来治疗疾病。

③ 潜水员使用氮氧混合气体以避免单独使用时造成的氮昏迷或氧中毒。

④ 以火攻火是森林消防员们常用的灭火方法之一,俗称"放逆火"。即森林灭火时,可以在大火蔓延方向的前方燃起另一场易于控制的火,将大火蔓延所需要的燃料烧光。

⑤ 利用激光手术刀烧灼皮肤和血管可以有效减少患者的失血。

(23)反馈原理(Feedback)

1)反馈原理具体描述　将系统的输出作为输入返回到系统中,以便增强对输出的控制。反馈原理具体体现在两个方面:

① 在系统中引入反馈来改善系统性能;

② 如果已引入反馈,则改变其大小或作用。

2)应用实例

① 电子元件可感觉(测量/检测)到系统的不稳定性,并产生一种补偿不稳定性的反馈信号;

② 用于探测火与烟的热烟传感器,可以提前反馈火与烟的信息,火灾起到预警作用,如图5-29所示;

图5-29　热烟传感器

③ 来自建议制度及员工测评的信息可以用来向管理者提供反馈,使管理者纠正业务实施的方式。

(24)借助中介物原理(Intermediary)

1)借助中介物原理具体描述　利用某种可轻松去除的中间载体、阻挡物或过程,在不相容的部分、功能、事件或情况之间经调解或协商而建立的一种临时链接。借助中介物原理体现在两个方面:

① 使中介物实现所需动作;

② 把一个物体与另一个容易去除的物体暂时结合。

2)应用实例

① 化学反应中的催化剂;

② 各种行业领域的代理人;

③ 盘或锅具有绝缘手柄,这样在加热时可以防止烫伤手;

④ 钻孔时,使用导套作为钻头或丝锥定位的工具;

⑤ 如图5-30所示为吉他拨片，手指借助了拨片这个中介物，动作精准并且不伤害手指。

图5-30　吉他拨片

（25）自服务原理（Self-service）

1）自服务原理具体描述　在执行主要功能（或操作）的同时，以协同或并行的方式执行相关功能（或操作）。自服务原理体现在以下两个方面：

① 物体通过执行辅助性的或维护性的工作，为自身服务；

② 利用废弃的资源、能量或物资。

2）应用实例

① 自动售货机在无须人员的情况下可以提供售货服务，还有银行的自动柜员机、车站的自动售票机等，如图5-31所示；

自动售货机　　　　自动柜员机　　　　自动售票机

图5-31　各种自动服务机

② 自清洁玻璃；

③ 用生活垃圾做肥料；

④ 工业生态系统。

（26）复制原理（Copying）

1）复制原理具体描述　通过使用较为便宜的复制品或模型来代替成本过高而不能使用的物体。复制原理具体体现在以下3个方面：

① 用经过简化的、廉价的复制品代替复杂的、昂贵的、易损的或不易获得的物体；

② 用光学复制品（图像）代替实物或实物系统，同时还可以按一定的比例放大或缩小图像；

③ 如果已经使用了可见光的复制品，则可进一步扩展到红外线或紫外线等非可见光的复制品。

2）应用实例

① 通过看一名教授的讲座录像可代替亲自参加他的讲座；

② 服装店里代替真人的塑料模特；

③ 虚拟现实技术；

④ 通过卫星照片来代替实际地理测量；

⑤ 汽车碰撞试验，如图5-32所示。

图5-32　汽车碰撞试验

（27）廉价代替品原理（Cheap Short-life instead of Costly Long-life）

1）廉价代替品原理具体描述　用廉价的物品代替昂贵的物体，同时降低某些质量要求（如工作寿命等）。

2）应用实例

① 一次性的餐具、医疗耗材、纸尿布等。

② 相对于打火机来说，火柴是廉价的代替品。

③ 有时，机场跑道太短，飞机会因为无法着陆而造成严重事故。解决问题的一个可能办法是加长跑道，但多建一段跑道耗时耗材，可用泡沫塑料板铺跑道来代替水泥跑道。这样，当飞机不能停在水泥跑道上时，可以继续在塑胶跑道上减速。

（28）机械系统替代原理（Mechanics Substitution）

1）机械系统替代原理具体描述　利用物理场（光场、电场、磁场等）或其他的物理结构、物理作用及状态来代替机械相互作用、装置、机构和系统。此原理涉及操作原理的改变或替代。机械系统替代原理体现在以下4个方面：

① 用光学系统、声学系统、电磁学系统或影响人类感觉的系统，替代机械系统；

② 采用与物体相互作用的电场、磁场或电磁场；

③ 用运动场代替静止场，时变场代替恒定场，结构化场代替非结构化场；

④ 将场与场作用和铁磁粒子组合使用。

2）应用实例

① 用电子系统代替机械计算系统（用计算机代替算盘）；

② 利用磁性轴承来代替传统的轴承；

③ 混合两种粉末时，如用电磁场代替机械振动，可以使粉末混合得更加均匀；

④ 用变化的磁场加热含铁磁粒子的物质，当温度达到居里点时，物质变成顺磁，不再吸

收热量,从而实现恒温。

(29)气压和液压结构原理(Pneumatic and Hydraulic Structures)

1)气压和液压结构原理具体描述　利用空气或液压技术来代替普通的系统部件,即通过利用气体或液体,甚至利用可膨胀的或可充气的对象来实现气压和液压原理。

2)应用实例

① 汽车的安全气囊,如图5-33所示;

图5-33　汽车安全气囊

② 用气垫船或橡皮艇代替木船;

③ 利用液压传动装置来代替机械传动装置。

(30)柔性壳体或薄膜原理(Flexible Shells and Thin Films)

1)柔性壳体或薄膜原理具体描述　用柔性壳体或薄膜来代替传统结构,或利用柔性壳体或薄膜将一个物体与其所处的外界环境隔离开。柔性壳体或薄膜原理体现在以下两个方面:

① 使用柔性壳体或薄膜来代替传统结构;

② 使用柔性壳体或薄膜将物体与环境隔离。

2)应用实例

① 装牛奶的利乐包;

② 帐篷、雨伞、皮包等;

③ 露天空间防雨的膜结构,如图5-34所示;

④ 舞台上的幕布将舞台与观众隔开。

图5-34　运动场看台的防雨棚

(31)多孔材料原理(Porous Materials)

1)多孔材料原理具体描述　通过在材料或对象中打孔、开空腔或通道来增强其多孔性,从而改变某种气体、液体或固体的形态。多孔材料原理体现在以下两个方面：

① 使物体变为多孔或加入多孔物体；

② 若物体已是多孔结构，在小孔中事先填入某种物质。

2）应用实例

① 泡沫材料或海绵状结构，如泡沫塑料、泡沫金属等；

② 活性炭过滤器、金属过滤器、陶瓷过滤器等，如图5-35所示为泡沫陶瓷金属液过滤器；

③ 利用多孔金属网通过毛细作用从焊接处吸除多余的焊料。

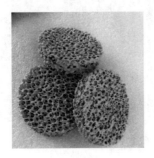 

图5-35　泡沫陶瓷金属液过滤器

（32）颜色改变原理（Color Changes）

1）颜色改变原理具体描述　通过改变颜色或一些其他的光学特性来改变对象的光学性质，以便提升系统的价值或解决检测问题。颜色改变原理体现在以下4个方面：

① 改变物体或环境的颜色；

② 改变物体或环境的透明度；

③ 采用有颜色的添加物，使不易被观察到的对象或过程被观察到；

④ 如果已经添加了颜色，则考虑利用荧光（发光）物质。

2）应用实例

① 用有机玻璃做外壳的透明家电；

② 在无损检测中，利用着色探伤法可检测工件表面缺陷；

③ 在纸币中加入荧光物质，提高纸币的防伪能力；

④ 如图5-36所示为韩国发明的Virtual Wall虚拟墙，虚拟墙上会显示红色、绿色或黄色信号来代替红绿灯。

图5-36　替代红绿灯的虚拟墙

（33）均质性原理（Homogeneity）

1）均质性原理具体描述　存在相互作用的物体，用相同的材料或特性相近的材料制成。

2）应用实例

① 用金刚石切割钻石；

② 为减少化学反应，尽量使包装材料与被包装对象一致；

③ 企业通过一致的行为及共同的价值观而建立的企业文化也是均质性原理的应用。

（34）抛弃或再生原理（Discarding and Recoverying）

1）抛弃或再生原理具体描述　抛弃或再生原理是两条原理合二为一而形成的发明原理。抛弃是指从系统中去除某些对象，再生是指对系统中某些被消耗的对象进行恢复，以进行再次利用。抛弃或再生原理体现在2个方面：

① 采用溶解、蒸发等手段，抛弃已完成功能的组件，或在系统运行过程中直接修改它们；

② 在工作过程中补充被消耗的部分。

2）应用实例

① 普通的子弹被使用后，一般会将子弹壳抛弃；

② 药物胶囊的外壳起包装药粉的作用，进入人体后自动溶解掉；

③ 自动步枪可以在发射出一发子弹后自动装填另一发子弹。

（35）物理或化学参数改变原理（Change of Physical and Chemical Parameters）

1）物理或化学参数改变原理具体描述　改变一个对象或系统的属性，以便提供某种有用的功能。物理或化学参数改变原理体现在以下4个方面：

① 改变对象或系统的物理状态；

② 改变浓度或密度；

③ 改变柔度；

④ 改变温度。

2）应用实例

① 将二氧化碳制成干冰。

② 改变硫酸的浓度，不同浓度的硫酸具有不同的性质。

③ 通过硫化过程提高天然橡胶的强度和耐久性。

④ 利用冰箱将食物冷冻起来，可以延长保存时间。

⑤ 在热机械钻眼过程中，高温喷气嘴将研磨剂喷到岩石表面。已经分散成岩石颗粒的研磨剂可以在高温喷气嘴中循环使用。但由于热作用，研磨剂被软化使得钻岩石的效率很低。采用该原理，用冷水冷却研磨剂以硬化研磨剂并适当地瓦解物质，从而提高钻岩石的效率。

（36）相变原理（Phase Transitions）

1）相变原理具体描述　利用一种材料或情况的相变，来实现某种效应或产生某种系统改变。典型的相变包括：

① 气体到液体，以及相反的过程；

② 液体到固体，以及相反的过程；

③ 固体到液体，以及相反的过程。

2)应用实例

① 固体香料在变热时释放出怡人的香气；

② 膨胀蒸汽使涡轮机转动以产生电力；

③ 利用冷凝回流，带走热量，使物体降低温度（如：航天飞船返回舱的防热瓦）。

（37）热膨胀原理（Thermal Expansion）

1）热膨胀原理具体描述　利用对象受热膨胀的基本原理来产生"动力"，从而将热能转换为机械能或机械作用。热膨胀原理体现在以下2个方面：

① 利用材料的热膨胀或热收缩；

② 组合使用不同热膨胀系统的几种材料。

2）应用实例

① 葡萄洗干净放到冰箱的速冻室里，等它们变硬时取出，用热水冲一下，利用热胀冷缩原理，皮特别好剥；

② 收缩包装；

③ 双金属片热敏开关（两条粘在一起的金属片，由于两片金属的热膨胀系数不同，对温度的敏感程度也不一样，温度改变时就能产生弯曲，从而实现开关功能）。

（38）强氧化剂原理（Strong Oxidants）

1）强氧化剂原理具体描述　加速氧化过程（增加氧化作用的强度），以改善系统的作用或功能。强氧化剂原理体现在以下4个方面：

① 用富氧空气代替普通空气；

② 用纯氧代替空气；

③ 将空气或氧气进行电离辐射；

④ 用臭氧代替氧气。

2）应用实例

① 将患者放入氧气舱中，为其增加氧气供应量；

② 用高压氧杀灭伤口处的厌氧菌，加速伤口的愈合；

③ 用臭氧来杀死谷物中的微生物。

（39）惰性环境原理（Inert Atmosphere）

1）惰性环境原理具体描述　制造一种中性（惰性）环境，以便支持所需功能。惰性环境原理体现在以下3个方面：

① 用惰性环境代替通常环境；

② 向对象中添加中性或惰性成分；

③ 使用真空环境。

2）应用实例

① 利用二氧化碳灭火器灭火；

② 向航空燃油中加入添加剂以改变其燃点；

③ 真空包装可用来保鲜食物。

(40) 复合材料原理 (Composites)

1) 复合材料原理具体描述 通过将两种或多种不同的材料（或服务）紧密结合在一起而形成复合材料。

2) 应用实例

① 钢筋混凝土是由钢筋、水泥、小石子等物质组成的复合材料。

② 双层玻璃（中空玻璃可以分为三层：玻璃层、真空层、玻璃层）。

③ 在插头和插孔的接触面涂敷一层抗摩擦导电涂层，涂层材料为加入0.7%聚四氟乙烯聚酯粉的烧结锡粉。该涂层可使电气接头的使用寿命增加3倍。

5.1.4 矛盾矩阵

通过对大量专利进行研究，阿奇舒勒发现针对某一种由两个通用工程参数所确定的技术矛盾来说，40个发明原理中的某一个或某几个发明原理被使用的次数要明显比其他的发明原理多，即一个发明原理对不同技术矛盾的有效性是不同的。如果能够将发明原理与技术矛盾之间的这种对应关系描述出来的话，技术人员就可以直接使用那些对解决自己所遇到的技术矛盾最有效的发明原理，而不再需要一一尝试所有的40个发明原理了，这将大大提高解决技术矛盾的效率。

基于这种想法，阿奇舒勒创建了矛盾矩阵（或冲突矩阵，见附录C Altshuller矛盾矩阵），该矩阵将技术矛盾的39个工程参数与40条发明原理建立了对应关系，很好地解决了设计过程中怎样选择发明原理的问题，下面对矛盾矩阵（表5-3）的组成特点做简要说明。

表5-3 矛盾矩阵（部分）

改善的参数＼恶化的参数	运动物体的重量	静止物体的重量	运动物体的长度	静止物体的长度	运动物体的面积	静止物体的面积
运动物体的重量	+	−	15,8,29,34	−	29,17,38,34	−
静止物体的重量	−	+	−	10,1,29,35	−	35,30,13,2
运动物体的长度	8,15,29,34	−	+	−	15,17,4	−
静止物体的长度	−	35,28,40,29	−	+	−	17,7,10,40
运动物体的面积	2,17,29,4	−	14,15,18,4	−	+	−
静止物体的面积	−	30,2,14,18	−	26,7,9,39	−	+

① 矛盾矩阵为一个40行40列的矩阵，矩阵中的第一行和第一列均为39个标准参数组成。不同的是，第一列表示的是系统需要改善的参数的名称；而第一行表示的是系统在改善那个参

数的同时，导致恶化了的另一个参数的名称。

② 矛盾矩阵中间单元上的数字给出了TRIZ建议的、用于解决相应技术冲突的发明原理号，与40条发明原理（表5-2）中的序号相对应。

③ 由于矛盾矩阵是专为解决技术矛盾（两个不同参数之间所存在的冲突）而设计的，而对角线元素上的冲突双方为同一参数，表示产生的矛盾不是技术矛盾而是物理矛盾（我们将在下一小节进行讨论），此时，就不能再用矛盾矩阵求解。因此，矛盾矩阵的对角线所对应的方格没有对应的发明原理，我们用"+"表示。

④ 除了对角线元素外，TRIZ的矛盾矩阵中还存在一些用"—"表示的方格，这说明对于这些标准工程参数所构成的矛盾对，TRIZ的研究者尚未发现出常用的相应原理解。

需要注意的是，用于解决某个技术矛盾对的发明原理绝对不仅仅只有该方格中所列出的几个，只是从统计的角度来说，方格中所列出来的发明原理的使用次数明显比其他的发明原理的使用次数多，仅此而已。随着人们对TRIZ研究的深入，原理解可能进一步增加或有所调整；而对于尚不存在原理解的矩阵方格，也可能会被加入新的原理解。

了解矛盾矩阵后，接下来面临的问题就是如何利用矛盾矩阵。对实际问题进行分析得到技术矛盾后，接着就是查找矛盾矩阵。首先沿"改善的参数"方向，从矩阵的第一列向下查找"改善的参数"所在的行；然后再沿"恶化的参数"方向，从矩阵的第一行向右查找"恶化的参数"所在的列；最后，将上述所查的行与列对应到矩阵表的方格中，方格中的系列数字就是矛盾矩阵建议解决此对技术矛盾的发明原理所对应的序号。

例如，某一对技术矛盾是：为了改善技术系统的"强度"条件，而导致"速度"降低。可以利用矛盾矩阵来解决这一技术矛盾。具体步骤是：在矛盾矩阵表的第一列找到强度这个参数的名称，在第一行里找到速度这个参数的名称；强度所在的行与速度所在的列的交叉处有一个单元格，单元格中有系列数字，即8、13、26、14；这些数字就对应于建议解决该工程问题的创新原理的序号。即常用来解决强度与速度之间技术矛盾的创新原理是8重量补偿原理、13反向作用原理、26复制原理及14曲面化原理。

5.2 物理矛盾

5.2.1 什么是物理矛盾

看到矛盾矩阵表以后，我们会发现在矩阵中，从左上角到右下角的对角线上的方格里，全部是空着的，没有任何数字显示，即没有可以推荐的创新原理，因为这些空着的方格里所表示的均属于物理矛盾。例如用矛盾来表达的话，应该写成："运动对象的重量VS运动对象的重量""生产率VS生产率"等，对这些问题我们该如何来解决它们呢？首先我们要了解什么是物理矛盾。

所谓物理矛盾，是指在一个技术系统中对同一个参数提出了相反的或是不同的要求时，就出现了物理矛盾。例如，狮子和驯兽师之间的矛盾，既要狮子表现出野性，又不能伤害驯兽师，这时对狮子的要求既要野性又不能表现野性，这就是一个物理矛盾。

我们再看一些其他的物理矛盾的例子：

① 飞机的机翼应该尽量大,以便在起飞时获得更大的升力;飞机的机翼又应该尽量地小,以减少在高速飞行时产生的阻力。

② 墙体的设计应该有足够的厚度,以使其足够坚固;墙体的设计又应该尽量薄,以使其重量比较轻,并节省材料。

③ 钢笔的笔尖应该较细一些,以便钢笔能够写出较细的文字;钢笔的笔尖应该较粗一些,以避免锋利的笔尖将纸划破。

④ 道路应该有十字路口,以便车辆驶向目的地;道路又应该没有十字路口,以避免车辆相撞。

通过上面的实例可以看出,物理矛盾是对技术系统中的同一参数,提出相互排斥需求的一种物理状态。对于包含物理矛盾的对象来说,承载物理矛盾的那个特性,无论对于技术系统描述宏观量的参数,如长度、电导率及摩擦因数等,还是对于描述微观量的参数,如离子浓度、离子电量及电子速度等,都可以对其中存在的物理矛盾进行描述。

在表5-4中,我们列出了一些常见的物理矛盾相反特性。

表5-4 常见物理矛盾的相反特性列表

几何参数	材料和能量参数	功能参数
长VS短	大VS小	扔VS抓
对称VS不对称	密度	拉VS推
平行VS不平行	传导率	热VS冷
薄VS厚	温度	快VS慢
圆VS非圆	时间	移动VS静止
尖VS钝	黏滞度	强VS弱
窄VS宽	能量	软VS硬
水平VS垂直	摩擦力	便宜VS昂贵
……	……	……

当然,我们可以扩展这个列表,增加一些对我们所研究的技术系统来说比较重要的其他特性。

总的来说,物理矛盾反映的是唯物辩证法中的对立统一规律,即矛盾双方存在着既对立又统一的关系。一方面,物理矛盾讲的是相互排斥,即同一性质相互对立的状态,假定为非此即彼;另一方面,物理矛盾又要求所有相互排斥和对立状态的统一,即矛盾的双方存在于同一客体之中。要解决物理矛盾,就需要对矛盾所涉及的参数进行选择,用一种适当的方式改变所选的参数,让矛盾从对立走向统一,进而使矛盾得以解决。

相对于技术矛盾,物理矛盾是技术系统中一种更突出、更难以解决的矛盾。每当我们遇到物理矛盾的时候,可以考虑用一个原理解决它——分离原理。

5.2.2 4种分离原理

解决物理矛盾的核心思想是实现矛盾双方的分离。TRIZ理论在总结物理矛盾解决的各种研究方法的基础上，将各种分离原理总结为4种基本类型，即空间分离、时间分离、条件分离和整体与部分分离，如图5-37所示。

图5-37　分离原理的4种方法

这4种分离方法的核心思想是完全相同的，都是为了将针对同一对象（系统、参数、特性、功能等）的相互矛盾的需求分离开，从而使矛盾的双方都得到完全的满足。它们的不同点在于，不同的分离方法通过不同的方向来分离矛盾的双方，在分离方法确认之后，可以使用符合这个分离方法的创新原理来得到具体问题的解决方案。以下我们对各种分离方法进行逐一介绍。

（1）空间分离原理

所谓空间分离原理是将矛盾双方在不同的空间上分离，即通过在不同的空间上满足不同的需求，让关键子系统矛盾的双方在某一空间只出现一方，从而解决物理矛盾。

以下是几个应用空间分离原理的例子。

① 利用轮船进行海底测量工作时，早期是将声呐探测器安装在船上的某一部位，在实际测量中，轮船上的各种干扰会影响测量精度和准确性。解决问题的方法之一就是将声呐探测器单独置于船后千米之外，用电缆连接，使声呐探测器和轮船内的各种干扰在空间上得以分离，互不影响，可大大提高测试精度，实现了矛盾的合理解决。

② 早期自行车（见图5-38）的脚镫子是与前轮连接成一体的，骑车人既要快蹬（脚镫子），提高车轮转速以提高自行车的速度，又希望慢蹬（脚镫子），不至于太累。链条、链轮及飞轮的发明就解决了这个物理矛盾，改进后的自行车如图5-39所示。在空间上将链轮（脚镫子）和飞轮（车轮）分离，再用链条将它们连接起来，链轮直径大于飞轮，链轮只需以较慢的速度旋转就能使飞轮较快旋转，即骑车人通过较慢的速度蹬脚镫子就可以使自行车的车轮以较快的速度旋转。

图5-38　早期自行车　　　　图5-39　改进后的自行车

（2）时间分离原理

所谓时间分离原理是将矛盾双方在不同的时间段上分离，即通过在不同的时刻满足不同的需求，从而解决物理矛盾。

以下是几个应用时间分离原理的例子。

① 舰载飞机的机翼我们希望大一些,这样使飞机有更好的承载能力,大机翼提供更大的升力;但是我们又希望小一些,因为要在航空母舰有限的面积上多放些飞机。用时间分离可解决这个物理矛盾,在航母舰上飞机机翼可以折叠存放,在飞行时飞机机翼打开,如图5-40所示。

（前）　　　　　　　　　（后）

图5-40　舰载飞机的机翼改进

② 一般的自行车由于体积较大,不便于储存,采用折叠的方式,如图5-41所示,使自行车的体积可以在行走时变大,在储存时变小。行走与储存发生在不同的时间段,使用时间分离原理成功地解决了物理矛盾。

图5-41　折叠式自行车

（3）条件分离原理

所谓条件分离原理,是根据条件的不同将矛盾双方不同的需求分离,即通过在不同的条件下满足不同的需求,从而解决物理矛盾。

以下是几个应用条件分离原理的例子。

① 水射流可以当作软质物质,用于洗澡时按摩;也可以当作硬质物质,以高压、高射速流用于加工或作为武器使用,这取决于射流的速度条件或射流中有无其他物质。

② 在厨房中使用的水池箅子,对于水而言是多孔的,允许水流过;而对于食物而言则是刚性的,不允许食物通过。

（4）整体与部分分离原理

所谓整体与部分分离原理,是将矛盾双方在不同层次上分离,即通过在不同的层次上满足不同的需求来解决物理矛盾。

以下是几个应用整体与部分分离原理的例子。

① 自动装配生产线与零件供应的批量化之间存在着矛盾。自动装配生产线要求零部件连续不断地供应，但是，零部件从自身的加工车间或供应商处运到装配车间时，却只能批量地、间断地运来。我们可使用专用的转换装置，接受间断运来的批量零部件，但连续地将零部件输送到自动装配生产线。

② 自行车链条应该是柔软的，以便精确地环绕在传动链轮上，它又该是刚性的，以便在链轮之间传递相当大的作用力。因此，系统的各个部分（链条上的每一个链接）是刚性的，但是系统在整体上（链条）是柔性的，如图5-42所示。

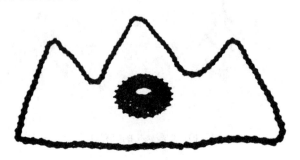

图5-42　传动链条的柔性和刚性

如何实现矛盾双方的分离，是解决物理矛盾的关键。对同一个物理矛盾运用不同的分离原理可以得到不同的问题解决方法，为了让读者容易理解4个分离原理解决物理矛盾的过程，这里举两个例子。

案例5-1　设计十字路口的物理矛盾

为了建设城市交通路网，必须在道路上设置许多交叉的十字路口。设计十字路口遇到的问题让很多人感到左右为难——道路应该有十字路口，以便让车辆驶向目的地；道路又不得有十字路口，以避免车辆相撞。那么，怎样设计十字路口才能兼顾两方面的需求呢？让我们看看如何利用4个分离原理来解决这个难题。

① 运用空间分离原理解决十字路口问题：采用高架桥、深槽路和地下通道（消除十字路口），如图5-43所示。

② 运用时间分离原理：使用红绿灯，让车辆分时通过，如图5-44所示。

图5-43　高架桥

图5-44 红绿灯

③ 运用条件分离原理：在十字路口中心使用转盘，四个方向的车流到达路口后，均进入转盘，形成减速和分流。其所遵循的条件是，遇到该去的路口就右转弯，否则就逆时针绕着转盘行驶，如图5-45所示。另外，如图5-46所示的类似于北京西单路口的"平面立交"的设计，也是运用条件分离原理的一个例子，每个方向车辆在通过路口时只能直行。另外在十字路口的四个角各修建一条小型环路，如同将一座立交桥放到平面上，汽车转弯必须经过路口旁边的环路实现——右转弯的车辆在十字路口前面提前拐弯，左转弯的车辆在直行通过十字路口后连续三个右转弯，彻底消除了最容易引起拥堵的左转弯现象，让车辆各行其道，互不干涉。车辆"只能直行，转弯走环路"就是实现分离的条件。

④ 运用整体与部分分离原理：将十字路口设计成两个丁字路口，延缓一个方向的行车速度，加大与另外一个方向的避让距离，如图5-47所示。

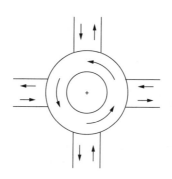

图5-45 城市交通转盘

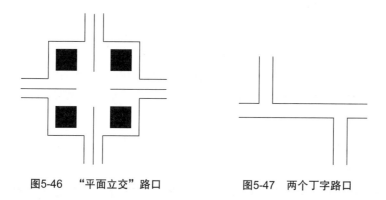

图5-46 "平面立交"路口　　　图5-47 两个丁字路口

案例 5-2　如何让眼镜具备两种屈光度

有些人的视力兼有近视和老花眼的问题。因此，在看近处的时候，需要屈光度高（老视）；看远处的时候，需要屈光度低（近视）。如何让眼镜至少具备两种屈光度来同时满足以上的要求？

① 运用空间分离原理解决两种屈光度的问题：双光眼镜（双焦点眼镜）是指在同一个镜片上有两种屈光度数（近视与老视），矫正远距离视力的屈光度数通常在镜片的上方，矫正近距离视力的屈光度数则设在镜片的下方。由于同一镜片上同时包括远及近的屈光度数，交替看远及近时不需换眼镜。双光眼镜的缺点是看远部分和看近部分之间有明显的分割线，而且老花镜片的部分相对较小，因此视野范围受到一定的限制。

② 运用时间分离原理：准备两副眼镜，一副是近视眼镜，一副是老花眼镜。其优点是解决问题的方式简单，使用现成的产品，无须对产品做任何创新与改进；缺点是需要两副眼镜，两个眼镜盒，还需要来回更换眼镜，十分不便。

③ 运用条件分离原理：科学家最近已经发明了一种更加人性化的"动态"双光眼镜，这种镜片可以通过轻按一个开关，眼镜就能从"远距离"模式转换为"近距离"模式。这是因为在眼镜的两层玻璃中间夹了很薄的一层液体结晶，并缚上了一个电极环。其优点是，根据所施加的电压高低的条件，当电极环打开的时候，无论是近距离还是远距离视角，电极都能重新调配镜头的调焦功率，使得整个镜片在一瞬间达到最理想的近视或者远视的效果，而且视野范围不受限制；其缺点是由于有电极环、导线和开关等零部件的加入，眼镜整体结构趋于复杂，现阶段成本比较高。

④ 运用整体与部分分离原理：将一片镜片分成两片镜片（凹透镜和凸透镜），来进行组合使用。当单镜片（凹透镜）使用时起到近视眼镜的作用；当另一个镜片（凸透镜）叠加上来的时候，眼镜就变成了老花眼镜。其优点是视野范围不受限制；缺点是镜片结构复杂了一些，需要加入一定的机械结构，造成轻便性不够。

5.3　技术矛盾与物理矛盾之间的关系

通过前面的学习，我们已经知道了什么是技术矛盾，什么是物理矛盾。那么，技术矛盾和物理矛盾之间到底有什么关系呢？

两者的区别是：

① 技术矛盾是整个技术系统中两个参数（特性和功能）之间的矛盾，物理矛盾是技术系统中某一个元件的一个参数（特性、功能）相对立的两个状态；

② 技术矛盾涉及的是整个技术系统的特性，物理矛盾涉及的是系统中某个元素的某个特征的物理特性；

③ 物理矛盾比技术矛盾更能体现问题的本质；

④ 物理矛盾比技术矛盾更"激烈"一些。

技术系统中的技术矛盾是由系统中矛盾的物理性质造成的；矛盾的物理性质是由元件相互排斥的两个物理状态确定的；而相互排斥的两个物理状态之间的关系是物理矛盾的本质。物理矛盾与系统中某个元件有关，是技术矛盾的原因所在。对于同一个技术问题来说，技术矛盾和物理矛盾是从不同的角度，在不同的深度上对同一个问题的不同表述，在很多时候，技术矛盾是更显而易见的矛盾，而物理矛盾是隐藏得更深入、更尖锐的矛盾。

5.3.1 定义技术矛盾和物理矛盾

定义技术矛盾的步骤主要可以分为以下三步：

第一步：问题是什么？这一步是对初始的实际问题进行分析，可以使用因果分析法或组件分析法来找到问题的入手点。

第二步：现有的解决方案是什么？第二步是找出该技术系统的现有解决方案改善的参数A。

第三步：现有解决方案的缺点是什么？最后一步是找出现有的解决方案恶化的参数B，从而A与B构成了一对技术矛盾。

按照以上的三步，我们就可以较为方便地定义出技术矛盾。在工程系统中我们常常遇到各种问题，技术矛盾虽然更加显而易见，但有些问题情境更适合于采用物理矛盾的方法来解决。在技术系统中出现的物理矛盾元素，可以是任何的参数（子系统、特性、物质或场等）。针对这种问题情境，如何准确地描述和定义其中的物理矛盾，对于问题的最终有效解决十分关键。

定义物理矛盾的步骤，可以分为以下四步：

第一步：进行技术系统的因果分析；

第二步：从因果轴定义出技术矛盾；

第三步：提取物理矛盾，在这对技术矛盾中找到一个参数，及其具备相反的两个要求；

第四步：定义理想状态，提取技术系统在每个参数状态的优点，提出技术系统的理想状态。

针对某种实际的问题情境，一般可以通过以上步骤逐步完成对其中的技术矛盾和（或）物理矛盾的准确描述。这里以制造汽车过程中的一个问题为例来说明如何定义技术矛盾和物理矛盾。

在制造汽车的时候，特别是制造重型卡车的时候，需要汽车非常坚固，并且能承载更多的货物。所以一般大型汽车、重型卡车需要运用大量的钢材来制造更大更厚实的车厢。但是这样会使汽车重量非常的重，所以在行驶的过程中需要耗费更多的燃油。

针对这样的实际问题，首先用技术矛盾来描述。问题是需要汽车坚固来承载更多的货物，现有的解决方案是采用钢材来制造车厢，缺点是汽车重量重、耗油多。通过分析，得到对于卡车车身这一实例中存在的技术矛盾是：强度VS运动物体的重量。

也可以采用物理矛盾来描述。将它转换成物理矛盾的时候，需要找到某一个有对立要求的参数，我们按照以上步骤找到这个对立的参数——密度。则物理矛盾可以简单表述为：卡车车身的材料密度既要是高的，同时又要是低的。

以上方法是我们定义技术矛盾和物理矛盾的常规方法。这里我们再介绍国际TRIZ协会常用的一种定义矛盾的方法。即通常采用"if…then…but…"的形式来描述问题，从而确定实际问题中对应的技术矛盾和物理矛盾。其中if后面对应的内容为物理矛盾，then及but后的内容分别对应为技术矛盾中改善的参数和恶化的参数。拿到具体的实际问题后，我们要时常以"if…then…but…"的形式自问，这样能在很大程度上帮助我们分析出问题中对应的矛盾。

采用"if…then…but…"的方法分析卡车车身问题。根据实际问题得到，if 汽车坚固足以承载更多货物，then 采用钢材制造车厢，but 汽车重量增加，同样也可以得到物理矛盾为汽车既坚固又不坚固，即卡车车身的材料密度既要是高的，同时又要是低的；技术矛盾为强度 VS 运动物体的重量。

5.3.2 将技术矛盾转化为物理矛盾

在一个工程问题中，可能会同时包含多个矛盾。对于其中的某一个矛盾来说，它既可以被定义为技术矛盾，也可以被定义为物理矛盾。例如，为了提高子系统 Y 的效率，需要对子系统 Y 加热，但是加热会导致其邻近子系统 X 的降解，这是一对技术矛盾。同样，这样的问题可以用物理矛盾来描述，即温度要高又要低。高的温度提高 Y 的效率，但是恶化 X 的质量；而低的温度不会提高 Y 的效率，也不会恶化 X 的质量。所以技术矛盾与物理矛盾之间是可以相互转化的，利用它们之间的这种转化机制，我们可以将一个冲突程度较低的技术矛盾转化为一个冲突程度较高的物理矛盾，进而显著地缩小解决方案搜索的范围和候选方案的数目。

以杯子为例，描述技术矛盾向物理矛盾转化的过程，如表 5-5 所示。

表5-5 技术矛盾向物理矛盾转化的过程

项目	步骤	实例
1	描述问题：物体工作原理和包括的元件	普通玻璃杯是一种盛放液体的容器，包括底座和侧壁
2	表述技术矛盾	为多盛放液体，必须增加容器的容积，即增加底座的直径或侧壁的高度；但容积增加，容器就要占据更大的空间，并不易携带
3	识别元件的对立状态，给出问题	如果容器体积小，虽占据的空间小又易于携带，但不能盛放更多液体；容器可盛放更多液体，但又不占据很大的空间
4	识别系统的资源	产生矛盾的物体——容器（由底座和侧壁构成，材料为金属、塑料或玻璃）；容器的形状——圆柱，参数为高度、直径和侧壁厚度
5	操作时间	容器盛放和不盛放液体的时间
6	操作区域	容器的侧壁和底座
7	理想最终结果	容器盛放液体时能自动增加侧壁高度，而在不盛放液体时侧壁又能自动减小高度
8	表述物理矛盾	物理矛盾是容器侧壁既要高，以便增加液体容量；侧壁高度又要小，以便容器不占据太大空间、易于携带
9	解决途径	容器侧壁的高度要能变化，但侧壁相对底座必须是静止的

读者需要记住一个重要概念：在每一个技术矛盾的后面，都能找到一个物理矛盾，正是这个物理矛盾引起了该技术矛盾。因此，我们可以说，所有的技术矛盾都能被转化为物理矛盾。当我们将技术矛盾转化为物理矛盾时，我们往往会选择定义一个特殊的物理问题，该物理问题是可以用物理、化学或几何等科学原理和效应来解决的。

5.3.3 分离原理和发明原理之间的对应关系

根据最近几年对 TRIZ 理论的研究成果表明，用于解决物理矛盾的 4 个分离原理与用于解决技术矛盾的40个发明原理之间存在一定的关系。如果能正确理解和使用这些关系，我们就可以把4个分离原理与40个创新原理做一些综合应用，这样可以开阔思路，为解决矛盾问题提供更多的方法与手段。对于每一种分离方法，可以有多个发明原理与之相对应，如表5-6所示。技术矛盾和物理矛盾之间的关系可以用图5-48表示。

表5-6 分离原理与发明原理之间的关系

分离原理	发明原理
空间分离原理	1.分割原理
	2.抽取原理
	3.局部质量原理
	17.空间维数变化（一维变多维）原理
	13.反向作用原理
	15.曲面化（曲率增加）原理
	7.嵌套原理
	30.柔性壳体或薄膜原理
	4.增加不对称原理
	25.借助中介物原理
	26.复制原理
时间分离原理	15.动态特性原理
	10.预先作用原理
	19.周期性作用原理
	11.预补偿（事先防范）原理
	16.未达到或过度作用原理
	21.减少有害作用的时间（快速通过）原理
	26.复制原理
	18.机械振动原理
	37.热膨胀原理
	35.抛弃或再生原理
	9.预先反作用原理
	20.有益（效）作用的连续性原理
条件分离原理	35.物理或化学参数改变原理
	32.颜色改变（改变颜色、状态）原理
	36.相变原理
	31.多孔材料原理
	38.强氧化剂（使用强氧化剂、加速氧化）原理
	39.惰性环境原理
	28.机械系统替代原理
	29.气动和液压结构原理

分离原理		发明原理
整体与部分分离原理	转换到子系统	1.分割原理
		25.自服务原理
		40.复合材料原理
	转换到超系统	33.均质性（同质性）原理
		12.等势原理
		5.组合（合并）原理
	转换到竞争性系统	6.多用性（多功能性、广泛性）原理
		22.变害为利原理
		23.反馈原理
	转换到相反系统	27.廉价代替品原理
		13.反向作用原理
		8.重量补偿原理

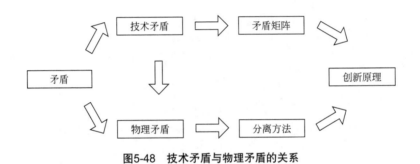

图5-48 技术矛盾与物理矛盾的关系

5.4 解决矛盾的方法流程

工程师设计新产品或对已有产品进行改进的过程其实质就是解决矛盾的过程。在传统设计中常常采用折中法，矛盾并没有彻底解决，而是在矛盾双方取得折中方案，或称降低了矛盾的程度。TRIZ理论认为：产品创新的标志是解决设计中的矛盾，从而产生新的创新解。前面已经讲解了实际问题的技术矛盾与物理矛盾基本知识，本小节将介绍解决矛盾问题的具体方法与流程，并通过大量的工程实例，帮助读者了解这些方法的应用。

矛盾问题解决方法主要分为三步：

① 将待解决的实际问题转化为TRIZ通用问题模型。也就是提取出实际问题中的技术矛盾——改善的参数及恶化的参数；或提取出实际问题中的物理矛盾——对某一参数的两种相反的要求。

② 根据实际情况利用TRIZ工具得到解决方案模型。实际问题如果是技术矛盾则采用矛盾矩阵查表得到相应的发明原理；如果是物理矛盾，则根据四种分离方法中的一种得到发明原理。

③ 根据发明原理的启发,得到最终的方案。

矛盾问题相对应的中间工具及解决方案的模型如表 5-7 所示。

表5-7 矛盾问题模型、工具和解决方案模型

问题模型	工具	解决方案模型
技术矛盾	矛盾矩阵	发明原理
物理矛盾	分离方法、知识库	发明原理、知识库中的方案

解决矛盾问题的流程图如图 5-49 所示。

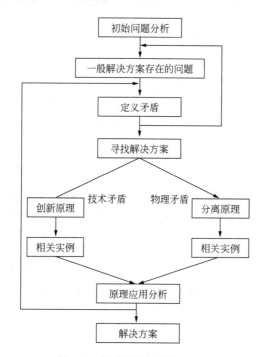

图5-49 解决矛盾问题的流程图

矛盾问题的解决方法是一个间接迂回的过程,即构建矛盾问题模型,利用中间工具得到解决方案模型,最后将方案模型应用于实际问题,得到最终的解决方案。这种方法相对于传统的创新方法直接去寻求初始问题的方案,效率会大大提高,得到最终方案的质量也更高。在解决实际问题的过程中,难点以及关键是要区分技术系统的问题属性和产生问题的根源,根据问题所表现出来的"参数属性""结构属性"和"资源属性"等,选择使用相应的模型、工具和方法。

5.5 工程案例

案例5-3 松动螺母问题

在生活和工程实践中,经常需要用扳手松动或拧紧螺栓或螺母。但实际应用中经常会碰到这样的麻烦,标准的六角形螺母由于拧紧时用力过大或使用时间过长,螺母的六角形外表面被腐蚀遭到破坏。螺母被破坏后,使用普通的传统型扳手往往不能再松动螺母,有时甚至还会使情况更加恶化,也就是说,螺母外缘的六角形在扳手作用下破坏更加严重,扳手更加无法作用于螺母。

传统型扳手之所以会损坏螺母,主要是三个原因造成:一是扳手作用在螺母上的力主要集中于六角形螺母的某两个棱角上,如图5-50所示;二是为了松动螺母而在扳手上施加较大的作用力,导致棱角受损;三是没有有效的措施保证施加的力既能松动螺母,又能不损坏螺母棱角。

针对上面三个问题,分别用技术矛盾解决。

① 对第一种情况,即扳手作用力作用在棱角上的情况,我们需要一种新型的扳手来解决这一问题。

第一步:定义技术矛盾。

我们的目的是要方便地拧紧或松动螺母或螺栓,同时不损坏螺母或螺栓,一般做法是通过减小扳手卡口和螺栓的配合间隙,增加受力面来减少对棱角的磨损,但这样会提升制造精度,提高制造成本。因此,我们将以上矛盾情境归结为39个通用技术参数中的两个参数:对象产生的有害因素(希望改善的参数)和制造精度(导致恶化的参数)之间的矛盾。

第二步:查询发明原理。

查找矛盾矩阵表得到相应的发明原理:4增加不对称性原理、17空间维数变化(一维变多维)原理、35抛弃或再生原理和26复制原理。

第三步:应用发明原理。

基于这些原理可以得到如图5-51所示的方案,即在扳手卡口内侧壁开几个弧,则此时扳手的作用力是作用在螺母的棱面上,从而有效地保护了棱角,基于该原理开发的实际产品已获得美国专利。

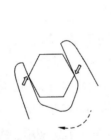
图5-50 传统扳手存在的问题

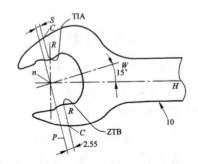
图5-51 新型扳手设计方案

② 对第二种情况,即由于扳手作用力过大导致棱角受损的问题情境,我们可以分析如下。

第一步:定义技术矛盾。

为了松动螺母,一般的方法是增大松动螺母的力,但这样做会导致螺母棱角受损,因此我们可以用39个通用技术参数中的两个参数来描述这个矛盾:力(希望改善的参数)和物体组成的稳定性(导致恶化的参数)之间的矛盾。

第二步:查询发明原理。

查找矛盾矩阵表得到相应的发明原理:35物理或化学参数改变原理、10预先作用原理、

21 减少有害作用的时间原理。

第三步：应用发明原理。

基于物理或化学参数改变原理的改变聚集态原理，可以引入一种电流变体材料，放在扳手卡口和螺母之间，通电后流体变为固体，此时扳手和螺母实现完全接触，这样就不会损坏螺母棱角。

基于物理或化学参数改变原理的改变浓度或密度的思想，就是采用我们生活中常用的方法，将螺母与螺栓连接件的螺纹连接处滴入机油或润滑油，减小两者间螺纹的摩擦力。

基于物理或化学参数改变原理的改变温度原理，即对螺母加热，让其膨胀，这样就会减小摩擦力，比较容易松动螺母。

此外，我们也常用对螺母施加一个快速冲力的办法松动螺母，这也符合减少有害作用时间的原理的思想。

③ 对第三种情况，我们既想让扳手施加的力能松动螺母，又不至于大到损坏螺母棱角的程度。

第一步：定义技术矛盾。

显然这就需要对扳手松动力进行精确测量和控制，但这样会显著增加成本。因此，我们用下面两个通用技术参数来描述矛盾的两个方面：力与控制和测量的复杂度。

第二步：查询发明原理。

查找矛盾矩阵表得到相应的发明原理：36 相变原理、37 热膨胀原理、10 预先作用原理和 19 周期性作用原理。

第三步：应用发明原理。

综合这些原理思想，我们可以考虑添加润滑油并加热螺母，形成油气来降低拧开螺母时的静态摩擦力，从而顺利松动螺母。

案例 5-4　飞机机翼的进化

早期的飞机机翼都是平直的，且为了增加升力而采用双翼和三翼。但这样会给飞机带来阻力，严重地影响了飞机的飞行速度，于是出现了单翼飞机。随着飞机进入喷气式时代，其飞行速度迅速提高，很快接近声速。机翼上出现"激波"，使机翼表面的空气压力发生变化。同时，飞机的阻力骤然剧增，比低速飞行时大十几倍甚至几十倍。这就是所谓的"音障"。为了突破"音障"，许多国家都在研制新型机翼。德国人发现，把机翼做成向后掠的形式，像燕子的翅膀一样，可以延迟"激波"的产生，缓和飞机接近声速时的不稳定现象。但是，向后掠的机翼比不向后掠的平直机翼，在同样的条件下产生的升力小，这对飞机的起飞、着陆和巡航都带来了不利的影响，浪费了很多不必要的燃料。能否设计一种适应飞机的各种飞行速度，具有快慢兼顾特点的机翼呢？这成为当时航空界面临的最大课题。

利用解决技术矛盾的方法来解决这个问题。

第一步：定义技术矛盾。

现在的问题是传统的固定翼不适合高速飞行，在突破"音障"的时候产生非常大的阻力，消耗的能量相应加大，而且容易导致飞机在空中解体；三角翼不适合低速飞行，而且起飞与降落以及巡航时在相同推力条件下产生的升力小，相应的能量消耗又相应地加大了。也就是说，系统中的矛盾集中体现在速度与其在运动中能量消耗之间的矛盾上。即描述该技术矛盾的一对参数为速度和运动物体的能量消耗。

第二步：查询发明原理。

查找矛盾矩阵表得到相应的发明原理：8重量补偿原理、15动态特性原理、35物理或化学参数改变原理、38强氧化剂原理。

第三步：应用发明原理。

综合考虑15动态特性和35物理或化学参数改变这两条创新原理。通过对机翼的改造，使其成为活动部件，形成了目前的可变式后掠翼。即在飞行的时候有效地控制机翼的形态，使之能够在比较大的范围内改变后掠角，获得从平直翼到三角翼的形态，来获得从低速到高速不同的飞行状态，从而表现出很强的适应性。如美国的F111战斗／轰炸机就采用了这种机翼，这是世界上第一架应用变后掠翼设计思想的飞机，开创了新一代超音速战斗机的新纪元。从此以后，世界战机家族又多了"变后掠翼战斗机"这个新成员。以后设计出的一系列变后掠翼战斗机，如英国、德国、意大利三国联合成立的帕那维亚飞机公司的狂风超音速战斗机等都采用了这种新的设计思想，如图5-52所示。

图5-52 变后掠翼狂风超音速战斗机

因此，综合考虑动态性和物理或化学状态变化原理，设计者找到了满意的设计思路：能够得到平直翼和三角翼的优良的飞行特性，极大地节约了在起飞／降落过程（平直翼在低速飞行中可得到较大的升力，从而缩短跑道的长度，借此节约了能量）和高速飞行过程（后掠角可达72.5°，三角翼在高速飞行中可以轻易地突破音障，减轻机翼的受力，提高飞机在高速飞行时的强度，最终的结果是降低了能量的消耗）的能量消耗。这种机翼是飞机设计界一个大胆的创新，一举突破了传统的固有的固定翼设计理念，在飞行器设计领域开辟了一块新天地。反观传统的妥协设计只能在速度与能耗之间做取舍性质的设计。而采用TRIZ技术矛盾矩阵给出的创新原理则避免了传统的折中设计，从一个全新的角度很好地解决了速度与能量这对技术矛盾。TRIZ理论与折中设计的不同之处在这里得到了体现。这是TRIZ理论应用的一个经典的例证。

案例 5-5　飞机的隐身设计

飞机的隐身技术即是设法降低飞机的可探测性，使之不易被敌方发现、跟踪和攻击的专门技术，当前的研究重点是雷达隐身技术和红外隐身技术。早在第二次世界大战中，美国便开始使用隐身技术来减小飞机被敌方雷达发现的可能。

由于一般飞机的外形比较复杂，总有许多部分能够强烈反射雷达波，像发动机的进气道和尾喷口、飞机上的凸出物和外挂物、飞机各部件的边缘和尖端以及所有能产生镜面反射的表面。因此早期的隐身技术是对飞机的外形和结构做较大的改进。所以我们可以看到一些现役隐身飞机的外形十分独特，如美国的F117隐身战斗机，其隐身的主要原理是依靠奇特的外形设计、特种材料及特种涂料的共同作用。F117采用隐身外形，造成许多难以改变的缺陷，如空气动力性能不好，飞机不稳定，机动性较差，飞行速度低，作战能力低下等。

发展新一代的隐身技术是世界各军事大国的目标，以下是应用技术矛盾的解决方法来研发新一代的隐身技术。

第一步：定义技术矛盾。

现有的隐身飞机出现的矛盾是，希望提高飞机的隐身性能，所以采用了改善飞机的外观形状的方法，使基站接收不到雷达波到达飞机后反射回去的回波，但是会造成飞机的机动性变差，从而降低了飞机的适应性和通用性。

第二步：查询矛盾矩阵。

查询矛盾矩阵得到TRIZ建议使用的发明原理：13反向作用原理、35物理或化学参数改变原理、8重量补偿原理和25借助中介物原理。

第三步：应用发明原理。

根据35号和24号发明原理的启发，在飞机和雷达之间加入物质的第四态等离子体。目前，俄罗斯、美国等国家已经相继开始试验研究，利用在飞机周围产生等离子云的原理实现战斗机的隐身。如利用放射性同位素发射的α粒子，将周围的空气电离，形成等离子体，吸收电磁波的能量，从而达到隐身的目的。

案例 5-6　安全便捷的信封设计

在现实生活中，我们常常遇到这样的麻烦，拆信时不小心损坏了里面的文件或资料，或者为了保护里面的文件需要用辅助工具，如剪刀等，既麻烦又费时。对于这一问题，是否有方便快捷，同时又安全可靠的拆信方式？

下面我们应用技术矛盾的解题流程来解决这个问题。

第一步：定义技术矛盾。

通过分析，我们发现关键问题在于信封的设计上，即寻求设计一种快捷、方便、安全的信封，那么现在对主要的拆信方式先做个分析。最快的拆信方式是：直接撕开。其缺点是：易损坏内部文件。存在的矛盾是：想节约时间，结果却降低了拆信的可靠性。最可靠的拆信方式是：用辅助器具，如剪刀、拆信刀等，往往需要摇晃信封。其优点是：信封保持完好，不易损坏文件。其缺点是：麻烦，费时。存在的矛盾是：改善拆信的可靠性，结果却导致拆信方便性降低。

即现在存在以下两种矛盾：

矛盾一：节约拆信时间与降低拆信的可靠性之间的矛盾，用39个通用技术参数中的两个表示为时间损失（改善的参数）与可靠性（恶化的参数）之间的矛盾；

矛盾二：改善拆信的可靠性与恶化拆信方便性之间的矛盾，用39个通用技术参数中的两个表示为可靠性（改善的参数）与操作流程的方便性（恶化的参数）之间的矛盾。

第二步：查询矛盾矩阵。

查询矛盾矩阵得到发明原理有：4增加不对称性原理、10预先作用原理、17空间维数变化原理、27廉价代替品原理、30柔性壳体或薄膜原理和40复合材料原理。

第三步：应用发明原理。

得到相应的发明原理可以应用到实际中。基于10、27等原理，就可以寻求最佳的解决方案。经分析后得到如图5-53所示的快捷安全拆信方案，即设计一种带有撕带的信封。拆信时只要轻轻一拉就很轻松地拆开信封，同时不损坏内部文件资料，也保持信封的整洁。

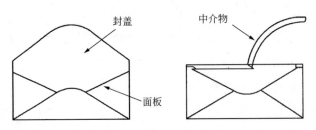

图5-53 安全快捷的信封设计

案例5-7 电解铜板的防腐

通过矿石冶炼得到的铜，通常都含有硫化物CuS和Cu_2S，称为粗铜。利用电解法对铜进行提纯时，将粗铜（含铜99%）预先制成厚板作为阳极，纯铜制成薄片作为阴极，用硫酸溶液作为电解质。通电后，铜从阳极溶解成铜离子（Cu^{2+}）向阴极移动，到达阴极后获得电子而在阴极析出纯铜。粗铜中的某些杂质（如比铜活泼的铁和锌等）会随铜一起溶解为离子。比铜不活泼的杂质（如金和银等）会沉淀在电解槽的底部，称为"阳极泥"。这样生产出来的铜板称为电解铜，根据GB/T 467—1997的规定，电解铜中杂质元素总含量应不大于0.0065%。随后，电解铜板会被熔化，铸成各种型材。电解铜的生产原理如图5-54所示。

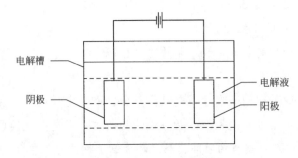

图5-54 电解铜的生产原理

在电解的过程中，铜离子（Cu^{2+}）向阴极移动的速度和铜离子在阴极获得电子并析出的速度与电流密度成正比。当电流密度较小时，铜离子移动和析出的速度慢，铜离子在阴极上形成的结晶颗粒分布均匀，生产出的铜板表面光滑；当电流密度较大时，铜离子移动和析出的速度快，铜离子在阴极上形成的结晶颗粒分布不均匀，在生产出的铜板表面会形成一些小孔。

为了保证较高的生产效率，实际生产中往往会采用较大的电流密度，导致结晶过程中会形成小孔，电解液和一些杂质会附着于小孔中。后续储运时，在潮湿的空气中，杂质、电解液和纯铜会与氧气反应，在铜板表面会出现绿斑。为了避免在储运过程中产生绿斑，在电解铜板从电解槽中取出之后，会被放入到专用的清洗设备中，用水和清洗液对铜板表面进行清洗，希望去除表面小孔中附着的电解液和杂质。但是这需要消耗大量的水和清洗液。

解决上述工程问题，我们可以按照上述的三个步骤来分析。

第一步：分析技术系统。

在这个步骤中，还包含三个子步骤。

① 确定技术系统的所有组成元素。

首先，通过对技术系统中各个元素的分析，可以使我们对每一个组成元素的参数、特性和功能有一个全面的认识。其次，通过对各个元素之间的相互作用关系的分析，可以使我们从整体上把握整个系统的作用机制，即：不同元素之间存在什么样的相互作用，以及它们对于整个系统整体性能、功能的实现分别起到了什么样的作用。最后，通过上述分析，可以为找出问题的根源奠定基础。

另外，通过对技术系统进行分析，可以确定技术系统中包含的各个子系统、技术系统所属的超系统，以及为找出问题的根源做准备，从而帮助我们更好地理解技术问题。只有这样，才能从整体上系统地了解现有技术系统的情况：子系统、系统和超系统的过去、现在和未来。

实例分析：在实例中，作为一个技术系统，电解铜生产设备由以下几部分组成，如电解槽、电解液、电流、阳极板、阴极板、铜离子、杂质、水和清洗液。

② 找出问题的根源。

找出问题产生的根本原因，是彻底解决问题的基础。

问题不会平白无故地产生，问题的背后总是隐藏着原因。通常，消除引起问题的原因比消除问题更容易，也更有效。在头脑中理清技术系统在过去和未来的功能有助于理解技术系统的工作条件。对技术系统未来应具备的功能的理解还可以帮助我们发现新的、未预见到的、不会出现当前问题中的工作条件，从而使问题自动得到解决。

在头脑中对技术系统的过去进行考察，看是否可以在技术过程的先前步骤中将问题解决掉。在某些情况下，这种分析可以帮助我们找到问题的解决方案，甚至可以帮助我们消除问题。

实例分析："当电流密度较小时，铜离子移动和析出的速度慢，铜离子在阴极上形成的结晶颗粒分布均匀，铜板表面光滑；当电流密度较大时，铜离子移动和析出的速度快，铜离子在阴极上形成的结晶颗粒分布不均匀，在表面会形成一些小孔。"通过分析，可以清楚地看出当前问题是如何产生的，各个相关参数是如何被串起来成为一个链状结构的，用自然语言可以描述为："为了改善（提高）生产效率，就改善（提高）电流密度，直接导致了阴极形成小孔。为了去除表面小孔中的电解液和杂质，利用水和清洗液进行清洗，直接导致了水和清洗液的大量消耗（恶化）。"

我们可以看到，当电流密度较小时，阴极上的电解铜板表面光滑，并不会形成小孔。只是为了提高生产效率，采用了较大的电流密度，才导致结晶过程中形成了小孔，使得电解液和一些杂质附着于小孔中。因此，在本问题中，电解铜板表面形成的小孔的根本原因是"较大的电流密度"。

③ 定义关键的参数。

通过上一步骤的分析，可以找出导致当前问题出现的逻辑链和根本原因。从这个逻辑链上，我们就可以找到需要改善的参数。

实例分析：在本例中，我们可以选择"电流密度"作为本问题的关键参数。

第二步：定义物理矛盾。

如前所述，物理矛盾是对同一个对象的某一个特性提出了互斥的要求。在步骤①中，我们找出了承载物理矛盾的那个关键参数。在本步骤中，我们需要将物理矛盾明确地定义出来。

实例分析：按照物理矛盾定义的模板，可以将上述问题中的物理矛盾定义为：电解铜生产设备中电流密度应该大，以便取得较高的生产率；同时，电流密度应该小，以便电解铜板表面不产生小孔。

第三步：解决物理矛盾。

定义了物理矛盾以后，就可以使用分离方法来寻找解决问题的思考方向了。

时间分离：在时间上将矛盾双方互斥的需求分离开，即通过在不同的时刻满足不同的需求，从而解决物理矛盾。

应用时间分离意味着在生产过程中，为了保证较高的生产效率，可以采用较大的电流密度；而在电解的最后阶段，为了保证电解铜板的表面光滑（不产生小孔），我们可以采用较小的电流密度。

结论：在电解的过程中采用较大的电流密度，只在电解铜板生成表面层的时候，将电流密度降低。这样一来，就可以在保证较高的生产效率的同时，避免电解铜板表面产生小孔。

案例5-8　消防服的改进设计

过去，消防员用他们的大胡子过滤浓烟，用他们裸露的双手和耳朵感觉温度。今天，消防员有了特殊的、可以保护他们在火灾区工作更长时间的专用消防装置。但是另一方面，这又阻碍了消防员及时察觉火焰所产生的强烈而危险的热。专用消防装备，如消防夹克，虽然可以防火隔热，但如果火区温度过高，超过消防夹克所能承受的极限，消防员的身体就会被高温灼伤。此外，消防员的身体还有可能被高温的水蒸气灼伤，被浓烟熏倒甚至丧失生命。

为了保护消防员，发明了温度探测器，该系统可以探测温度，并且在温度过高时发出警报，然而，现在市场上买得到的温度探测器太沉，体积大，不够灵敏或探测的温度不够准确，而且，一个探测器只能探测某一部位的温度，不能全面而准确地报告内衣上的温度。所以，需要增加更多的探测器来提高探测的灵敏度和准确度。最后，好几个探测器由于重量太沉和体积过大而妨碍了消防员的活动。同样，湿度探测器可以探测湿度，当空气中水蒸气过多造成伤害时，探测器将报警，但在应用中，也存在同温度探测器一样的问题。如图5-55所示为不同功能的探测器。

图5-55 各种不同功能的探测器

根据以上背景，我们将问题描述为：消防夹克上可携带探测器。但需要安装较多的探测器来提高温度和湿度探测的灵敏度和准确度。探测器的增加将导致整体探测系统体积和质量的增加，从而影响了消防员的移动。下面综合采用技术矛盾与物理矛盾的解决方法来解决该问题。

① 技术矛盾解决思路。

第一步：定义技术矛盾。

根据问题描述信息，得到两组技术矛盾：提高测定精度，但增加了系统的质量；提高测定精度，但增大了系统的体积。

第二步：查询矛盾矩阵。

查询矛盾矩阵得到TRIZ建议使用的发明原理分别为：28机械系统替代原理、35物理或化学参数改变原理、25自服务原理、26复制原理、32颜色改变原理、13反向作用原理、6多用性原理。

第三步：应用发明原理。

应用28号发明原理，通过电场、磁场或电磁场实现物体间的相互作用。改变探测器内部传感器和电源的连接方式，变有线连接为无线连接，即在消防夹克上安装能发送信息给中央处理器的无线传感器。这样，只需一个电池和报警器即能满足要求；应用6号发明原理，把实现多个功能的多个物体合并成实现多个功能的一个物体。温度探测、湿度探测和当危险发生时（如被浓烟熏倒）报警的功能分别由不同的探测器完成，可以将这三个不同功能的探测器合并成一台综合探测器。通过金属线把各探测器内部的传感器相互连接起来，并且使用电源和警报系统作为中央处理单元，这些传感器通过金属线连接到中央处理单元。

② 物理矛盾解决思路。

第一步：分析技术系统。

再一次分析该问题，我们可以看到，消防夹克需要多个探测器以提高测量的灵敏度和准确度，但目前市售的探测器质量太大，从而影响了消防员的行动。因此，本问题的根本原因是传感器的质量大，即选择"探测器质量"作为本问题的关键参数。

第二步：定义物理矛盾。

根据以上分析，定义物理矛盾为：探测器的数量应该多，即质量应该大，以便取得较高的灵敏度和准确度；同时探测器的质量应该小，以便于消防员移动。

第三步：解决物理矛盾。

应用TRIZ理论中的时间分离和空间分离原理。时间分离，不是任何时刻都需要探测系统，在不很重要或不很关键的时候，无须使用探测系统，探测系统的使用取决于外部条件；空间分离，可以将探测系统分成几个部分，不同部分有不同的设计使用方法，将不同部分在空间上分离。应用分离原理，得到解决方案为：把探测器中的传感器和电源/报警器分开，探测器中较沉重的部分（电池/报警器）可设计为可移动、可卸载，而较轻的传感器缝在夹克里。信息由无线传感器发送。

最后，综合应用以上创新原理和分离原理，得到了解决方案，即"智慧夹克"，如图5-56所示。聪明夹克本身就是探测系统。探测系统的传感器、电池和警报器的安放位置如图5-57所示，其衣层结构和传感器的安装位置如图5-58所示。聪明夹克不影响消防员的移动，能够准确地报告温度和湿度，使消防员能够防范危险，避免高温灼伤，当消防员遇到危险（如被烟熏倒）时能及时报警，使消防员及时得到救助，挽救消防员的生命。它功能齐全、重量轻、易于携带、探测准确，能有效保护消防员的人身安全，且不妨碍消防员的活动。

图5-56　智慧夹克

· 6个硅树脂封装的热感应器分别缝在外套的肩、背和胳膊上

· 由耐高温塑料制成的电源盒可以方便地安装、卸载电池，利于外套的清洁

· 系统每10s检查热传感器的状态，如果温度过高，将报警

图5-57　探测系统的传感器、电池和警报器安放位置

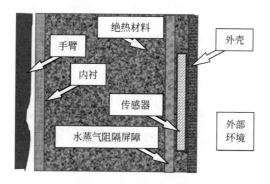

图5-58 智慧消防衣的层结构和传感器安装位置

思考题

1. 什么是技术矛盾？什么是物理矛盾？TRIZ的冲突矩阵解决的是什么类型的冲突？分离原理解决的是什么类型的冲突？

2. 39个通用技术参数的作用是什么？

3. 发明原理的作用和价值是什么？

4. 试列举发明原理在日常生活中的一些应用实例。

5. 凸轮传动中常采用弹簧以实现从动件和凸轮轮廓间的压紧。为获得足够的压紧力，弹簧需要有一定的刚度，但当凸轮行程较大时将造成压紧力过大的问题。试定义冲突对，并根据冲突矩阵获取原理解。

6. 工程师焊接电子元件时，为了改善焊接点的焊料流动、热量传递和导电性，会用焊剂对其表面进行处理（酸蚀处理）。请说明此方法运用的是哪条发明原理，并谈一谈自己对采用该原理解决具体问题的看法。

7. 为了在较短的距离内将松软的物体提升到一定的高度，需要增加传送带的倾角；但由于摩擦力的限制，太大的倾角将导致物体下滑而不能被提升。请分别用定义技术矛盾和物理矛盾的方法定义该冲突，并试着提出你的解决方法（并不一定是切实可行的，但必须要有理由）。

8. 解决物理矛盾的核心思想是什么？

9. 分离原理有几种基本类型？

10. 物理矛盾与技术矛盾之间的关系是什么？是否可以相互转换？如何转换？

11. 请说出解决技术问题的流程和步骤。

12. 你在生活中碰到过难以解决的问题吗？如果有，请选择其中的某一个，分析该问题的技术矛盾或物理矛盾，并通过冲突矩阵获得原理解，在此基础上给出你的思路和具体的解决方法。

参考文献

[1] 沈萌红.TRIZ理论及机械创新实践.北京：机械工业出版社，2012.

[2] 创新方法研究会，中国21世纪议程管理中心.创新方法教程（初级）.北京：高等教育出版社，2012.

[3] 赵敏，胡钰.创新的方法.北京：当代中国出版社，2008.

[4] 李海军，丁雪燕.经典TRIZ通俗读本.北京：中国科学技术出版社，2009.

[5] 赵辉.系统创新方法概述.北京：科学出版社，2012.

[6] 王亮申，孙峰华，等.TRIZ创新理论与应用原理.北京：科学出版社，2010.

[7] 林岳，谭培波，史晓凌，等.技术创新实施方法论（DAOV）.北京：中国科学技术出版社，2009.

[8] 颜惠庚，李耀中，等.技术创新方法入门——TRIZ基础.北京：化学工业出版社，2011.

[9] 赵敏，史晓凌，段海波.TRIZ入门及实践.北京：科学出版社，2009.

[10] [俄]奥尔洛夫.用TRIZ进行创造性思考实用指南.陈劲，等译.北京：科学出版社，2010.

[11] [苏]阿奇舒勒.创造是精确的科学.广州：广东人民出版社，1987.

[12] [苏]阿奇舒勒.实现技术创新的TRIZ诀窍.林岳，等译.哈尔滨：黑龙江科学技术出版社，2008.

[13] 成思源，周金平，郭钟宁.技术创新方法——TRIZ理论及应用.北京：清华大学出版社，2014.

[14] 周苏.创新思维与TRIZ创新方法.第2版.北京：清华大学出版社，2018.

第 6 章
物质 – 场分析与 76 个标准解

✓ **知识目标：**
① 正确掌握物场分析方法及分析的步骤。
② 掌握 76 个标准解的内容。

✓ **能力目标：**
① 能够对技术系统进行物场分析，建立系统的物场模型。
② 能够熟练运用 76 个标准解对技术难题提出可行的改进方案。

物质-场分析（简称物场分析）是TRIZ理论中一个重要的问题构造、描述和分析的工具。在使用物质-场模型分析和解决问题的过程中，根据模型所描述的功能问题的类型来确定问题的性质，据此，为设计人员提供解决问题的方向。同时，结合应用物质-场对系统功能分析的结果，运用阿奇舒勒的76个标准解，为设计者产生创新思维创造条件。

6.1 物场分析

6.1.1 物场模型的含义

前面我们已经论述了技术系统存在的目的是实现功能，技术系统实现功能的基础则是物理现象，功能的实现是在系统时间和空间上的合理设计或安排相应的物理现象。例如，要想使电动牙刷的刷毛产生直线往复运动，电机的旋转运动必须转换为振动或直线往复运动来驱动刷毛运动，而电机则是将电池的电能转换成机械能（见图6-1）。这种系统组件之间的相互作用和能量转换，实现了技术系统的功能。

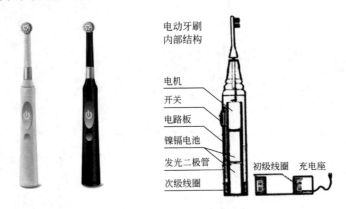

图6-1 电动牙刷及其结构

阿奇舒勒通过对功能的研究，发现并总结出以下3条定律：

① 所有的功能都可以分解为三个基本元素，即两种物质和一种场；
② 一个存在的功能必定由三个基本元素组成；
③ 将相互作用的三个元素进行有机组合将形成一个功能。

物质（Substance）是指技术系统实现功能的物质实体或者工艺流程（Technical Process），它可以是整个系统，也可以是系统内的子系统或单个的系统组件，甚至可以是环境（超系统及超系统组件）、工艺流程等。两种物质中，提供功能的物质称为"工具"（Tool Substance），功能作用对象称为"作用对象（Object Substance）"。这种定义方式和TRIZ功能模型分析中的功能定义是一致的，只是名称上的一个区别而已。

场（Fields）是指工具和对象之间的相互作用所需的能量，两种物质依靠场来进行连接。现代物理学中，常见的有4种场：引力场（重力场）、电磁场、弱核力场和强核力场。显然，这种场的分类不适合求解技术系统解决方案，TRIZ将场的概念与范围扩大，并认为物质之间的相互作用如果出现了能量的产生、吸收或转换现象，这种相互作用及能量转换就是"场"，场的类别就是相互作用的类别。如果两种物质之间发生机械作用，就是机械场；如果发生了化学作用，就是化学场……TRIZ中的场分类见表6-1。

表6-1 物场模型中的场

符号	名称	举例
G	重力场	重力
Me	机械场	压力，惯性，离心力
P	气动场	空气静力学，空气动力学
H	液压场	流体静力学，流体力学
A	声学场	声波，超声波
Th	热学场	热传导，热交换，绝热，热膨胀，双金属片记忆效应
Ch	化学场	燃烧，氧化反应，还原反应，溶解，键合，置换，电解
E	电场	静电，感应电，电容电
M	磁场	静磁，铁磁
O	光学场	光（红外线、可见光、紫外线），反射，折射，偏振
R	放射场	X射线，不可见电磁波
B	生物场	发酵，腐烂，降解
N	粒子场	α、β、γ粒子束，中子，电子，同位素

TRIZ中，采用两种物质和一种场的方式来表达技术系统中相互作用和能量转换关系的符号模型称为物质-场模型（Su-Field Models），简称物场模型。如图6-2所示，其中，S_2表示工具，S_1表示作用对象，F表示场。

物质-场分析（Su-Field Analysis，物场分析）是通过分析技术系统构成要素以及构成要素之间的相互关系，并采用物场模型的方式用符号语言清楚地描述系统和（或）子系统中的各种矛盾问题，用于描述系统问题、分析系统问题的一种系统分析方法。

通过物场分析，构建技术系统最小问题模型（MiniProb），目的是通过技术系统的最小变化来解决问题。

案例6-1 锤子钉钉子

锤子和钉子，是这一系统中的两种物质；敲击力，是它们之间的相互作用场，这种场称为机械场；建立起的物场模型，如图6-3所示。

相同的技术系统通过不同的物场模型可以描述为不同的问题，如例6-2所述。

案例6-2 冰和破冰船

问题1：如何增加破冰速度？

对象（S_1）：冰；

工具（S_2）：破冰船。

问题2：如何改进破冰船船体的机械强度？

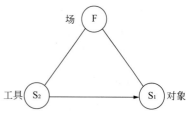

图6-2 物场模型

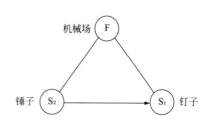

图6-3 锤子钉钉子的物场模型

对象（S_1）：破冰船体；

工具（S_2）：冰。

6.1.2 物场模型的分类

物场模型可以用来描述系统中出现的问题，主要有4种问题类型：

① 有用并且充分的相互作用；

② 有用但不充分的相互作用；

③ 有用但过度的相互作用；

④ 有害的相互作用。

"相互作用"是指在场与物质的相互作用与变化中，所实现的某种特定功能。针对不同的问题类型，可以用不同的物场模型来描述，如例6-3～例6-6所述。

案例6-3 地面对鞋子的摩擦力

地面对鞋子的摩擦力使人能够正常行走，这时，地面对鞋子的摩擦力实现的就是有用并且充分的相互作用。建立起这种系统的物场模型，应当如图6-4所示。

案例6-4 冰面对鞋子的摩擦力

冰面对鞋子有摩擦力，但是力度不够，鞋子会打滑，冰面对鞋子的摩擦力不足以支撑人正常行走，这就是有用但不充分的相互作用。建立起这种系统的物场模型，应当如图6-5所示。

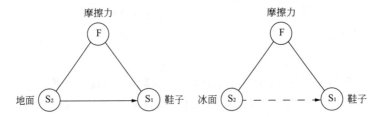

图6-4 有用并且充分的相互作用　　图6-5 有用但不充分的相互作用

案例6-5 粗糙地面对鞋子的摩擦力

粗糙地面对鞋子有摩擦力，可以支撑人正常行走，但是摩擦力太大，会对鞋子产生磨损，这就是有用但过度的相互作用。建立起这种系统的物场模型，应当如图6-6所示。

案例6-6 粗糙地面会对鞋子造成磨损

粗糙地面对鞋子的摩擦力，会对鞋子产生磨损，从对鞋子磨损的角度分析相互作用，建立起这种系统的物场模型，应当如图6-7所示。

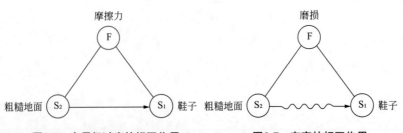

图6-6 有用但过度的相互作用　　图6-7 有害的相互作用

其中，有用但过度的相互作用与有害作用的相同点都是导致功能对象受到有害作用，不同点是过度作用还包含有用的功能，且正是由于此有用功能直接导致了有害作用的发生。有害作用对应的功能一旦存在，不管其状态如何，都不会产生有用作用。

建立物场模型的目的是：揭示技术系统的功能机制，描述技术系统中不同元素之间发生的不足的、有害的、过度的和不需要的相互作用。

基于以上问题类型，物场模型也可以分为4种基本类型，如图6-8所示。

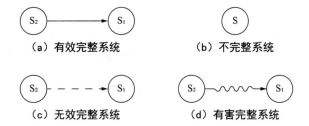

图6-8 物场模型四种基本类型

① 有效完整系统：该功能的三个元素都存在，且都有效，是设计者追求的效果；

② 不完整系统：组成功能的三个元素中部分元素不存在，需要增加元素来实现有效完整功能，或用一种新功能代替；

③ 无效完整系统：功能中的三个元素都存在，但设计者所追求的作用未能完全实现，如产生的力不足够大、温度不足够高等，需要改进以得到期望的效果；

④ 有害完整系统：功能中的三个元素都存在，但产生与设计者要求相矛盾的有害作用，需要消除有害作用。

6.1.3 物场模型的变换规则

针对上述无效、不完整、有害的系统，可以依据物场模型的变换规则使其变为有效完整的系统。

规则1：为解决不完整物场系统，可在空缺处引入新元件（物质或场），使得物场系统完整（见图6-9）。

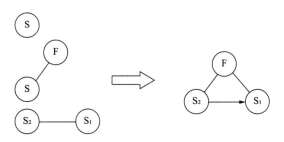

图6-9 物场模型完整方案

如果已有子系统的问题中缺少某个要素，物场分析将指明模型在哪里需要完善，标准解则表明完善的方向。这条规则相当于标准解1.1.1条。

案例6-7 轧钢（见图6-10）

轧钢过程中，在轧制变形区使用雾化液体润滑剂是常用方法。然而，由于轧坯高温，部分润滑剂在没有到达变形区之前就被高温蒸发掉了，从而导致润滑效果下降。

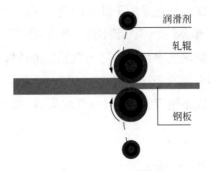

图6-10　轧钢过程原理图

如果有一个物体不容易做必要的改变，以及物质和场的条件没有任何约束，解决物质和场问题的方法就是采用综合或合成物场模型的方法：物体要受到使物体产生必要变化的物理场的作用。

可行的解决方案是使用纸带浸渍液体润滑剂（见图6-11）。浸过油的纸带可防止油使用前的蒸发，这样的供给润滑剂的方式提高了轧制效率，并降低了润滑油的消耗。

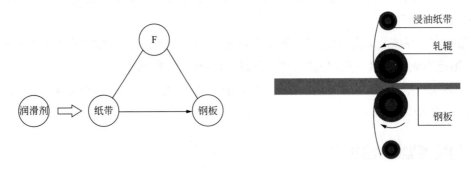

图6-11　轧钢过程解决方案

规则2：欲提高现有物场系统的功效，可延伸既有物场系统与其他独立的物场系统的连接。

如果物场模型已具有三个必要的要素，但是技术系统或技术过程是无效的，物场模型可分析帮助发现"弱"的要素，并用另一个模型的要素替换或增加模型，以提高系统的功效，修改系统获得更好的性能。

物场模型链是拥有多个物质和场的复杂物场模型的典型代表（见图6-12）。

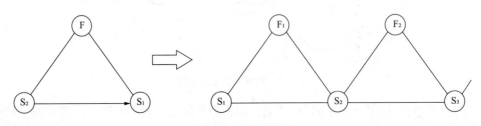

图6-12　物场模型链

规则3：对于检测或测量问题，可延伸产生两个场（F_2、F_3），一个作为输入，另一个作为输出（见图6-13）。

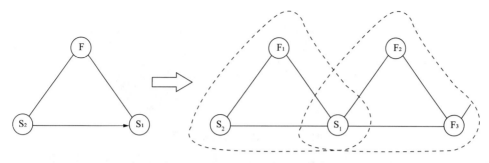

图6-13　单场物场模型向多场物场模型延伸

案例6-8　金属疲劳试验中检测裂缝

在金属疲劳强度试验时，对试件发生第一道疲劳裂缝如何进行检测？

可行的解决方案是使用检测试件材料电阻的方法：试件被接入一个敏感（惠斯通电桥）的电路中（见图6-14），当微裂纹产生时，电路电阻会发生变化。

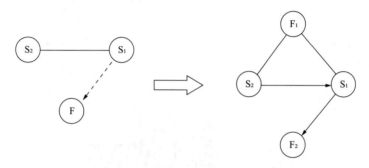

图6-14　疲劳裂缝检测问题及解决方案

这里：S_1为试件，S_2为裂纹，F为实际的"检测"场，F_1为电流场，F_2为在输出上被改变的电流场。对于检测与测量问题，物质场模型至少包含两个场，即输入场F_1和携带信息的输出场F_2。

规则4：消除有害的、多余的、不需要的物质或场的最有效方法是引入第三种物质（S_3）或场，如图6-15和图6-16所示。

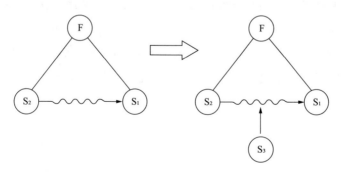

图6-15　引入新元件解决方案模型

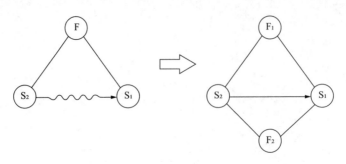

图6-16　引入新场解决方案模型

如果在完整的物场系统中，要素之间存在不正确连接产生无效功能，可以通过加强系统的动态性或柔顺性来提高效率，使用易控场、磁场或电场来转换物场模型。如果物质要素不能被代替，需要在系统中或环境里引入附加物，分别形成复杂物场模型和外部复杂物场模型。如果附加物不能使用，可以修改原始的物质要素，比如物质状态、环境中无限可利用的物质（空气、水、土壤、真空等）或混合物。

使用物理和化学的效应，可以大大提高物场系统的功效，如热膨胀。

案例6-9　玻璃板上切圆

在玻璃板上切圆可用套料钻完成，见图6-17。然而，玻璃板经常发生破碎或裂纹，这样降低了生产率和质量。

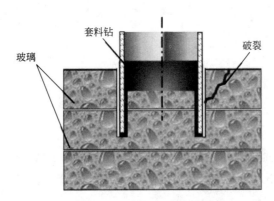

图6-17　玻璃板上切圆过程原理图

根据变换规则4，可以通过引入外来物质消除有害作用：如果有用和有害作用在两个物质之间同时出现，而且并不要求两物质彼此相邻，这时可通过在这两物质（S_1、S_2）之间引入第三种廉价的物质来解决这一问题。

可行的解决方案是在多块玻璃板之间引入冰（见图6-18）。做法是先将玻璃弄湿，然后冻结。玻璃板之间的冰将各块玻璃板相互固定为一个整体结构，从而防止了玻璃板的碎裂和裂纹问题。

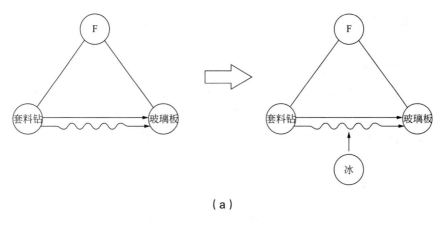

(a)

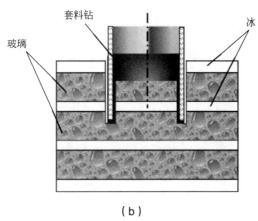

(b)

图6-18 玻璃板间引入冰的解决方案

规则5：假如某一个场为必要的输出（F_1），另一个为必要的输入（F_2），则该物场模型应使用一个元件（S_2），作为F_1与F_2物理转换的中介物，如图6-19所示。

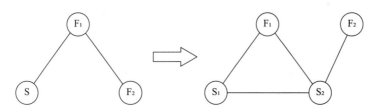

图6-19 引入新元件作为中介物

6.1.4 物场模型的建立流程

物场模型的建立共分为5个步骤：

步骤1：确定所考虑情形中的所有的物质。

步骤2：描绘此情形下的物场模型，确定物质之间的相互作用，以及表达出对这些相互作用的意见，是否这些作用是成功的。

步骤3：处理在第2步中识别的物场模型。对于每一个物场模型，必须将物场的5规则推荐的模型的通解转换为模型的特解。

步骤4：使用"场"将具体情形下的模型解映射成特定解。此过程对于系统中已识别的所

第6章 物质-场分析与76个标准解

有物场模型需要反复进行。

步骤5：确定最适合实际的解。

案例6-10　输送废酸液管道问题

某工厂生产实际中会产生大量的废酸液体。这些废酸液体是通过管道输送到厂区的污废水池进行集中处理。输送过程中，废酸液会对管壁造成腐蚀，如图6-20所示。

步骤1：确定系统的物质和场。

物质：废酸液，输送管道，空气；

场：废酸液流动能量，化学场，重力场。

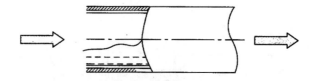

图6-20　管道输送废酸液示意图

步骤2：建立物场模型（见图6-21）。

① 有用功能——期望功能。

② 有害功能——不期望功能。

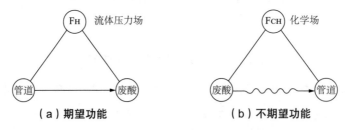

图6-21　管道输送废酸液的问题模型

步骤3：选择物场模型变换规则。

① 根据系统的物场模型存在的问题选择变换规则。在本例中，模型存在着有害作用，即废酸液腐蚀、溶解输送管道。

② 有害功能可选择变换规则4[规则4：消除有害的、多余的、不需要的物质或场的最有效方法是引入第三种物质（S_3）或增加另一个场（F_2），用来平衡产生有害效果的场]。

步骤4：确定代表性的解。

根据所选择的物场模型的变换规则，确定要引入第三种元素的主要性质。有害作用是由废酸液与金属管道内表面发生化学反应引起的，因此，化学场（F_{CH}）是产生有害作用的根源。

由分析可知，引入的新物质S_3应能消除废酸液与金属管道的化学场（F_{CH}）。消除此化学场比较简易的方法是S_3事先与废酸液发生化学反应以消耗废酸液的反应能力。

因此，S_3可以是：金属、水、碱等为代表性的解。

步骤5：确定具体的解。

在代表性的解中，根据具体问题的状况，来选择最适合的解作为具体解。

代表性的解S_3为：金属、水、碱等，即与废酸液可进行化学反应进而消除其对管道内表面产生有害作用的物质。其中：

① 金属：可先于管道内表面与酸进行反应进而保护管道，如管道的内表面涂保护层，效果可行，但成本提高，不采纳。

② 水：大量的水或污水可稀释废酸液，但给后续处理增加困难，不采纳。

③ 碱性物质：碱性添加物、废碱液等。其中废碱液的单独处理也需要额外的成本，因此应用废碱液的成本会降低。

经过上述分析，最后选择的具体解S_3为废碱液，如图6-22所示。

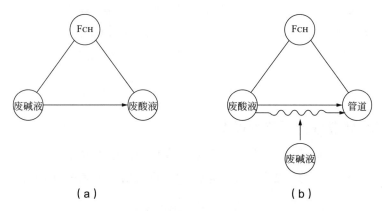

图6-22 管道输送废酸液的解决方案模型

6.2 TRIZ 的 76 个标准解

阿奇舒勒经过分析大量的专利发现：如果专利所解决的问题的物场模型相同，那最终解决方案的物场模型也相同。阿奇舒勒共发现了解决不同领域工程问题的76个通用模型，即76个标准解。

标准解是TRIZ中一种基于知识的解决技术问题的工具。标准解的显著特点为其中工程问题和解决方案的模型是利用物场的相互作用（即物质和场之间的相互作用）来定义与描述。标准解是对问题综合与转换的规则，目的是克服或避开技术冲突和物理冲突。当问题在运用标准解进行解题时，就没有必要考虑冲突。标准解是和发明原理、技术进化理论、效应知识库等具有同等级别的基于知识的TRIZ应用工具，它运用具有约束条件的标准化问题描述（物场模型）解决TRIZ理论中的技术冲突以获得高级别的原理解。

当一个问题包含两个或多个子系统之间存在不期望的相互作用时，可以使用标准解，为以下问题情形提供解决方案。

① 缺失：一个子系统或产品的某些参数在实施中必须改变，但是我们不知道如何改变；

② 有害：一个子系统产生有害的结果；

③ 过剩：一个子系统对另一个子系统的作用过强；

④ 不足：一个子系统对另一个子系统的作用过弱。

标准解系统提供的是较为具体的解决方案的模型，因此很多TRIZ专家都喜欢用物场理论和标准解系统去解决实际的问题。

6.2.1　76个标准解的分类

阿奇舒勒等人在1975—1985年之间，完成了标准解的理论体系。体系共有76条标准解，并根据其能解决的工程问题的类型分为5大类和18个子系统，详见表6-2。

表6-2　76个标准解分类

第1类：建立或拆解物场模型	2个子系统，13个标准解
第2类：增强物场模型	4个子系统，23个标准解
第3类：向超系统或微观级转化	2个子系统，6个标准解
第4类：检测和测量的标准解	5个子系统，17个标准解
第5类：应用标准解的标准	5个子系统，17个标准解
总计：18个子系统，76个标准解	

6.2.2　第1类：建立或拆解物场模型

第1类标准解是在不改变现有系统，或只对现有系统作很小改变的前提下，得到想要的结果，或消除不想要的结果，分为2个子类，包含13个标准解，如表6-3所示。

表6-3　第1类标准解

类别	子类	标准解
第1类 建立或拆解物场模型 子系统数2类 标准解数13	S1.1 建立物场模型	S1.1.1 完善物场模型
		S1.1.2 内部合成物场模型
		S1.1.3 外部合成物场模型
		S1.1.4 利用环境中的资源
		S1.1.5 改变系统环境
		S1.1.6 施加过渡物质
		S1.1.7 传递最大化作用
		S1.1.8 选择性最大化作用
	S1.2 拆解物场模型	S1.2.1 引入 S_3 消除有害作用
		S1.2.2 引入改进的 S_1 或（和）S_2 来消除有害作用
		S1.2.3 引入物质消除有害作用
		S1.2.4 用场 F_2 来抵消有害作用
		S1.2.5 消除磁场的影响

该类标准解是帮助我们解决不完整的系统和完整但不完善的系统问题。在物场模型中，不完整系统是指一个系统中不包含 S_1 或 S_2 或 F，完整但不完善的系统指 F 不充分。

S1.1　建立物场模型

S1.1.1 完善一个不完整的物场模型。如果物场模型不完整，可以通过添加场或者物质使物场模型完整。比如，在建立物场模型的时候，如果发现只有一种物质 S_1，则需要增加第二种物质S_2和相互作用场F，才能实现系统具备必要的功能。

例：如果系统只是一个锤子，则什么也不会发生。如果系统是一个锤子和一个钉子，也什么都不会发生。必须要有锤子、钉子和锤子作用在钉子上的机械场（即锤打击钉子的力）才能构成一个完整的系统。

S1.1.2 系统不能改变，但是允许加入一种永久的或者临时的添加物帮助系统实现功能，可以在S_1或者S_2中引入一种内部添加物S_3。

例1：混凝土是由水泥、沙子和石子组成，使用这种方式的混凝土早期强度较低，在混凝土中加入石灰石可以增强混凝土早期的强度。

例2：为了让眼睛观察到小液滴，可以通过预先在液体中加入荧光物质来实现，这样，利用紫外线就可以很容易观察到这些液滴。

S1.1.3 系统不能改变，但是允许加入一种永久的或者临时的添加物帮助系统实现功能，可以在S_1或者S_2的外部引入一种永久的或者临时的外部添加物S_3。

例1：人们在滑雪的过程中，滑雪板和雪之间的效果有时候表现为不足，可以通过在滑雪板底部涂上蜡来增加滑雪速度。

例2：为了可以用肉眼检测管道气体的泄漏，可以在管道的外面覆盖一种可以与泄漏气体发生反应并产生可见气泡的物质，如肥皂水。

S1.1.4 系统不能改变，但是允许加入一种永久的或者临时的添加物帮助系统实现功能，可以通过引入环境中的资源作为内部或者外部添加物。

例：航道标志浮标受海浪影响摇摆不定，其预警作用下降。可以采取在浮标内部灌装海水，起一定的稳定作用。

S1.1.5 系统不能改变，但是可以修改或改变系统所处的环境。

例：机房里的计算机运行使室温增加，可能使其不能正常工作，空调可以改变环境温度使其正常工作。

S1.1.6 微小量的精确控制很难实现，可以通过应用和消除盈余来实现微小量的控制。

例1：注塑时使流动的塑料精确地充满一个空腔是困难的，在合适的位置留一个冒口，使空腔内的空气流出，同时也使一部分塑料流出，之后再将其去除。

例2：为给产品涂覆一层非常薄的油漆，使用通常的涂抹方式无法满足油漆的厚度要求，现有的解决办法是将产品浸入到油漆中形成过厚的油漆，然后通过离心力抛甩掉过剩的油漆来实现。

S1.1.7 如果需要对一个物质S_1施以最大模式的作用，但是由于种种原因不可行，则可以将这种最大模式的作用施加到另一个物质S_2上，再由S_2传递给S_1。

例1：普通的蒸锅是一个很好的例子。要蒸煮的食物是不能直接接触到火焰的。所以可以利用火焰加热水，然后水把热量传递给食物，而这时加热的温度是不可能超过水的沸点的，不会烧焦食物。

例2：在制作预应力混凝土构件时，将钢筋加热，伸长之后固定并冷却，使之产生拉应力，混凝土浇筑后，松开固定处，混凝土便产生了压应力。

S1.1.8 有时候既需要很强的场的作用，同时又需要很弱的场的作用。这时可以给系统施以很强的作用场，然后在需要较弱场作用的地方引入物质S_3，起到一定的保护作用。

例：盛装注射液的玻璃瓶是用火焰密封的，但火焰的高温将降低药液的质量。如果将药瓶盛装药物的部分放在水里，就可以使药物保持在安全的温度范围内，免受破坏。

S1.2 拆解物场模型

以下解法可以消除或抵消系统内的有害作用。

S1.2.1 在当前设计中既存在有用作用又存在有害作用，如果没有让S_1和S_2必须直接接触的限制条件，可以通过在S_1和S_2之间引入S_3来消除有害作用。

例1：医生的手S_2需要在病人身体S_1上做外科手术，容易造成医生和病人的细菌交叉感染。穿戴一双无菌手套S_3可以消除细菌带来的有害作用。

例2：利用爆破产生的气体S_2进行地下隧道墙壁S_1加固时，产生有用功能的同时也可能会导致墙壁产生裂纹。可以通过钻孔装料并用泥浆封口，让压力分布均匀避免裂纹的产生。

S1.2.2 在当前设计中既存在有用作用又存在有害作用，如果没有让S_1和S_2必须直接接触的限制条件，但是不允许引入新的物质，可以通过改变S_1和S_2来消除有害作用。这种解决方案包括加入一些"不存在的物质"——如利用空间、空穴、真空、空气、气泡、泡沫等，或者加入一种场，这个场可以实现需添加物质的作用。

例1：前面做手术的例子，可以在局部真空环境下实现。

例2：水翼表面用保护材料覆盖以避免气穴破坏。为达到既增加保护效率又降低水阻力的目的，用冷冻水的方法包裹水翼表面来形成一层冰保护层，这个保护层可能被气穴破坏，但会不断地恢复修补以保持厚度是一个常量。

S1.2.3 有害作用是由某个场引起的，可以通过引入物质S_3来吸收有害作用。

例1：医疗上的X射线只需要照射在形成图片的某个特定的区域，但是产生X射线的射线管产生的是一束很宽的光束。为了防止X射线对患者身体的伤害，在患者身体前方放一个铅屏，从而保护患者的一些其他的部位不会受到X射线的照射。另外，对于医生而言，也可以放置一堵铅墙从而免受X射线的伤害。

例2：计算机的CPU在运行过程中会产生大量的热，这个热可导致电子系统的损坏，给CPU增加一个散热装置来消除热量，避免电子系统的损坏。

S1.2.4 如果系统中存在有用作用的同时又存在有害作用，而且S_1和S_2必须直接接触，可以通过引入F_2来抵消F_1的有害作用，或将有害作用转换为有用作用。

例1：在脚腱拉伤手术后，脚必须固定起来。可以利用绷带S_2作用于脚S_1起到固定的作用，场F_1是机械场。但是，肌肉如果不用的话就会萎缩，这个机械场也产生了有害的作用。解决方法是在物理治疗阶段向肌肉加入一个脉冲的电场F_2，来防止肌肉的萎缩。

例2：使用强气流来实现花的人工授粉。但是，强气流会使花瓣闭合而影响授粉。可以使用静电离子的气流，让花瓣互相排斥以保持开放状态。

例3：生产设备在运行时会产生振动，这种振动将破坏地基，妨碍其他设备的准确性能。可以使用带反馈的自动系统，可产生地基的振动与设备振动在数量上相等，但是方向上相反。

S1.2.5 某一种有害作用可能是因为系统内部的某个部分的磁性物质导致的，可以通过加热，使磁性物质处于居里点以上，从而消除磁性，或引入一个相反的磁场来消除有害作用。

例1：铁磁粉末的焊接很困难，因为焊接电流产生的磁场会将粉末从工作区域"推开"。为克服这个缺点，预先将粉末加热到居里点以上再焊接。

例2：磁带的记录，是对磁带上的磁性材料加一个磁场使材料具有有序性，从而记录声音，如果消除记录呢？可以把磁性材料加热到居里点以上，使其失去磁性呈现为无序状态，然后再进行声音的记录。

6.2.3 第2类：增强物场模型

第2类标准解主要是强化物场模型，主要解决的是系统中功能不足的物场模型问题，分为4个子类，包含23个标准解，如表6-4所示。

S2.1 转化成复杂的物场模型

S2.1.1 链式物场模型：将单一的物场模型转化成链式模型，转化的方法是引入一个S_3，让S_2产生的场F_1作用于S_3，同时S_3产生的场F_2作用于S_1。两个模型独立可控。

例1：锤子砸石头完成分解巨石的功能。为了增强现有功能，可以通过在锤子S_1和石头S_2之间加入凿子。锤子的机械场传递给凿子，然后凿子的机械场传递给石头。

例2：工具组件卡紧在圆柱体内。为了增加其卡紧力，圆柱由所谓"干涉配合"连接的两个同心衬套组成。为保证衬套配合到要求位置，使它们分别具有不同的热膨胀系数。

S2.1.2 双物场模型：现有系统的有用作用F_1不足，需要进行改进，但是又不允许引入新的元件或物质，可以通过引入第二个场F_2来增强F_1的作用。

例：应用电镀法生产铜片时，在铜片表面会残留少量的电解液。用水清洗时不能有效地除掉这些电解液。可以通过增加第二个场来解决。比如在清洗时加入机械振动或者在超声波清洗池中清洗铜片。

表6-4 第2类标准解

类别	子类	标准解
第2类 增强物场模型 子系统数4 标准解数23	S2.1 转化成复杂的物场模型	S2.1.1 链式物场模型
		S2.1.2 双物场模型
	S2.2 加强物场模型	S2.2.1 使用更可控制的场
		S2.2.2 增加物质的分割程度
		S2.2.3 使用毛细管和多孔的物质
		S2.2.4 使系统更加动态化
		S2.2.5 使用异构场
		S2.2.6 使用异构物质
	S2.3 频率的协调	S2.3.1 协调F与S_1或S_2的频率
		S2.3.2 协调F_1和F_2的频率
		S2.3.3 在一个动作的间隙进行另一个动作

类别	子类	标准解
第2类 增强物场模型 子系统数4 标准解数23	S2.4 利用磁场和铁磁材料	S2.4.1 加入铁磁物质
		S2.4.2 铁磁场模型
		S2.4.3 运用磁流体
		S2.4.4 应用毛细管结构
		S2.4.5 转变为复杂的铁磁场模型
		S2.4.6 在环境中引入铁磁物质
		S2.4.7 应用自然现象和效应
		S2.4.8 应用动态性
		S2.4.9 利用结构化的磁场
		S2.4.10 频率协调
		S2.4.11 应用电流产生磁场
		S2.4.12 应用电场控制流变液体的黏度

S2.2 加强物场模型

S2.2.1 用更加容易控制的场来代替原来不容易控制的场，或者叠加到不容易控制的场上。

例1：机械场相对于重力场就更加容易控制，同样电场、磁场都比机械场更加容易控制，这也是一种系统场可控性增加的进化路线。

例2：金属刀片进行金属切削不均匀，可用水切割来代替；另外，激光切割可取代水切割。

S2.2.2 增加物场模型中作为工具的物质 S_2 的分割程度可以加强物场模型。这个标准解实际上是从宏观到微观层面，然后到场的进化模型。该工具的演化分为以下几个阶段：非分割物体、分割的物体、粉末、液体、气体、新的场。

例1：切削工具的演化路径：平刀片→带齿刀片→研磨刀片→水流切割→等离子切割→激光切割。

例2：汽车的座椅由原来的一个气垫变成了多个气垫以便更能让驾驶员调节座椅，使驾驶员更为舒适。

例3：设计一个支撑不规则表面物体的系统是很难的，因为支撑系统必须平衡不规则表面物体的重量。可以用液体来支撑不规则表面物体，这就使平衡重量更加的容易。

S2.2.3 将物质中增加空穴或毛细结构。一种特别物质分裂形式是从固体物质转化到毛细管和多孔材料。将根据以下所列的路径进行转化：

①固体；

②一个孔的固体；

③多个孔的固体或穿孔物质；

④毛细管或多孔的物质；

⑤有特殊结构、尺寸毛孔的毛细管和多孔物质。

随着物质根据这些路径的发展，将液体放入孔或毛孔中的可能性也在增加，也可以应用自然现象。

例1：通过加油孔加油不能使油均匀地添加到齿轮上，可以应用带有多孔表面的加油器。

例2：胶水的刷子，由原来的平板结构变为毛细管束结构，使得胶水的涂抹更加均匀和精确。

例3：一种防火护罩设计成充满颗粒的格栅状，为增加防护的有效性，这种颗粒用容易熔化的材料制作而成，而且颗粒芯中填满了灭火材料。

S2.2.4 使系统具有更好的柔韧性、适应性、动态性。可以开始将物质分解成两个耦合部分实现动态化，然后继续沿以下路径：单铰链→多铰链→柔性物体；从恒定场（物质伴随的场）向脉冲场转化可以增加场的动态性。

例1：生橡胶太脆，通过硫化处理，增加其柔性，以便更好地应用到各种设备中。

例2：自行车原来的传动比是一定的，在后轮增加变速齿轮，从而增加了传动比的数量，方便使用者在不同的环境和路面使用不同的传动比。

例3：有两个铰链连接的门→有多个铰链连接的门→柔性的门。

S2.2.5 用动态场代替静态场。使一个不可控或者可控性较弱的场变成一个按规则运行的可控场，这种控制可以通过均匀的场向非均匀的场转换，或者非结构化、无序的、紊乱的向具有特定时空结构的场（恒定的、变化的）转换，来加强物场模型。

如果需要使某种物质对象具有特殊的空间结构，这个结构化处理的过程可以通过一个具有与该物质对象相匹配结构的场来引导。

例1：超声波焊接。在焊接的同时使用超声波振荡焊接的部分，可以使焊料均匀紧布在焊点周围，从而增强了焊接的强度。

例2：将各种粉末颗粒进行混合，在混合时给各种粉末颗粒分别带上相反的电荷并放置在非均匀电场转换层中，从而增加了各种粉末的混合均匀效果。

S2.2.6 将均匀的物质空间结构变成不均匀的物质。使用可控物质或者可调节空间结构的物质代替无规则不可控的物质。

如果系统的特定位置（点、线）需要场的集中作用，那么可以事先将可以产生所需场的物质引入到这些地方。

例1：通过添加加强钢筋来提高混凝土的质量。

例2：为制作有定向多孔的耐火材料，将耐火材料沿着丝绸线径成形，随后将丝绸烧掉，这样就形成了定向的多孔耐火材料。

S2.3 频率的协调

控制频率使其与一种或两种元素的固有频率相匹配或不相匹配，以提高系统的性能。

S2.3.1 将场 F 的频率与物质 S_1 或者 S_2 的固有频率相协调。

例1：在医学领域，肾结石可以通过超声波使其共振破碎成小碎颗粒，然后排出体外。

例2：在电弧焊中，磁场的频率与熔化电极固有频率相同。

S2.3.2 场 F_1 与场 F_2 的频率相协调。

例1：机械振动可以通过产生一个与其振幅相同但是方向相反的振动消除。

例2：为了给零件均匀地包裹一层物质，此物质通常以粉末的形式在电流和磁场的共同作用下包裹到零件上。为了使粉末非常均匀地在零件上包裹很薄的一层，电流的脉冲频率和磁场的脉冲频率应该相同。

S2.3.3 如果需要两个不兼容的或彼此独立的动作在一个系统中执行，那么其中的一个动作应该在另一个动作暂停期间来执行。通常，在一个动作的操作间隙应该执行另一个有用的动作来提高系统的效率。

例1：为了提高接触式焊接的精度，测量反馈是在焊接电流的两个脉冲之间完成的。

例2：当金属板在固定面上轧制时，纵轧间隙的时间里进行横向的部分轧制（以增加宽度）。

S2.4 利用磁场和铁磁材料

整合铁磁材料和磁场是提高系统性能的一种有效方法。

铁磁性，是具有类似铁、镍或钴以及各种合金性质的或与此类物质有关的，具有在相对较弱的磁场里获得极高磁性的能力和特有的饱和点及磁滞现象。

S2.4.1 向系统中加入铁磁物质或磁场，以改善系统的性能。

例1：磁悬浮列车，在铁轨上加入磁场以悬浮起列车，从而减小摩擦力，提高列车的速度。

例2：安装排水系统的一种方法中，同时包括挖沟、安装水管、用填充料密封接口、回填土壤等工序，为了避免水管间产生错位，事先用磁化的铁磁物质覆盖排水管的断面和填充物。

S2.4.2 将标准解S2.2.1（使用更可控制的场）与S2.4.1（加入铁磁物质）结合在一起。可用"铁磁场"模型来替换物场模型或原"铁磁场"模型，将原系统中的物质替换为铁磁微粒或在原物场系统中加入铁磁微粒，同时使用磁场或电磁场。

例1：橡胶模具的刚度可以在加入铁磁物质后通过磁场进行控制。

例2：一种临时关闭管道的方法是经过加入一种凝固混合物来产生气体密封。为改善这种方法的效力，可以事先将具有铁磁特性的分散吸附剂加入混合物，在管道的特定区域应用电磁场并形成密封。

S2.4.3 运用磁流体。利用磁流体可以加强铁磁场模型。磁流体是铁磁粒子在煤油、硅树脂或水中形成的胶状悬浮液。该标准解是S2.4.2的一个特例。

由于悬浮液的磁化时间是毫秒级别的，因此，可以利用磁场将流体转换为"假固态"。如果磁场是移动的，磁性流体也会随着磁场的移动而移动。

例：磁性密封门，密封门周围有一圈充满磁流体的密封条，当腔体内的温度升高时，达到磁性颗粒的居里点，磁性材料失效，密封门不再密封。

S2.4.4 应用包含铁磁材料或铁磁液体的毛细管结构。

例1：过滤器的过滤管中填充铁磁颗粒，利用磁场可以控制过滤器内部的结构。

例2：波动焊接机包含一个磁性圆柱，镀有一层铁磁微粒，它的主要目的是去除多余的焊料。同时，圆柱体的多孔设计允许熔接剂通过小孔流到焊接点。

S2.4.5 转变为复杂的铁磁场模型。如果原有的物场模型中禁止用铁磁物质代替原有的物质，可以通过添加附加物（如涂层）使非磁性物质永久地或临时地具有磁性。

例1：为了使药物分子精确地到达需要它的身体部位，通常在药物分子中附加磁性材料分子，并在外界磁场的作用下，引导药物分子到达特定的位置。

例2：用电磁铁可以传送零件。为传送无磁性的零件，事先将零件覆盖上易流动的、带有磁性的物质。

S2.4.6 在标准解S2.4.5的基础上，如果不能赋予物质磁性，可以考虑把铁磁材料引入到环境中。

例1：为了控制物体在液体中的下降速度，可以将铁磁微粒加入到液体中从而形成磁性流体。磁性流体的密度会随着所施加的电磁场强度的增加而发生适当的变化。

例2：将一个涂有磁性材料的橡胶垫放在汽车内，而不用磁化整个汽车，将修理工具吸附在该垫子上便于使用。同样的装置可以用来放置外科手术中使用的医疗器械。

S2.4.7 利用自然现象和效应来加强铁磁场模型的可控性。比如可以通过场来排列物体，或者磁性物质在居里点以上时丧失磁性。

例1：磁共振成像。

例2：超导体在其温度超过超导温度时，其磁性会发生改变。一些类别的超导体利用温度作为磁屏蔽或开关器，实现在一定空间范围内屏蔽磁场。

S2.4.8 应用动态的、可变的或者自动调节的磁场，即通过转向柔性的、可更改的系统结构。

例：不规则空心物体的壁厚可以通过一个内部的铁磁物体和一个外部的感应器来测量。为了增加准确性，可以将铁磁物体做成表面覆有铁磁微粒的弹性球形状，通过感应器控制内部铁磁球和待测空心物体的内壁紧紧贴合，从而实现精确测量。

S2.4.9 利用结构化的磁场来更好地控制或移动铁磁物质颗粒。

例：为了在塑料垫子表面形成复杂的图案，可以在塑料液体中加入铁磁颗粒，然后利用结构化的磁场来拖动铁磁颗粒形成所需要的形状，保持这种形状，直到组成塑料垫子的塑料液体凝固。

S2.4.10 铁磁场模型的频率协调。在宏观系统中，应用机械振动可以加速铁磁颗粒的运动。在分子或原子级别，可以通过改变磁场的频率，测量对磁场发生响应的电子的共振频率的频谱来测定物质的组分。

例1：可以通过检测电子对变化频率磁场响应的共振频率的频谱来确定材料的成分，每个原子簇有一个共振频率信号。该技术称为电子自旋共振（ESR）。

例2：微波炉加热食物，因为微波会使水分子在其共振频率处振动，从而起到加热水的效果。

S2.4.11 如果系统很难引入铁磁微粒或磁化物，则可以利用电流产生磁场来代替磁性物质。

例1：各种电磁石。它们可以消除磁性材料居里点的限制，或者用于一些永久磁性材料不安全的地方。它们还有一个优点是，当不需要的时候就可以关闭，并且通过改变电流可以得到大小非常精确的磁场。

例2：为了改善抓握非磁性金属零件的可靠性，可以将非磁性金属零件和爪盘都置于磁场中，并使电流以垂直于磁场的方向流经它们。

S2.4.12 通过电场可以控制流变液体的黏度，从而使其能够模仿固（液）相变。

例1："万能夹具"可以将任何形状的零件固定在铣床上。零件被放置在一个流变液体池中，适当定位，然后施加电场以凝固液体并实现零件固定。

例2：在动力减振器中，通过改变电场来允许或者禁止流变体溶液的流动，改变流变液体的阻尼系数，从而实现动力减振器在不同环境下的减振效果。

6.2.4 第3类：向超系统或微观级转化

当第1、2、4类标准解不是非常充分的时候，可以采用第3类标准解，把问题向超系统转换，或者寻找微观水平的改变，分为2个子类，包含6个标准解，如表6-5所示。

表6-5 第3类标准解

类别	子类	标准解
第3类 向超系统或微观级转化 子系统数2 标准解数6	S3.1 转换成双系统或多系统	S3.1.1 系统转化1_a：创建双系统或多系统
		S3.1.2 加强双系统或多系统之间的连接
		S3.1.3 系统转化1_b：加大元素间的差异
		S3.1.4 双系统和多系统的简化
		S3.1.5 系统转化1_c：系统部分或者整体表现相反的特性和功能
	S3.2 向微观级转化	S3.2.1 系统转化2：向微观级转化

S3.1 转化成双系统或多系统

S3.1.1 系统转化1_a：创建双系统或多系统。系统可以在进化过程中的任意阶段，通过系统转化建立双系统或多系统来得到加强。

建立双系统或多系统的简单方式是组合两个或两个以上的组件，组合的组件可能是物质、场、物场对和整个物场系统。

例1：加工薄玻璃板零件前，将薄玻璃堆砌在一起，并且用油做临时的黏合剂，便于加工，并减少玻璃的破损。

例2：为提高效率，多层布料叠在一起同时被切成所需要的形状。

S3.1.2 加强双系统或多系统之间的连接可以使它们各自更加刚性或更加动态化。

例1：要同步由三台起重机起重非常沉重的部件的过程中，通常使用刚性三角来同步起重的运动部件。

例2：影像／声音记录系统。影像和声音记录必须是同步的，这种情况在老的模拟相机（胶片）中难以实现，但数码相机提高了影像和声音的链接，从而改善了系统。

S3.1.3 系统转化1_b：加大元素间的差异。双系统和多系统可以沿着以下路径增大元素之间的差异来加强系统：相同的元素（相同颜色的铅笔）→具有不同特性的元素（不同颜色的铅笔）→几个不同的元素的组合（一套绘图仪器）→相反特性的合并或具有相反特性的元素的组合（有橡皮擦的铅笔）。

例1：多头订书机各头可以装不同大小尺寸和深度的订书钉。增加一个起钉器可以使订书机的作用更加丰富。

例2：电声传感器的有源元件使用组合设计来制造，为提高电、声参数的耐热性，多对相邻的部件是用与变化的压电系数相关的、具有正负极相反特性的热导率的材料制造的。

S3.1.4 双系统和多系统的简化。双系统和多系统可以通过简化系统得到加强。首先是通过简化系统中起辅助作用的部分来获得，比如一把双管猎枪只有一个枪托。完全简化的双系统和多系统又会变为单系统，整个循环会在更高的级别上重复进行。

例1：新的家庭用立体声系统是在一个外壳中加入多个音频设备。

例2：现代高集成的数码相机，自动对焦、变焦、闪光灯、自动曝光等形成新的单一系统，而且每个功能都相对独立。

S3.1.5 系统转化1_c：系统部分或者整体表现相反的特性或功能，通过将相反的特性分别赋予系统和其子系统，来加强双系统和多系统的转换。结果，系统在两个水平上获得应用，整个系统具有特性"P"，而其子系统具有特性"-P"。

例1：自行车的链条是刚性的，但是总体上是柔性的。

例2：一个老虎钳的工作部分是由彼此可相对移动的分段板组成的，可以迅速夹紧各种形状的零件。每个分段板是刚性的，整体是柔性的。

S3.2 向微观级转化

S3.2.1 系统转化2：向微观级转化。系统可以在进化过程中的任意阶段，通过从宏观级别到微观级别的转换得到加强。无论是一个系统还是其子系统，都可被在某种场的作用下实现所需功能的物质代替。

一种物质有众多的微观状态（晶格、分子、离子、域、原子、基本粒子、场等）。因此，在解决问题时应考虑各种过渡到微观级和各种从一个微观级过渡到另一个较低层级的方案。

例1：炙热的软玻璃片（用来制造厚玻璃板）在输送带上移动时，很容易在滚筒之间发生下陷。让玻璃片浮在液态锡池子上，就能运送热玻璃片并保持平坦。

例2：打印机的打印头发展。从最早的9针打印到24针打印，后期出现了100孔／in的激光打印头，现在的打印机使用的是由1200孔／in的激光打印头，在速度和打印质量上都得到了大大的提高。

6.2.5 第4类：检测和测量的标准解

第4类是检测和测量的标准解，分为5个子类，包含17个标准解，如表6-6所示。检测与测量是典型的控制环节。检测是指检查某种状态发生或不发生。测量具有定量化及一定精度的特点。

表6-6 第4类标准解

类别	子类	标准解
第4类 检测和测量的标准解 子系统数5 标准解数17	S4.1 间接方法	S4.1.1 以系统的变化代替探测或测量
		S4.1.2 利用复制品
		S4.1.3 两次间断测量代替连续测量
	S4.2 建立测量的物场模型	S4.2.1 建立新的测量物场模型
		S4.2.2 测量引入的附加物
		S4.2.3 测量引入环境的附加物
		S4.2.4 从环境中获得附加物
	S4.3 加强测量物场模型	S4.3.1 应用自然现象
		S4.3.2 应用系统的谐振
		S4.3.3 应用超系统的谐振

类别	子类	标准解
第4类 检测和测量的标准解 子系统数5 标准解数17	S4.4 测量铁磁场	S4.4.1 预铁磁场模型
		S4.4.2 铁磁场模型
		S4.4.3 合成的铁磁场模型
		S4.4.4 在环境中引入磁性物质的模型
		S4.4.5 应用物理效应和现象
	S4.5 测量系统的进化方向	S4.5.1 向双系统和多系统转化
		S4.5.2 测量衍生物

S4.1 间接方法

S4.1.1 改进系统，从而使原来需要测量的系统现在不再需要测量。

例1：为了防止长开电动机过热，其温度由温度传感器测量。如果使电动机两极合金材料的居里点等于温度临界值，电动机将自动停止运转。

例2：气体输送系统。有时气体的输送需要测量精确的流量和压力，可以设计一个自动的闸门以一定流量和一定压力的气体为单位进行传输。

S4.1.2 如果标准解S4.1.1不能使用，可考虑测量系统的复制品或者图像。

例1：因为壳体属于很难测量的结构零件，所以直接测量壳体的变形是比较困难的。在壳体变形前后分别制作模型，测量模型与零件间的差异来获得壳体的变形量。

例2：测量蛇的长度是非常危险的，但是测量蛇的图像是安全的，然后重新计算可得到结果。

S4.1.3 如果标准解S4.1.1和S4.1.2都不能使用，可以应用两次间断测量代替连续测量。

例1：柔性体的直径应该实时地进行测量从而看它是否和相互作用对象之间匹配完好。但是实时测量不容易进行，可以测量它的最大直径和最小直径，确定变化的范围。

例2：当检测一个孔的尺寸时，可以使用塞规去检查。用塞规的大端检测孔不通过，用塞规的小端检测孔能通过，则该孔径尺寸合格。

S4.2 建立测量的物场模型

建立新的测量系统，将一些物质或者场加入到已有的系统中。

S4.2.1 如果一个不完整的物场模型不能够检测或者测量，则建立一个包含一个场作为输出的单或者双物场模型。如果现有的场是不足的，在不干扰原始系统的情况下改变或者增强场。新的或者增强的场应该有一个很容易测量的参数，这个参数与待测量的参数具有关联特性。

例1：如果轮胎被扎有个很小的孔很难发现，可以给轮胎内填充空气，然后将轮胎放在水中，并且减小外面的压力，水中会出现空气泡，显示出泄漏的位置。

例2：为检测液体开始沸腾的瞬间，也就是液体中开始出现气泡的时候，让电流通过液体，因为气泡开始出现时电阻会有相应的增加。

S4.2.2 如果一个系统难以进行检测和测量，可以通过向被测对象中引入一种易于检测的附加物，引入的附加物与原系统的相互作用产生变化，通过测量附加物的变化再进行转换。

例1：为了能让肉眼检测到冰箱中制冷剂的泄漏，可在制冷剂中混入发光粉，在紫外线下检测泄漏问题。为了及时发现天然气的泄漏，天然气中添加硫化氢，就有臭鸡蛋的气味。

例2：为了检测两个零件的接触面贴合面积，可以在一个面上涂抹发光染料，然后将两个面进行贴合再分开，另外的那个面上被染上染料的面积就显示了两个零件的接触面贴合面积。

S4.2.3 如果系统中不能引入任何添加物，可以在外部环境中添加附加物使其对系统产生场，检测或测量场对系统的影响。

例1：为检查内燃机的磨损，需要测量磨损掉的金属数量，磨损下来的金属颗粒是混合在发动机的润滑油中的，润滑油可以看作是一个环境。在润滑油中加入发光粉，金属颗粒会破坏这些发光粉，从而获得磨损的颗粒数量。

例2：卫星相对于地球是环境中的附加物，它产生全球定位系统的连续信号（场），地球上的人使用一个GPS接收器，通过测量卫星的相对位置，就可确定人在地球上的精确位置。

S4.2.4 如果不能引入附加物到系统或环境中，可以通过将环境中已有的物质进行降解或转换变成其他的状态，然后测量或检测转换后的这种物质的变化。

例1：云室可以用来研究亚原子颗粒的性质。在云室内，液氢保持在适当的压力和温度下，以便液氢正好处于沸点附近。当外界的能量粒子穿过液氢时，液氢就会局部沸腾，从而形成一个由气泡组成的路径。此路径可以拍照，通过这种方法来研究粒子的动态性能。

例2：管道中水流的速度可以通过气穴现象产生的空气气泡量来测量。

S4.3　加强测量物场模型

S4.3.1 应用自然现象和物理效应。如利用系统中发生的已知的效应，并且检测因此效应而发生的变化，从而获得系统的状态。

例1：通过测量导电液体电导率的变化来测量温度。

例2：为增加水汽检测的灵敏度，通过应用在少量水汽前熄灭发光体发光的现象来测量。

S4.3.2 如果不能直接测量或者通过引入一种场来测量，可以通过让系统整体或部分产生共振来解决，测量共振频率，共振频率的变化可以给出系统变化的信息。

例1：为了测量容器中物质的质量，机械作用于容器使其受迫谐振振动。测量这个振动的谐振来计算物质的质量。

例2：应用音叉来调谐钢琴。调节琴弦、音叉和其频率协调，发生共振进行协调。

S4.3.3 若不允许系统共振，可以通过检测与被检测系统相连的一个外部对象的固有频率变化，得到系统变化的信息。

例1：间接测量电容。将未知电容的物体插入到已知感应系数的回路中，然后改变电压的频率，找到复合回路的共振频率，从而计算出电容。

例2：通过测量蒸发所产生的气体的固有频率，可以测量沸腾液体的质量。

S4.4　测量铁磁场

引入铁磁物质进行测量工作，这种方法在遥感、微型设备、光纤维和微处理器上经常使用。

S4.4.1 增加或者利用铁磁物质或者系统中的磁场，从而方便测量。

例1：为易于在包裹密封后检测包裹内特定的区域，可预先在这些位置放置磁性标记。

例2：交通管制中应用交通灯进行管制。如果想知道车辆需要等候多久或者想知道车辆已经排了多长队伍，可以在主要路面下铺设一个环形线圈，从而轻易地检测车辆的铁磁成分，转换得出测量结果。

S4.4.2 在系统中增加磁性颗粒或者改变一种物质成为铁磁物质，通过测量磁场得到所需的信息。

例1：将铁磁微粒加入到印刷纸币的油墨中，可用来进行防伪检测。

例2：为探测塑料的硬化或软化程度，在塑料中混合铁磁粉末，测量磁导率的结果就可以提供所需要的信息。

S4.4.3 如果铁磁颗粒不能直接添加到系统或不能取代系统中的物质，那么可以通过将铁磁颗粒作为添加物引入到系统已有的物质中，从而建立一个复杂的铁磁场模型。

例1：通过在非磁性物体表面涂覆含有磁性材料和表面活化剂细小颗粒的流体，检测该物体的表面裂纹。

例2：用加压液体可以破坏地层。在液体中加入铁磁粉末以实现对这种液体的控制。

S4.4.4 如果系统不允许添加磁性物质，可以将其添加到系统的外部环境中。

例1：当船舶从水中驶过时，会形成波纹。为了研究这些波纹的形成过程，可以在水中加入铁磁粉末辅助测量。

S4.4.5 通过测量与磁性相关的物理现象获得系统的信息。比如居里效应、霍普金森效应、巴克毫森效应、磁滞现象、超导消失、霍尔效应等。

例1：核磁共振成像。

例2：液位探测仪放置在一个无磁室，由室内的磁铁和室外的磁敏结点组成。为了增加探测仪的可靠性，将磁铁拧紧在磁敏结点的平面上，并用居里点低于液体温度的磁性材料覆盖。

S4.5 测量系统的进化方向

S4.5.1 向双系统和多系统转化。如果单一测量系统不能给出足够的精度，可以应用两个或者更多的测量系统。

例1：很难精确测量一只小甲虫的温度，然而，如果有许多小甲虫堆放在一起，温度可以很容易测量出来。

例2：测量滑水者跳跃距离的装置，包含两个麦克风，水面和水下各放置一只，麦克风接收到信号的时间间隔与滑水者的跳跃距离成比例。

S4.5.2 不直接测量，而是在时间或者空间上测量第一阶或者第二阶的衍生物。检测系统向检测受控功能的衍生物的方向进化，沿着以下进化路径：

① 测量一个受控功能；
② 测量受控功能的一阶衍生物；
③ 测量受控功能的二阶衍生物。

通过测量一阶导数或者二阶导数，代替直接测量的参数测量。

例：测量速度或加速度来代替测量位移。

6.2.6 第5类：应用标准解的标准

第5类标准解是简化或改进上述标准解，以得到简化的方案，分为5个子类，包含17个标准解，如表6-7所示。

表6-7 第5类标准解

类别	子类	标准解
第5类 应用标准解的标准 子系统数5 标准解数17	S5.1 引入物质	S5.1.1 间接方法
		S5.1.2 将物质分割为更小的组成部分
		S5.1.3 物质的"自消失"
		S5.1.4 在不允许加入大量引入物质时加入虚有的物质
	S5.2 引入场	S5.2.1 可用场的综合使用
		S5.2.2 从环境中引入场
		S5.2.3 利用能产生场的物质
	S5.3 相变	S5.3.1 相变1：变换状态
		S5.3.2 相变2：动态化相态
		S5.3.3 相变3：利用伴随的现象
		S5.3.4 相变4：向双相态转化
		S5.3.5 利用系统的相态交互增强
	S5.4 运用自然现象	S5.4.1 状态的自我调节和转换
		S5.4.2 将输出场放大
	S5.5 产生物质的高级和低级方法	S5.5.1 通过降解获得物质粒子
		S5.5.2 通过结合获得物质粒子
		S5.5.3 应用S5.5.1及S5.5.2标准解

S5.1 引入物质

S5.1.1 若实际工况不允许将物质引入系统，则可以利用如下间接方法。

① 利用"不存在的东西"替代引入新的物质，比如增加空气、真空、气泡、泡沫、水泡、空穴、空洞、毛细管、空间等。

例1：对于用于水下工作的保暖衣而言，如果通过增加厚度的方法，整个衣服会很重，可以通过利用泡沫结构，不用增加衣服厚度，还可以使衣服变得很轻。

例2：透明模板内的张力公制格栅是通过成形时放置进线格栅来形成的。可是，这些线格栅在模板内会因为扭曲而形成实际张力。为了避免这种变形，线格栅在成形后需要从模板中去掉，形成空"管"。如果线格栅是用纯铜制成的，则可以用酸将其溶化。

② 引入场代替物质。

例1：想知道墙壁内铁钉的位置，不需使用凿子一个地方一个地方地凿洞，而是直接运用磁场来检测。

例2：为了测量移动细丝的伸展，通过给其加上电荷，测量线性电荷密度而获得。

③ 运用外部添加物代替内部添加物。

例1：对折断的物体进行修补，如果不改变其内部的结构，可以直接在外部用金属片包裹。

例2：为了测量陶罐的壁厚，通过给罐里装上导电性液体，测量液体和放置在罐外的电极之间的电阻来获得壁厚。

④ 应用少量高活性的添加物。

例1：普通焊接方式焊接铝时需要极高的温度和一些腐蚀性的化学添加剂。可以应用一些铝热剂进行爆炸焊接。

例2：为了降低一种用于拉伸管道润滑剂的压力波动，在润滑剂中加入了0.2%～0.8%的聚甲基丙烯酸酯。

⑤ 将添加物集中到一特定位置上。

例1：清洗衣服上的污渍，只将洗涤剂喷洒在衣服的污渍部分就可以，没有必要将整件衣服都放在洗涤剂中。

例2：为了使塑料材料导电，在塑料混合物中加入导电粒子，混合物可在磁场中变硬，这样导致粒子沿着磁力线排列并呈现纤维状，以提供所需要的方向的传导性。

⑥ 临时引入添加物，然后再将其去除。

例1：癌症化疗时，引入一些非常有毒性的药物，这些药物对癌细胞的毒性比对正常细胞的毒性要强，在短时间引入后，再将这些药物驱除体外。

例2：为了获得无磁空心零件的遥控磁性取向，事先在零件里边放入铁磁粒子。

⑦ 如果原来的物体中不允许引入添加物，则在物体的复制品或者模型中加入添加物。

例1：电视电话会议或者网络视频开会可以使不在同一个城市的人都参加会议。

例2：为了提高立体研究的准确性，通过使用放在物体透明模型内部的一个液体水面，来获得三维体的平面复制品。模型的空间位置可以很容易进行改变。

⑧ 不能直接引入某种物质，可以引入能通过反应或衍生产生此种物质的物质。

例1：人体需要钠元素辅助新陈代谢，但是直接食用钠是有害的，于是通过食用盐补充钠。

例2：木头可以用氨水来进行塑化。为塑化处理平面，用加工中摩擦热所分解出的盐类来浸透木材。

⑨ 通过分解环境中的某种资源或物质自身产生需要的添加物。

例1：直接将垃圾埋在公园里作为化学肥料，而不会产生污染或浪费能量。

例2：为了加强精密电化学加工工序中电解生成物的移动，使用了电解液中的空气泡。这些气泡是通过在工作区域的电解液电解来获得的。

S5.1.2 将物质分割为更小的组成部分。

例1：将飞机上的大型发动机分为两个小发动机。

例2：传统上，燃料、空气和松散物料由一个单一的流被输送到燃烧室。为了加强燃烧过程，将单一流分为两个方向相反的流，每个流都包括燃料、空气和松散物料，同时送入燃烧室。

S5.1.3 被引入的添加物在完成其功能后，自动消失或变得与系统或环境中已有的物质相同。

例1：使用干冰人工降雨，不会留下任何痕迹。

例2：为了提高高纯度氧化铝的感应熔化，必须引入导体（只在熔化时让氧化物有传导性）。提出的解决方案是引入纯铝，这样就改变了电磁场的灵敏度以熔化氧化物，当获得高温时，纯铝将燃烧并变成氧化铝。

S5.1.4 如果条件不允许加入大量的物质，则加入虚有的空物质。

例1：在物体内部增加空洞以减轻物体的重量。

例2：在需要运输故障飞机时通常会使用充气囊，将充气囊放置在机翼下。气囊充气后，再举升飞机，可以很容易地运输。

S5.2 引入场

S5.2.1 利用已有的一种场产生另外一种场。

例1：电场产生磁场。

例2：在回转加速器中，磁场加速粒子的加速度产生切伦克夫辐射（光），通过改变磁场可以控制光的波长。

S5.2.2 利用环境中存在的场。

例：电子设备使用各个组成部分产生的热量，形成气流冷却设备，而无须额外增加风扇，使整体设备的性能提升。

S5.2.3 利用系统或外部环境中已有的物质作为媒介物或源而产生的场。

例1：切割工具和被切割对象可以形成一个热电偶，热电偶可以用来测量切割时的温度。

例2：在汽车中采用引擎散热剂作为一种热能（场）资源使乘客取暖，而不是直接应用燃料。

S5.3 相变

S5.3.1 相变1：变换状态。在不引入其他物质的条件下，通过改变某种物质的相态，改善利用物质的效率。

例1：天然气采用液态冷冻运输，以节省空间，然后加热膨胀变成气态后作为燃料使用。

例2：矿井中的通风系统使用液化气体代替压缩气体。

S5.3.2 相变2：动态化相态。根据工作条件的变化，物质从一种相态转变为另一种相态，利用物质的这种能力可以提供"双重"特性。

例1：在滑冰过程中，通过将刀片下的冰转化成水来减小摩擦力，然后水又可以结成冰。

例2：一种散热器有多个由形状记忆合金制成的散热片。在正常工作条件下，散热片是闭合的，当温度升高时，散热片打开，以便增加冷却面积。

S5.3.3 相变3：利用相变过程中伴随出现的现象。在所有类型的相变中，随着聚合状态的改变，物质的结构、密度、热导率等也发生变化。此外，在相变过程中还伴随着能量的释放或吸收。

例1：利用水在固态（冰）下膨胀的特性，来产生压力使岩石破碎。

例2：用来运输冰冻重物的装置，使用冰来制作支撑件。融化的冰可起到润滑的作用，从而有限地减少摩擦阻力。

S5.3.4 相变4：向双相态转化。双相态代替单相态，使系统具有"双"特性。

例1：利用熔化的铅和铁磁性研磨颗粒作为研磨介质，来抛光坚硬的表面。

例2：利用不导电金属相变材料制造可变电容。当加热某些层时变为导体，冷却时变为绝缘体，电容的变化是靠温度控制的。

S5.3.5 利用系统的相态间的相互作用增强系统的效率。

例1：白兰地经过两次蒸馏后在木桶中进行保存，这是木材和液体之间的相互作用。

例2：在液体输送管系统中，电源线路中使用的工作介质是由这样的一种化学相互反应的物质制成的：当受热时分解，吸收热量，分子间作用力降低；冷却时再次化合为初始状态。

S5.4 运用自然现象

S5.4.1 状态的自我调节和转换。如果一个物体必须具有不同的状态，那么它应该可以自动从一种状态转化为另一种状态。

例1：变色太阳镜在阳光下颜色变深，在阴暗处又恢复透明。

例2：霓虹灯是在中空的玻璃管中充入惰性气体。通电以后，气体电离变成导体，随后离子重新结合再次形成惰性气体。

S5.4.2 当输入场较弱时，加强输出场。通常在接近状态转换点处实现。

例1：真空管、继电器和晶体管可以通过很小的电流控制很大的电流。

例2：测试密封物体密封性的一个方法是：将物体浸在液体中，同时保持液体上的压力小于物体中的压力，气泡会出现在密封破裂的地方。为增加测试的可见性，可将液体加热。

S5.5 产生物质的高级和低级方法

S5.5.1 通过降解获得物质粒子。若在解决问题时，需要某种物质的粒子，如离子，但根据问题的特定条件，无法直接获得，则可以考虑通过分解物质某高层级结构的物质获得，如分子。

例：如果系统需要氢但系统本身不允许引入氢，可以通过引入水，再将水电解转化成氢和氧。

S5.5.2 通过结合获得物质粒子。若在解决问题时，需要某种物质的粒子，如分子，但根据问题的特定条件，无法通过标准解S5.5.1获得，则可以考虑通过化合物质某低层级结构的物质获得，如离子。

例1：树木吸收水分、二氧化碳，并且运用太阳光进行光合作用生长壮大。

例2：为了减少轮船的流体动阻力，利用高分子混合物来应用Thoms效应，然而这将伴随着大量聚合体的浪费，因此可以在电磁场的作用下生成水分子的联合体。

S5.5.3 应用标准解S5.5.1和S5.5.2。如果需要高层级结构的物质分解，最简单的方法就是用次高一层级结构的物质代替；如果某一物质需要由低层级结构的材料组合而成，最简单的方法是用次高一层级结构的物质代替。

例：如需要传导电流，将物质变成离子和电荷，之后，离子和电荷还可以继续组合在一起。

6.2.7 76个标准解的应用流程

发明问题标准解有76种之多，似乎内容复杂，头绪较多，使用起来不是很容易和方便。其实，在对其不断地使用和实践的过程中，人们已经总结出来了一整套的使用流程，让发明问题标准解的使用能够循序渐进，变得比较容易操作。

76个标准解的具体使用过程的流程图如图6-23所示。首先是对问题的类型进行判断，确定问题属于需要改进系统的问题还是测量和检测问题，然后针对不同的问题建立物场模型。如果是测量和检测问题，直接使用第4类标准解进行分析；如果是需要改进系统的问题，根据模型的类型分为：模型不完整的问题、产生有害效应的问题和作用不足的问题，针对这三类问题，分别使用相应的标准解进行解决。最终，归结到运用第5类标准解：简化和改进的策略。

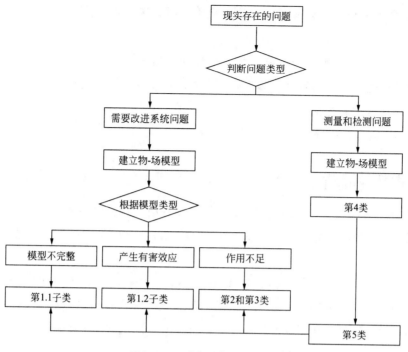

图6-23 76个标准解应用流程

案例6-11 粉尘过滤

粉尘收集过滤装置是一种用于过滤含粉尘干燥气体的工业用环保设备。设备中采用了大排量、低噪声风机等。工作时,风机旋转使机箱内产生负压,含有粉尘的空气从进气口被吸入箱内,经专用滤袋过滤,粉尘被阻挡在滤袋内,干净的空气通过滤袋后经风机送出机箱外。现在的问题是滤袋的粉尘积聚到一定厚度后,过滤能力会有所降低,如何提高该装置的过滤能力?

① 根据标准解的应用流程,首先判断该问题属于"需要改进系统",而不属于"检测和测量问题"。

② 根据物场分析步骤,判断问题发生的部位在于滤袋上的粉尘堵塞了滤袋,致使整个装置过滤能力降低。建立问题的物场模型,如图6-24所示。

③ 显然,问题的物场模型属于产生了有害作用的类型,应该应用S1.2的标准解。

④ 该标准解建议,当问题的物场模型属于产生了有害作用时,可以引入第三种新物质或者另外一种场,来消除有害作用。解决方案的物场模型如图6-25所示。

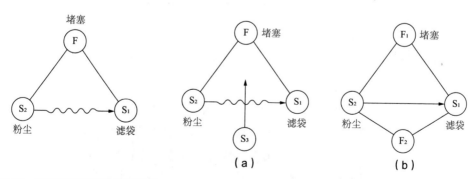

图6-24 粉尘过滤问题的物场模型　　图6-25 解决方案的物场模型

⑤ 现在需要考虑的是：如果引入一种新物质，那么这种新物质会是什么？如果引入一种场，那么又是什么场？

⑥ 找到解决方案一：加入一种机械场——振动。滤袋振动，将积聚在袋壁上的粉尘抖落下来，使滤袋的过滤能力得到再生。落下的粉尘集中在箱内下部的集尘盒中，可以定期打开箱门拉出集尘盒倒掉其中的粉尘。

⑦ 解决方案二：反方向吹空气，将粉尘吹落。

6.3 工程应用流程

物场模型描述出了系统的问题模型，标准解系统是解决存在问题的物场模型的有力工具之一。将物场模型作为问题模型，中间工具是标准解系统，对应的解决方案的模型是标准解系统中的标准解。

在6.1.4节中给出了物场模型建立的5个步骤，6.2.7节中列出了76个标准解的具体使用流程。针对一个具体的工程问题，需要将二者结合起来进行综合应用。

利用物场分析和76个标准解方法求解工程实际问题，可以按照6个步骤进行，如表6-8所示。

步骤1：描述待解决的关键问题；
步骤2：列出问题内部所有的物质、场及其相互关系；
步骤3：根据步骤2内容建立系统的物场模型；
步骤4：列出解决问题的标准解；
步骤5：根据步骤4的标准解建立系统新的物场模型；
步骤6：根据建立的新物场模型分析解决方案。

表6-8 利用物场分析和76个标准解求解问题步骤

1 关键问题	2 相互作用组件	3 初始物场模型	4 标准解类别	5 新物场模型	6 解决方案
问题描述	物质1 物质2 场1	(初始物场模型图)	引入新的物质或……	(新物场模型图)	方案陈述

6.4 工程案例

案例6-12　昆虫危害粮食的解决方案

昆虫是造成粮食损失的主要原因。据估计，已收获粮食总量的25%是由各种昆虫的危害而损失掉，昆虫吃储存的粮食是其重要原因。应用76个标准解提出该问题的解决方案。

首先要确定问题所处的区域或范围，粮食与昆虫是所关心的范围。经分析可知，昆虫危害粮食的问题可以分解为三个关键问题。

问题1：粮食已收获，但没有防护昆虫的措施；

问题2：昆虫已在粮食中并吃粮食；

问题3：昆虫已在粮食中存在了很长时间并产生了很多虫卵。

解决第1个问题的首要步骤是建立物场模型，如图6-26所示。该模型中仅有粮食，因此其功能是不完整功能，问题解决的过程是完善此功能。

按照76个标准解的应用流程，第1.1类标准解可以用于解决该问题。很明显，需要增加保护装置使粮食免受昆虫侵蚀，如粮仓，其模型如图6-27所示，图6-28是其原理图。

图6-26　未被保护的粮食　　　　图6-27　被粮仓保护的粮食

下一步是应用第3类标准解进一步改善系统。该类标准解中有各种系统传递的标准解，如可以传递到一个双系统，该系统既可以保护粮食免受昆虫的侵害，又可以方便地导出粮食以便使用。目前的粮仓能保护粮食不受昆虫侵害，但导出粮食困难，应利用第5类标准解作进一步的改进。

根据标准解5.1加入物质，其中的S5.1.1是引入物质的间接方法，而S5.1.1是引入虚无物质，该标准解提示：应采用空间使导出粮食更为方便，如图6-29所示。

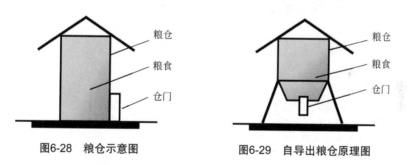

图6-28　粮仓示意图　　　　图6-29　自导出粮仓原理图

第2个问题是在粮食入库之前，昆虫已在粮食中并吃粮食。该问题的物场模型如图6-30所示，该图表示存在一有害功能。

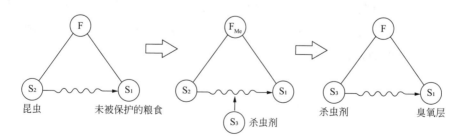

图6-30　利用杀虫剂防止昆虫

按照76个标准解的应用流程可选标准解S1.2.1，昆虫对粮食毫无用处，应通过引入新物质彻底除去。如果某种杀虫剂只杀昆虫,而对粮食及人无害则是一种选择。甲基溴化物(Methyl bromide)是一种可用的杀虫剂,但这种药剂对大气中的臭氧层有影响,这种药剂的替代产品开发一直在进行。磷化氢(Phosphine)气体是一种具有上述功能的药剂,它能消灭部分粮食钻孔虫、大米象鼻虫和甲虫。

另一种标准解是S1.2.2,通过改变S_1或S_2消除有害效应。如果一些昆虫不喜欢吃某种粮食,在该种粮食入库前可能没有这些昆虫。这是一种理想的解决方案。另一种方案是开发粮食的新品种,这些新品种通过干扰昆虫的新陈代谢杀死昆虫,如图6-31所示。已开发的玉米新品种含有抗生物素蛋白,这种蛋白凝固维生素H,没有维生素H,昆虫不能将吃进的食品转变成能量,最后导致昆虫死亡。这种方法对杀死象鼻虫、蛙虫等是有效的。

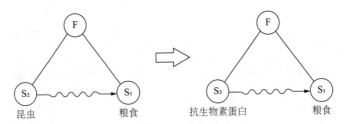

图6-31 开发的玉米新品种防止昆虫

标准解S1.2.3是指有害效应是由一种场引起的,引入物质S_3吸收有害效应。假如粮食的芳香气味吸引昆虫,引入某种物质吸收或淡化这种芳香气味是解决问题的一种方法,如图6.32(a)所示。该标准解应用的另一种方法是引入某种物质,该物质干扰昆虫的味觉,正在开发中的气味中和剂可用于面粉。甲虫的防治如图6-32(b)所示。

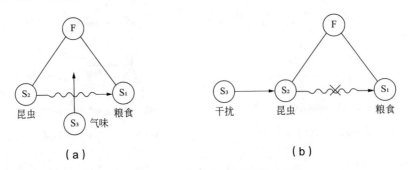

图6-32 引入芳香剂或干扰物质防止昆虫

下一步是第3类标准解的应用。如标准解S3.2.1是指将系统传递到微观水平,包括场的利用。一些场可用于杀死某些昆虫,如强紫外线照射、热及超声的应用,如热场(55℃)可以代替甲基溴化物杀虫,如图6-33所示。

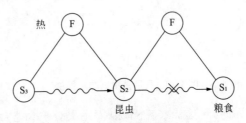

图6-33 利用热场防止昆虫

下一步是判断上述的解是否可以接受。如果不能接受则需要重新定义问题,继续上述的过程;如果能接受,则应用第5类标准解使问题的解更接近理想状态。标准解S5.1.1建议采用虚无物质改善解,如采用真空是一种方法。真空可通过真空泵将仓库中的空气抽出而获得,以杀死昆虫。该方法用于各种仓库杀死啮齿动物,但同时也能杀死昆虫。由于一些昆虫能长时期不呼吸及身体有一硬壳而能忍受低压,所以另一种方法是在仓库中压入二氧化碳气体用于驱赶氧气,以使一些昆虫窒息而死。

第5类标准解中的S5.3.3是另一种方法,将粮食的温度降到0℃以下,将杀死几乎所有的昆虫。其原因是在温度降低的过程中,水的体积增加,将破坏昆虫的细胞。

以上是应用物场分析和76个标准解解决问题的多种方法,不同方法的实现还要考虑成本及具体场合。

案例6-13　打桩

在建造楼房时,为了建造牢固的地基,预先往地下打桩。问题在于桩的顶部在用锤子砸的过程中常被损坏。如图6-34(a)所示,致使许多桩子还尚未达到所需的深度,就得将桩的残留部分切除,再在其旁边打上附加桩。这样既降低了工作效率,又提高了工程成本。打桩是利用撞击力将桩子打进地基。打桩的过程需要很多能量,其中有很大一部分能量浪费在毁坏桩子本身,这已成为不可接受的缺陷。

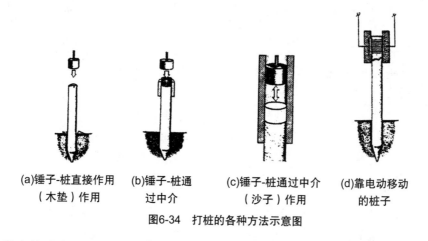

(a)锤子-桩直接作用　　(b)锤子-桩通　　(c)锤子-桩通过中介　　(d)靠电动移动
　（木垫）作用　　　　　过中介　　　　　（沙子）作用　　　　　的桩子

图6-34　打桩的各种方法示意图

为了消除桩子和锤子之间的有害作用,应用标准解S1.2.1在锤子和桩子之间引入中介物质,即在桩子承受锤子敲击的地方引入一块木垫,如图6-34(b)所示。锤子直接敲击在木垫上,撞击力通过木垫再传递到桩子上,一旦木垫被砸坏了,可以更换一块新的木垫,显然这要比直接作用在桩子上要好很多。但是,锤子对桩子的伤害依然是存在的,因为在锤子的敲击下,锤子的撞击对桩子的头部表面所承受的力的作用并不理想,桩子顶部本身并不光滑平整,造成对木垫的不均衡挤压,木垫很快受损。任何微小的倾斜又会加速木垫的受损过程。在撞击力集中的地方,也就是应力较为集中的地方,也会导致桩子的断裂。如何能保持锤子的撞击力始终沿着桩子表面作用呢?

应用标准解S2.2.2分割物质,由宏观向微观控制水平转换来达到增强打桩效率。将沙子灌入套在桩子顶部的套筒里,如图6-34(c)所示。由于经锤子敲击后的沙子微粒能动态填补桩子顶部表面上所有不平整的部分,确保了撞击力在最大面积上予以分担。

以上的解决方案,总是局限在锤子和桩子的作业区域内,实际上,最终的目标是将桩子打入土壤,还可以应用标准解S2.4.2和S2.4.11,如图6-34(d)所示。在制作桩子时,预先注入铁磁性粉末。在打桩现场,将桩子放入装有能产生电流脉冲的环形电磁感应器的圆筒内,产生的磁场与桩子内的铁磁性部件、桩子的钢筋相互作用,形成了类似直流电机原理,使桩子产生向下移动的作用力。电流和脉冲形式的选择,可以用来控制桩子不同的运动状态。由此,沿着打桩方法的进化路径,如图6-35所示,获得了简单的、趋于理想解的打桩方法。沿着进化路径打桩方法的物场模型,如图6-36所示。

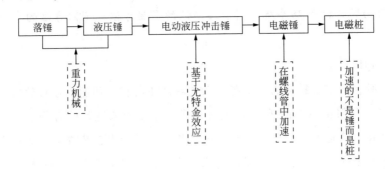

图6-35 打桩方法的进化路径

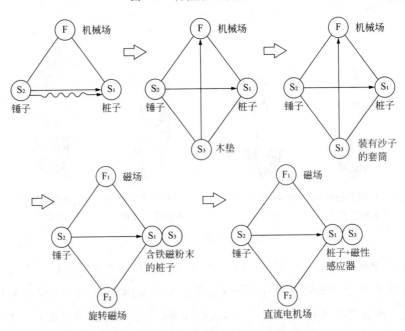

图6-36 沿着进化路径打桩方法的物场模型

案例6-14 新型箱式烘干机设计

第一步:确定问题。

传统的箱式烘干机的结构如图6-37所示,从图中可以看到这种烘干机的外形像个箱子,外壳是隔热层。这种烘干机的应用广泛,适合于各种物料的干燥。但是这种烘干机的含湿量不太均匀,干燥速率低,干燥时间长,生产能力小,热利用率低。因此,使用物场模型来进行改进设计。

第二步：建立、分析物场模型。

建立的物场模型如图6-38所示，其中S_1、S_2分别表示需干燥的物料以及气流，F_{Th}表示一个热力场。由图可知，物场模型中的元素齐全，但S_2对S_1产生的作用不足以达到系统的要求，因此需要对模型中的作用进行加强。

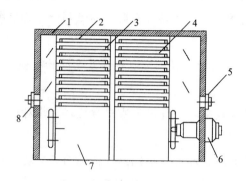

图6-37 箱式烘干机结构示意图

1—外壳；2—料盘；3—料盘架；4—可调节叶片；5—排气口；6—风机；7—加热器；8—进气口

第三步：求解标准解。

当前系统为需要加强作用的功能模型，应适用第2类和第3类的增强物场作用的方法，这个场合的标准解包括：

① 对S_1的修改。在实际中体现为对被干燥物料的预处理。在进入箱式烘干机之前，可先对物料进行脱水处理，来提高干燥过程中的干燥效率。

② 对S_2的修改。对箱式烘干机的设计使用不同的材料、形状以及表面工艺，来更有效地提高接触面积，使物料与气流接触均匀，提高干燥效率。例如，可对结构中的叶片进行设计，可让其与物料成一定角度，并且角度是可调节的，通过改变角度可以改变接触面积的大小，保证受热均匀。

③ 引入一个新场。例如，再引入一个机械场F_{Me}，通过一个环流产生装置将涡流引入物料，而不是层流来改善加热方式，从而提高热效率。此时，原来的物场模型变为图6-39所示。

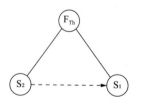

图6-38 问题的物场模型

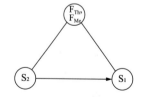

图6-39 解决方案的物场模型

思考题

1. 什么是物场模型？
2. 物场模型有哪几要素？分别是什么？
3. 物场模型有什么作用？

4. 物场模型的类型有几种？

5. 过度作用和有害作用的区别是什么？

6. 标准解系统共有多少级？分别是什么？

7. 简述各级标准解之间的关系。

8. 两个物质间的场，有用与有害作用并存时，请选用一个标准解来消除有害作用，并举例说明。

9. 当物质之间的场作用不足时，我们可以构建复杂的物场模型解决，请画出 S2.1.1 的链式物场模型。

10. 在电梯中手机的信号被屏蔽，所以无法正常使用，请对这一问题建立物场模型，并试着得到解决方案模型。

11. 炼钢企业有一个很大的设备用于炼钢，设备上面开有观测口，工人可以通过这个口看炼钢的情况。炼钢的过程中不时会有一些小的火星和碎石从口中飞出，会伤到工人。请根据物场分析法对问题进行分析。

12. 风车在风比较大的情况下，旋转速度过快会给风车带来一些伤害，为了在多变风力的条件下保持一定范围的旋转速度，请通过物场分析，设计一个可变的制动装置。

13. 我国东北地区冬季降雪较多，这时汽车在雪地行驶会打滑造成交通事故，请构建物场模型，并选择标准解加以解决。

14. 玻璃厂会运输一些成品玻璃块，但是玻璃比较脆，容易破损，运用什么样的方法运输降低破损率，尝试用物场分析解决问题。

15. 有一种猎狗是专门为抓松鼠训练的，狗在树丛中找松鼠，当它看到哪棵树上有松鼠时，就在树下咆叫，这样猎人会来到这里，射下松鼠。因为猎人通常看不到松鼠，而猎狗通过气味能找到松鼠，所以猎狗的帮忙很重要。现在有一个完整的物场模型，狗、猎人和狗的叫声。然后，猎人会变得越来越老，听力下降，甚至几乎听不到外界的声音，包括狗的咆叫声，这时猎人如何能正确地来到狗所发现的那棵有松鼠的树下呢？尝试构建有问题的物场模型，并应用标准解解决问题。

参考文献

[1] 檀润华. TRIZ 及应用——技术创新过程与方法. 北京：高等教育出版社，2010.

[2] 檀润华. 发明问题解决理论. 北京：科学出版社，2004.

[3] 创新方法研究会，中国 21 世纪议程管理中心. 创新方法教程（中级）. 北京：高等教育出版社，2012.

[4] 成思源，周金平，郭钟宁. 技术创新方法——TRIZ 理论及应用. 北京：清华大学出版社，2014.

[5] 周苏. 创新思维与 TRIZ 创新方法. 第 2 版. 北京：清华大学出版社，2018.

[6] Victor Fey, Eugene Rivin. Innovation on Demand. New York: Cambridge University Press, 2005.

[7] Semyon D. Savransky. Engineering of Creativity: Introduction to TRIZ Methodology of Inventive Problem Solving. New York: CRC Press, 2000.

第 7 章
S 曲线与技术系统进化法则

⊘ 知识目标：
① 熟悉技术系统的S曲线发展路线。
② 熟悉8个技术系统进化法则的内容与运用范围。

⊘ 能力目标：
① 能够运用S曲线对技术系统的发展路线进行分析。
② 能够运用技术系统进化法则分析技术难题发生的缺陷。

在20世纪中后期，阿奇舒勒受到达尔文生物进化论的启发，通过对众多技术发展历程的研究和总结，提出了技术系统进化理论。该理论认为技术系统的进化存在着与生物界相同的：从低级到高级、从简单到复杂、从种类少到种类多的客观进化规律，在一个工程领域中总结出的进化规律可应用在另一个工程领域，即进化规律具有可传递性，从而进一步形成了TRIZ中的技术系统成熟度预测方法。

阿奇舒勒对进化规律进行总结，形成了TRIZ理论中的S曲线和技术系统进化法则。在早期阶段，进化理论通常被作为TRIZ中的一个用于解决具体技术问题的工具。经过对技术系统进化的应用实践研究，TRIZ的技术进化理论发展成了一个独立的研究对象。

企业在新产品研发决策过程中，要预测当前产品的技术水平及新一代产品可能的进化方向，这种预测的过程称为技术预测。对技术预测的研究始于20世纪，最初主要是应用于军品领域，后来逐渐拓展到民品领域。当今世界范围内，各产业技术创新步伐不断加速，市场竞争正变得日趋激烈。如果企业能准确地预测技术系统的发展趋势并率先开发出下一代技术，就可能取得领先地位及对市场的主导权。在这期间，理论界提出了多种技术预测的方法。由于TRIZ技术进化理论可对技术系统未来的结构状态序列进行较为清晰的描述，并具备较强的可操作性，因而得到了人们更为广泛的关注。

7.1 技术系统进化与预测

在TRIZ理论中，能完成一定功能的一个产品就称为一个技术系统，一个技术系统可以包含一个或多个执行自身功能的子系统，子系统又可以分为更小的子系统，一直到分解为由元件和操作构成。使用技术系统的场所或技术系统所处的环境被称为超系统。对于技术系统和生物界的发展路线一样会由低级向高级发展进化，就是不断用新技术替代老技术，用新产品替代老产品，即实现技术系统功能的各项内容从低级到高级变化的过程。对于一个具体的技术系统而言，对其子系统或元件进行不断的改进，以提高整个系统的性能，就是技术系统的进化过程，即技术系统进化。

阿奇舒勒通过对大量专利的分析和研究，发现任何一个技术系统都在随着时间向更高级的方向发展和进化，并且它们的进化过程都会经历几个相同的阶段，其规律满足一条S形的曲线。

7.1.1 技术系统进化S曲线

图7-1为一条典型的技术系统进化S曲线，横坐标代表技术系统的发展时期，纵坐标代表技术系统某个重要的性能参数。性能参数随时间的

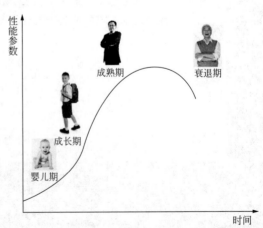

图7-1 技术系统进化S曲线

延续呈现出与人的生命周期相类似的S曲线，即所有技术系统的进化一般都要经历由婴儿期、成长期、成熟期、衰退期四个阶段组成的生命周期。

由图7-1中可以看出，在婴儿期，系统性能的增强比较缓慢；当进入成长期以后，性能将快速增强；而当系统进一步发展到成熟期以后，性能的增强又转而变缓；在最终的衰退期，系统的性能不但没有增加，反而有所下降。像类似飞机的动力发展：螺旋桨→涡桨→喷气式；电话的发展：固定电话→"大哥大"手机→小型手机→智能手机；灯的发展：白炽灯→荧光灯→卤素灯→LED灯等众多产品无一不是经历了上述四个阶段。

（1）婴儿期

处于婴儿期的技术系统，尽管能够提供新的功能，但存在着效率低、可靠性差等问题。更为重要的是，由于技术系统中一些关键性的冲突没有得到解决，使得系统的性能难以得到本质性的提高，从而使人们感觉难以把握产品的未来，考虑到投入风险较大，通常只有少数眼光独到者才会进行投资。总体而言，处于此阶段的系统所能获得的人力、物力投入都非常有限，从而影响了系统性能的提升速度，产品所创造的利润很少，甚至可能为负值。对于处于婴儿期的技术系统，最为关键的是如何解决关键冲突并掌握关键技术。这就需要企业具有足够的前瞻性和投资信心，以更多的投入使系统性能得以快速改善，从而在市场中抢占先机。

（2）成长期

进入成长期的技术系统，原来存在的各种问题逐步得到解决，特别是关键性冲突得到解决以后，系统性能开始快速提升，效率和可靠性也同步得到较大程度的提高。处于此阶段的技术系统，经济收益快速上升并凸显出来，从而增强了企业的投资信心和力度，吸引了大量人力与财力的投入，进一步促进技术系统的快速完善，推进技术系统获得高速发展。

（3）成熟期

在获得大量资源的情况下，系统从成长期快速进入到成熟期。处于此阶段的技术系统已经趋于完善，各类重要的冲突已基本得到解决，更多的是小范围内的性能改善。处于此阶段的产品已经进入大批量生产，并获巨额的经济收益。处于成熟期的系统会消耗大量的特定资源，系统被附加一些与其主要功能完全不相关的附加功能。有理性和前瞻性的企业应在这一阶段开始进行下一代产品开发的准备，将上一代产品成熟期的利润拿出一部分作为下一代产品婴儿期的投入，以保证本代产品淡出市场时，由新的产品来承担起企业发展的重担。

（4）衰退期

成熟期后系统面临的是衰退期。处于此阶段的技术系统已达到极限，不会再有新的突破。由于产品的进入门槛降低，市场竞争进一步加剧，特别是随着恶性竞争的出现，企业的利润大幅下降。因而，企业对产品不再有投入，设备老旧、用料变差等现象也开始出现，系统性能不再增加，而且会出现下降现象，系统离消亡也就为时不远了。

如果能够精确地绘制技术系统S曲线图，就可以很方便地确定技术系统当前所处的位置，从而便于企业制定有效的产品策略和企业发展战略，通常应尽量维持成长期，缩短婴儿期和成熟期，在衰退期之前就应着手开发下一代技术系统。

7.1.2 技术系统进化的 S 曲线族

S曲线揭示了技术系统最为简单的生命周期形式，但实际的进化方式则远较其复杂。并非一个系统进入衰退期后就自然会消亡，所谓系统的消亡，通常也只是每一阶段性产品的消亡，如微软推出的计算机操作系统，在Win3.X出现后，MS.DOS的应用迅速减少直至消失，但计算机操作系统却仍在发展并被广泛应用；当一个技术系统的进化完成4个阶段以后，必然会出现一个新的技术系统来替代它，如此不断地替代，就形成了如图7-2所示的S曲线族，也称为多周期S曲线。当MS.DOS操作系统进入成长期中间阶段时，Win3.X操作系统已开始起步于婴儿期，当MS.DOS操作系统进入衰退期时，Win3.X操作系统恰好处于成长期。同理，该S曲线依次跃迁至Win9X、Win2000、WinXP、Windows Vista、Win7、Win8等。

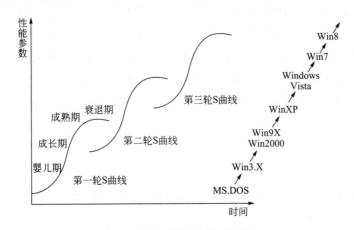

图7-2 技术系统进化的S曲线族

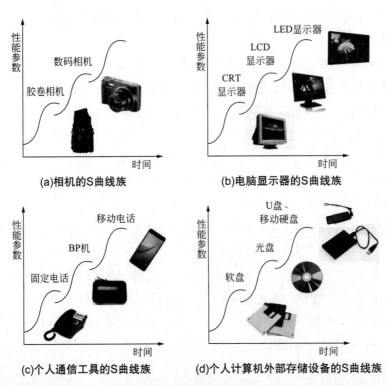

图7-3 S曲线族实例

图7-3为S曲线族实例。图(a)为一个相机的S曲线族,当数码相机出现后,原来利用胶卷存储影像信息已不能满足新的需求,从而使胶卷相机迅速从成熟期进入衰退期;图(b)为电脑显示器的S曲线族,当CRT显示器进入成长期中间阶段时,LCD显示器已开始起步于婴儿期,当CRT显示器进入衰退期时,LCD显示器恰好处于成长期。同理,LED显示器与LCD显示器之间也存在类似的S曲线跃迁。图(c)为一个个人通信工具的S曲线族,不方便移动的固定电话早已进入衰退期,而具有一定移动性的BP机则随着移动电话的出现而迅速消亡;图(d)为个人计算机外部存储设备的S曲线族,进化曲线从早期的5in、3.5in软盘跃迁到光盘,又从光盘跃迁到移动硬盘及U盘。

S曲线族的形成具有多方面的因素,主要可概括为以下两种:

① 受思维惯性的影响。人们通常会将研究目标和资源集中投入在某一个或几个子系统,因而在大多数情况下,系统性能的变化首先遵循的是以某一子系统或几个子系统的进化为基础的S曲线。但子系统也是系统,它的进化也符合S曲线法则,也存在着衰退期。当上述某子系统上的性能发展出现极限时,为了改变系统性能就需要改变发展方向,系统的组成也可能会发生变化。当出现了上述情况时,系统将以另一条S曲线开始其进化历程,即出现了多条S曲线。

② 新技术产生的影响。在原系统的进化过程中,各种新技术也在不断地出现。如新技术被应用于当前系统时,新的S曲线也将产生,此时前一个S曲线的发育可能是不完整的,即当它还没有走完成熟期时,其发展的历程也就结束了。

7.1.3 技术系统成熟度预测

描述产品进化规律的S曲线可以被视为一条产品技术成熟度预测曲线,确定产品在S曲线上的位置,就可以评估系统现有技术的成熟度。为了综合评价产品的发展规律和在进化过程中所处的位置,TRIZ技术进化理论采用时间与产品性能参数、时间与利润、时间与产品专利数量、时间与专利等级4条曲线组成(见图7-4),从中可以发现多种规律性,有利于资源的合理分配与投入,帮助研发人员做出正确的研发决策。它不但有助于实现产品的跨越式发展,保证产品和企业获得更强的竞争力,也可避免因重复投资而造成的不必要损失。

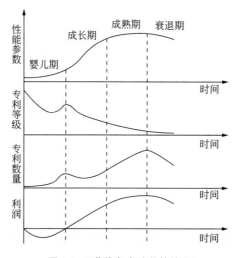

图7-4 S曲线各个阶段的特征

（1）S曲线各阶段的特征

在婴儿期，所需要的是重大的专利突破，此阶段产生的专利级别很高，因而专利数量也相应较少，该阶段产品的经济收益通常为负值。

在成长期，由于大的技术问题已经得到了解决，此阶段产生的专利级别开始下降，但专利的数量出现上升，该阶段产品的经济收益开始提高。

在成熟期，技术系统性能水平达到最佳，此时仍会产生大量的专利，主要是为了响应各种差异不大的需求，而对产品作大量而非十分重要的修正，如外形、颜色等，从而使专利级别降低，并开始出现大量专利垃圾。该阶段产品的经济收益上升幅度逐渐减缓。

在衰退期，由于该阶段产品的利润开始下降，企业进一步加大投入却没有回报，专利等级与专利数量均呈现快速下降的趋势。

上述4条曲线通常能够完整地反映产品发展的进程，如能收集到产品的有关参数，绘出上述4条曲线，通过曲线的形状就可以判断产品在S曲线上所处的位置和成熟度，并根据预测结果采取相应的措施。在S曲线的每个不同阶段，公司所该采取的营销策略、研发策略、专利策略与竞争策略都是不同的，这是S曲线规划的重点内容。

（2）S曲线绘制的基本方式

下面简要分析一下成熟度预测时典型曲线绘制的基本步骤和主要问题。

1）绘制性能参数曲线　绘制性能参数曲线首先应确定对产品有重要影响的性能参数。如对于电动机，可以确定为效率、功率和尺寸的比值、电磁辐射等；对于滚筒式纺纱机可以确定为滚子的转速等。所选定的指标应该具有代表性，即能够表明该产品的主要性能，所选的指标可以多于1个。当确定的指标多于1个时，可以采用如下方法处理：①对多个指标进行加权处理；②根据市场调查选择市场最为预期的某个性能目标；③允许多指标并存，并对各指标同时进行分析。

2）绘制时间-专利数量及专利级别曲线　绘制时间-专利数量及专利级别曲线主要是通过查阅所有的专利文献，获取国内外的专利数量分布关系。由于互联网的发展，专利获取的难度不大，难的是要绘制时间-专利数量曲线并不仅靠查取专利就能解决，需要解决的问题包括以下几点：

① 查询范围的确定。就是要选定查询的主题词，即应该将哪些方面的内容包含在查询范围之内。太小达不到查询目的，太大则增大了专利分析的工作量。解决这一问题需要有相关的专业知识和一定的发散性思维，并作综合考虑。

② 无效专利的剔除。所获取的专利中，有些专利可能是完全重复，有些专利可能与所研究的问题毫无关联，为了统计的准确性就要剔除这些无效专利。

③ 在专利查询和分析完成后，就可以根据技术的发展历史确定时间段（如5年为一段等），统计在该时间段内的专利数量后就可以绘制时间-专利数量曲线了。相对于时间-专利数量曲线的绘制，时间-专利等级曲线绘制的难度更大一些，所需要的判断力也更强，不但要考虑专利的创造性，还要考虑该专利对功能提高作用等方面的因素。专利等级可以根据TRIZ提出的发明等级确定，通常以出现的最高专利级别作为判断标准，也可以作适当的加权处理。

3）时间-利润曲线　绘制该曲线的最大问题就是利润信息的获取问题。利润曲线应该是行业的利润曲线，但由于企业间的相互保密，利润信息通常很难获得。作为一种折中的方法，在这种情况下，可以用较容易获得的其他数据代替，如销售额等。

精确地绘制上述4条曲线具有相当大的难度，而且需要大量的人力和物力。为了保证预测曲线的精确度，应该在各条曲线的绘制过程中充分关注这样的事实，即技术成熟度预测中的4条曲线具有相互关联性，所以当曲线之间存在不吻合的情况时，可以对有关数据进行进一步的整理和分析，使曲线的绘制更接近于真实。

7.2　技术系统进化法则

经典TRIZ理论中有8大技术系统进化法则，分别是技术系统完备性法则、能量传递法则、动态性进化法则、提高理想度法则、子系统不均衡进化法则、向超系统进化法则、向微观级进化法则以及协调性法则。这些法则集中体现了产品在实现功能过程中改进和发展的趋势。

法则1：完备性

一个完整的技术系统至少包含有4个基本部分：动力装置、传输装置、执行装置和控制装置，完备性法则有助于对缺少部分或不足部分进行完善与改进。

法则2：能量传递

在技术系统中，能量应能够从能量源流向技术系统的所有元件，该过程的传递效率应向逐渐提高的方向进化。

法则3：动态性进化

技术系统应该向着结构柔性、可活动性、可控性增长的方向进化，从而有助于提高系统的高度适应性，更好地适应不断变化的需求。

法则4：提高理想度

技术系统总是向着更为理想化的方向发展，提高理想度是技术系统发展的终极目标，即在技术系统进化的同时必然伴随着理想度的增加。

法则5：子系统不均衡进化

技术系统中的各个子系统的进化是不均衡的，每个子系统的进化可能都有自身的S曲线，而这些S曲线不可能完全相同。

法则6：向超系统进化

向超系统进化是将整个系统和超系统的资源整合在一起，或者将某个子系统分离到超系统中去。

法则7：向微观级进化

技术系统总是趋向于从宏观级向微观级的进化，也就是说技术系统最初在宏观上进化，随着资源的耗尽开始在微观上进化。

法则8：协调性进化

该法则指出，在技术系统的进化过程中系统元件之间的匹配和不匹配将交替出现，技术系统应沿着各子系统相互之间更协调的方向发展，包括结构、性能、频率等。

在S曲线的不同阶段，8个进化法则的应用也有所不同。图7-5给出了一类S曲线和进化法则的关联特性，它标示出了在不同阶段较常用的一些进化法则。此类关联特性图也可以用来判断当前研发的产品处于技术系统进化过程中的哪个阶段，但只能作为参考，像提高理想度法则实际上贯穿于S曲线的整个生命周期。

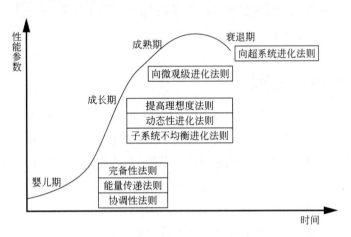

图7-5　S曲线与进化法则的关联特性

尽管TRIZ的各种技术性进化模式都是对系统进化规律的反映，但它们却都受制于提高理想度法则的要求。提高理想度法则对于S曲线的制约主要表现在以下几个方面：在产品出生前必然要仔细地考虑、分析和研究理想化，即新产品的设计思想是来源于增加理想化，而非漫无目的地空想；在产品出生后，再优的结果也应与设想相符，虽然理想化得到了提高，但更多的时候理想化的程度并未如设计者所愿，因此该阶段也是快速提高系统理想度的关键阶段；当产品进入成熟期后，也应保证系统的理想度逐渐增加，只不过增幅减小，当产品处于衰退期时，也就意味着它的理想度处于下降状态或处于难以提高的阶段了。因此，8个进化法则与进化S曲线形成了技术系统进化法则的体系结构，如图7-6所示，每个法则在体系中发挥着各自推进系统进化的不同职能。

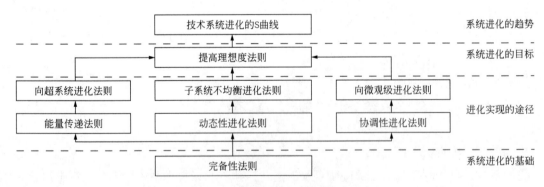

图7-6　技术系统进化法则体系结构

7.2.1 完备性法则

图7-7为完备的技术系统结构,通常至少包括动力装置、传输装置、执行装置和控制装置。各部分的功能可简要描述为:整个技术系统首先从能量源获得能量,经由动力装置将能量转换成技术系统所需要的使用形式,再通过传输装置将能量或场传输到执行装置,最后可按照执行装置的特性进行调整并最终作用于产品。考虑技术系统和环境之间的相互作用以及各子系统之间的相互作用,控制装置提供系统各部分之间的协同操作。例如,一艘帆船的动力装置是帆,传输装置是桅杆,执行装置是船体,控制装置是舵。一台风扇的动力装置是电机,传输装置是传动轴,执行装置是扇叶,控制装置是开关。

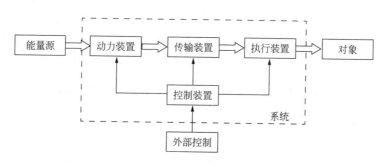

图7-7 完备的技术系统结构

案例7-1 自行车的完备性(见图7-8)

人通过脚施加能量于动力装置脚蹬,该力通过传输装置链条传递给车轮,自行车即可运动起来,而方向则由控制装置车把操控。

图7-8 自行车的完备性

案例7-2 电钻的完备性(见图7-9)

作为动力装置,电动机的转子切割磁场而做功运转,通过传动机构齿轮组驱动执行装置钻头,使其能有效地洞穿物体,而控制装置开关则可控制电钻启停及转向。

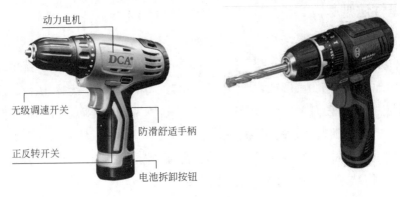

图7-9 电钻的完备性

这4部分是实现系统功能的最低要求,缺一不可。如果缺少其中的任一部分,就不能成为一个完整的技术系统。如果任一部分失效,整个技术系统也无法"幸存"。完备性法则有助于确定实现所需技术功能的资源配置,利用它也可对效率低下的技术系统进行改进。

7.2.2 能量传递法则

技术系统除了具备基本的完备配置外,各部分之间还存在着能量的传递。能量传递法则指出能量应能够从能量源流向技术系统的所有元件,这是技术系统实现其基本功能的必要条件之一。反之,如果技术系统的某个元件接收不到能量,它就不能产生效用,那么整个技术系统就不能执行其有用功能,或者所实现的有用功能不足。

技术系统能量传递进化法则主要表现在两个方面。

(1)保证能量能够从能量源流向技术系统的所有元件

案例7-3 收音机中的能量传递(见图7-10)

收音机在金属屏蔽的汽车内部不能正常收听高质量广播,尽管收音机内各子系统的工作都很正常,但通过电台传送过来的能量源受阻,从而使整个系统不能正常工作。通过在汽车外部增加一根天线即可有效解决问题,采用长天线收音效果好,采用隐藏式天线则兼顾收音效果和美观。

(a)车内收音机　　　　(b)车外长天线　　　　(c)车外隐藏式天线

图7-10 收音机中的能量传递

(2)沿着使能量流动路径缩短的方向发展以减少能量损失

使能量沿着最短路径进行传递,或者用一种能量(或场)贯穿系统的整个工作过程,减少因能量形式转换所导致的能量损失。另外,也可适当替换系统组件,将不易控制的场更换为容易控制的场。

案例7-4 手摇绞肉机代替菜刀剁肉馅（见图7-11）

用刀片旋转运动代替传统的垂直往复运动，缩短能量传递路径，减少能量损失，提高工作效率。

图7-11 手摇绞肉机代替菜刀剁肉馅

案例7-5 火车的能量传递路径（见图7-12）

蒸汽机车能量传递依次为化学能—热能压力能—机械能，能量利用效率为5%～15%；内燃机车能量传递依次为化学能—压力能—机械能，能量利用效率为30%～50%；电力机车能量传递依次为电能—机械能，能量利用效率为60%～85%。可见，通过减少传递过程中的能量损失，有效提高了能量的利用效率。

蒸汽机车　　　　　　　　内燃机车　　　　　　　　电力机车

图7-12 火车的能量传递路径

在设计或改进系统时，首先要确保能量可以流向系统的各个元件，然后通过缩短能量传递路径的方式提高能量的传递效率，这样就可以使系统的各个元件都能为技术系统的正常工作提供最高的效率。

7.2.3 动态性进化法则

技术系统的进化是朝着结构柔性、可移动性和可控性方向发展，这就是动态性进化法则。想想我们身边的产品，测量长度的工具经历了从刚性直尺到折叠尺、从柔性卷尺到激光测距的进化过程；教师使用的教鞭，经历了木杆教鞭到伸缩教鞭，再到激光教鞭的进化过程……

（1）结构动态化进化

将系统的不同区域赋予不同的性能，必要时，相互作用重新转向重要的区域。

案例7-6 削皮器的进化（见图7-13）

使普通削皮器顶端变尖，可以挖去土豆凹陷处的疤痕；通过加宽削皮器的柄可以增加切丝器，不但可以削皮，还可以用来切丝；通过在削皮器手柄部位增加颗粒状凸起，可用来去除生姜皮。

图7-13 削皮器的进化

（2）向移动性增强的方向进化

案例7-7 电话的进化（见图7-14）

从早期话筒与话机无法分割的不可动系统，逐渐进化到话筒与话机分离，两者间通过一小段电话线相连；后来进一步发展为子母机，话筒进化为一个相对独立的子电话机，两者之间无线连接，系统整体的可移动性明显增强；目前发展到人们普遍熟悉的移动电话（手机），可移动性远远超越了子母机的使用空间。

不可动系统　　　　部分可动系统　　　　高度可动系统　　　　整机可动系统

图7-14 电话的进化

（3）向增加自由度的方向进化

刚性的→单铰链→多铰链→柔性体→气体/液体→场，这是向增加自由度的方向进化的一个典型规律，如图7-15所示。

整体 → 整体（不同参数）→ 单铰链 → 多铰链 → 柔性连接 → 粉末 → 或液体 → 气体 → 场

图7-15 增加自由度的动态进化路线

案例7-8 计算机显示器的进化（见图7-16）

早期的计算机显示器与主机是不可分离的，整体移动性很差；后来出现了可移动的显示器，即使主机由于性能落伍而被淘汰，显示器仍可继续使用一段较长的时间；随着笔记本电脑的出现，显示器和主机之间通过圆铰链或球铰链连接，可移动性进一步增强；而平板型笔记本电脑的出现，更使显示器变身为一部电脑，既可独立使用，也可与主机部分配合使用，可移动性空前增强。

不可移动的显示器　可移动的显示器　有圆铰接的显示器　有两个圆铰接的显示器　有球铰接的显示器　可以分离的显示器

图7-16 计算机显示器的进化

案例7-9 切割工具的进化（见图7-17）

刚体切割工具主要用于切割硬质材料，发展到可动链接切割工具可同时切割柔性材料，再从线切割到水切割再到激光切割，实现了最终到场的进化。

刚体切割　　　　铰链切割　　　　　线切割　　　　　　水切割　　　　　　激光切割

图7-17 切割工具的进化

（4）向可控性增强的方向进化

案例7-10 车灯的进化（见图7-18）

传统的汽车车灯需要通过位于方向盘附近的调节手柄来手动调整，通常只能在远光灯和近光灯之间切换，在夜间弯道行驶时，车灯指向相比汽车前进方向存在滞后，易引发安全事故。主动转向大灯（Adaptive Front-lighting System，AFS），又叫作自适应转向大灯系统，它能够根据汽车方向盘角度、车辆偏转率和行驶速度，不断对大灯进行动态调节，适应当前的转向角，保持灯光方向与汽车的当前行驶方向一致，以确保对前方道路提供最佳照明并对驾驶员提供最佳可见度，从而显著增强了黑暗中驾驶的安全性。

动态性进化法则增加了系统的柔性和可变性，而这种变化通常意味着系统自由度的增加，这种变化进一步提高了系统的可控制性，这种可控制性指的是系统可以被控制的潜能，而不是对系统进行控制的难易程度。

 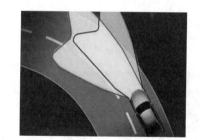

（a）车灯手动调整　　　　　　（b）主动转向大灯

图7-18 汽车车灯

7.2.4 提高理想度法则

理想化是推动系统进化的主要动力，提高理想度法则代表着所有技术系统进化法则的最终方向。提高理想度法则是所有其他进化法则的基础，贯穿其整个寿命的始终。根据前述章节中关于理想度的描述，最理想的产品作为实体并不存在，但是其有用功能仍然能够实现。这种情况下的产品被称为最理想的产品，这种状况下的设计方案被称为理想化最终结果。由于最理想的产品在实际中并不存在，但理想化最终结果是产品设计的一个努力方向。

由于每一个系统在产生有用效应的同时，也不可避免地产生有害效应，从强化有用功能和减少有害功能的角度出发，所有系统均存在着被进一步理想化的可能性，只有这样才能满足系统使用者的需要。

案例7-11　手机的进化（见图7-19）

手机的尺寸从早期的"砖头"大小发展到今天的"手掌"大小，手机的价格从早期的"翡翠价"发展到今天的"白菜价"，手机功能却从早期的单一通话发展到今天的个人信息终端。在功能增强的同时，价格反而不断降低，这就是理想度法则的一个具体体现。

图7-19　手机的进化

提高理想度可以从以下几个方面予以考虑。

（1）增加系统的功能

案例7-12　计算机功能的增加（见图7-20）

在20世纪40年代中期，美国宾夕法尼亚大学研制成功了世界上第一台电子计算机，该计算机占地面积170m^2，总重量30t，使用了18000只电子管，6000个开关，7000只电阻，10000只电容，50万条线，耗电量140kW，存储字节80B，可进行5000次／s加法运算，但其主要功能仅为计算。发展到今天的笔记本电脑，其功能已延伸至绘图、通信、多媒体等丰富的信息处理功能。Intel发布的最新智能硬件平台Edison，主要是专门针对小型穿戴设备推出的处理器，这是一款体积只有SD卡大小的计算机，但却相当于一个完整的"奔腾级电脑"。

　　　　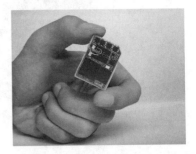

（a）第一台电子计算机　　（b）笔记本电脑　　（c）Edison-SD卡大小的计算机

图7-20　计算机功能的增加

（2）传输尽可能多的功能到工作元件上

案例7-13　扫描打印复印一体机（见图7-21）

随着技术的不断发展，原本独立的扫描仪、打印机、复印机已经集合成集上述功能的一体机，产品功能得到增强，但价格远小于三台独立机器价格之和。

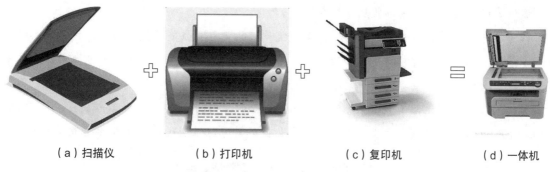

(a) 扫描仪　　　　　(b) 打印机　　　　　(c) 复印机　　　　　(d) 一体机

图7-21　扫描打印复印一体机

(3) 将一些系统功能移转到超系统或外部环境中

案例7-14　空中加油机（见图7-22）

早期飞机的飞行航程只能由自身所携带油箱的大小决定，战斗机的巡航空域明显受到制约，进而也影响到军用机场的选址建设。即便在战斗过程中正处于攻击敌机的有利条件，若突然发现燃油告警，也只能悻悻而返了。随着现代战争的发展，战斗机航程的大幅增加趋势无法避免，这个问题曾使设计师大伤脑筋，多携带燃油意味着减少武器携带量，而武器携带量不足，再远的航程也就变得毫无意义。最初，燃油箱是战机的一个子系统，技术系统进化后，燃油箱脱离了战机进化至超系统，成为独立的空中加油机。飞机系统简化，不必再随机携带庞大的燃油箱。后来还衍生出"伙伴加油"方式，即战斗机通过携带小型加油舱可为其他同类战机加油。

(a) 常规加油方式　　　　　　　　(b) "伙伴加油"方式

图7-22　空中加油机

在各类系统的进化过程中，不是所有新出现或改进后的系统都能满足提高理想度法则，但不满足该法则的肯定是没有持久生命力的产品。有的无法走出实验室真正成为产品，有的只能成为纸面上的专利，有的昙花一现就自动消亡了，诸如此类的现象非常多，究其原因可归结于理想度未得到有效提高。

7.2.5　子系统不均衡进化法则

每个技术系统都是由多个实现不同功能的子系统组成，子系统及子系统之间的进化都存在着不均衡的现象。很多时候，需要对系统的某一特定参数进行改进，这就要求实现这一参数的子系统更加完善。在这种情况下，这个子系统的进化就会比其他的子系统要迅速，这就导致了技术矛盾的出现和技术系统的进化。

案例7-15 计算机性能与散热（见图7-23）

作为计算机发展的核心器件，CPU一直被视作评价计算机性能的关键指标；作为计算机的一个子系统，工程师们对它的研究和应用投入了巨大的人力、物力和财力。截至今天，从技术水平来看，人们还可以在单位面积的硅片上集成更多的微型器件，但现实中却无法操作，因为大量器件的散热问题无法有效解决。当初被视为小角色的散热器，作为计算机的一个子系统，它的研究和应用显然明显滞后于CPU，从而成为制约计算机性能进一步提升的关键影响因素。

（a）CPU　　　　　　（b）散热风扇

图7-23　计算机性能与散热

案例7-16　飞机机翼的进化（见图7-24）

在飞机的发展前期，为了提高飞行速度，总是试图增加飞机发动机的功率。但由于受各种条件的限制，在一段时间后，依靠功率增加以实现提速的努力几近极限。此时，人们发现限制飞机速度的因素并不仅是发动机的功率，飞机外形的影响也是至关重要的。人们又开始致力于飞机外形研究，各种风洞实验的出现，使飞机的速度提升又上了一个新的台阶。

（a）单螺旋桨矩形翼飞机　　　　　　（b）双螺旋桨矩形翼飞机

（c）后掠翼飞机　　　　　　（d）可变后掠翼飞机

图7-24　飞机机翼的进化

案例7-17　自行车的进化（见图7-25）

早在19世纪中期，自行车还没有链条传动系统，脚蹬直接安装在前轮上。此时，自行车的速度与前轮直径成正比。因此为了提高速度，人们采用增加前轮直径的方法，但是一味地增加前轮直径，会使前后轮尺寸相差太大，从而导致自行车在前进中的稳定性很差，很容易摔倒。后来，人们开始研究自行车的传动系统，在自行车上安装了链条和链轮，用后轮的转动来推动车子前进，且前后轮大小相同，以保持自行车的平衡和稳定。

图7-25　自行车的进化

7.2.6　向超系统进化法则

任何先进的技术系统都会走这样一条路：沿着从简单系统向两个、多个系统或不同系统混合的方向进化。系统在进化的过程中，可以和超系统的资源结合在一起，或者将原有系统中的某子系统分离到某超系统中，在该子系统的功能得到增强改进的同时，也简化了原有的技术系统。

（1）单系统—双系统—多系统的进化路线

日常所使用的小刀，其功能主要就是切割。而一把组合刀，则增加了起子、指甲刀、锥子、餐叉、小齿锯、螺丝刀、镊子等具有其他功能的工具，原本众多独立的个体最终形成一个统一的却又保留了原来功能的新产品。

案例7-18　瑞士军刀（见图7-26）

它是集成众多工具在一个刀身上的折叠小刀，因瑞士军方为士兵配备这类工具刀而得名。瑞士军刀所包含的工具非常丰富，除常规的刀子、剪子、钳子、锯子、起子、镊子等之外，圆珠笔、牙签、激光、电筒、U盘、医药包等功能也不断被加入。

图7-26　瑞士军刀

（2）合并—简化

技术系统通过与超系统组件合并来获得资源，由于超系统会提供大量的可用资源，技术系统进化到极限时，实现某项功能的子系统会从系统中剥离，转移至超系统，成为超系统的一部分。

案例7-19　手机与平板电脑充电（见图7-27）

随着手机、平板电脑的屏幕越来越大，其耗电量也与日俱增。遇到此类问题，人们通常的想法就是采用更大容量的电池，但电池容量的增大也意味着体积的增大，而这又恰恰直接影响到系统原本就有限的空间。从备用电池到手机充电站，虽然能部分解决问题，但效果还不是很理想。当将电池从手机中剥离出来，成为移动电源这一超系统，两者之间的矛盾就被有效地解决了。通过近场感应原理形成了无线电能传输技术，即由无线充电设备将能量传导到充电终端设备，终端设备再将接纳到的能量转化为电能存储在设备的电池中，这样手机与充电设备间无需导线连接就可以实现充电，手机与手机也可以相互进行充电。

（a）手机充电站　　　　（b）无线手机充电器　　　　（c）手机相互充电

图7-27　手机与平板电脑充电

当系统可用资源逐渐枯竭，需要新的资源来支撑系统继续发展时，向超系统进化是一个必然的发展方向。

7.2.7　向微观级进化法则

向微观级进化法则指出，技术系统及其子系统在进化发展过程中向着减小元件尺寸的方向发展，即元件从最初的尺寸向原子、基本粒子的尺寸进化，同时能够更好地实现相同的功能。

案例7-20　电子元件的进化（见图7-28）

电子元件向微观级的进化是：电子管→晶体管→小规模集成电路→超大规模集成电路。

（a）电子管　　　（b）晶体管　　　（c）小规模集成电路　　　（d）超大规模集成电路

图7-28　电子元件的进化

案例7-21　工具与检测方法的进化

微型轴承（见图7-29）相比传统轴承尺寸更小，但精度很高，可应用于牙钻、医学和工业专用手机等场合。"胶囊内镜"（见图7-30）全称为"智能胶囊消化道内镜系统"。患者在接受检查时，只需要将一颗智能胶囊用水送服，它就会通过胃肠肌肉的蠕动，按照胃—十二指肠—空肠与回肠—结肠—直肠的路线运行，做个全程的"消化道摄影师"，然后以数字信号传输图像到患者随身携带的记录装置上,医生再根据胶囊所拍摄的图像做出及时诊断。机器苍蝇(见图7-31)的体重只有60mg,翼展也仅仅有3cm,其飞行运动原理和真的苍蝇非常相似。其应用前景十分广泛,不仅可以应用于军事活动,还可以在有毒化学物质侦测方面发挥重要作用。

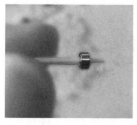  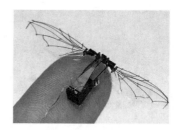

图7-29 微型轴承　　　　图7-30 胶囊内镜　　　　图7-31 机器苍蝇

当系统从宏观系统向微观级进化时,还可以引入不同的场应用。场的应用是微观级的最高级别,通过将场转化为高效场以增加场的效率,可以更好地实现微观化的目的。

案例7-22　打印机的进化（见图7-32）

印刷术经历数代的演变发展到了微观水平,从活字印刷发明后用了1000多年,才有了将字体简化为机械点阵的针式打印机。进一步发展到了喷墨打印机则是通过喷嘴将墨水喷到打印介质上,最初每英寸可喷100点,现在每英寸可喷600点。而激光打印机则是基于场的作用,通过激光使纸张和炭粉具有感光性而形成打印内容。

(a)针式打印机　　　　(b)喷墨打印机　　　　(c)激光打印机

图7-32 打印机的进化

7.2.8 协调性法则

协调性法则指出,技术系统向着其子系统各参数协调、系统参数与超系统参数相协调的方向发展进化。即系统的各个部件在保持协调的前提下,充分发挥各自的功能,各参数之间要有目的地相互协调或反协调,能够实现动态调整和配合。

提高协调性可以从以下几个方面予以考虑。

（1）形状协调进化路线

案例7-23　键盘及鼠标的协调性（见图7-32）

当我们在使用键盘时,前臂通常会自然形成一个弯度,普通的键盘的构造,要求我们的手在敲击键盘时保持平行,所以手腕会拗折。新键盘采用反向倾斜设计,整个键盘的最高点从操作者这一侧向前与桌面形成20°夹角,键面设计前低后高,因为人手向下的自然姿势是最舒适的，操作时可将手腕放在加宽加厚的手托上。同时又考虑到左、右手的位置，键盘设计增加了从中间向两边侧向倾斜，与桌面成10°的夹角，从而舒缓手与前臂造成的压力，使手腕和前臂保持一贯的姿势。

图7-33　人体工学键盘与鼠标

根据实验证明，手腕的仰起角度在15°～30°时是人体感觉最为舒适的状态，一旦过高或者过低，都会让肌肉处于紧张的拉伸状态，加速疲劳。除此以外，对于手掌在握住鼠标时还应是半握拳状态，只有鼠标同时符合以上两个要求，才能有较为舒适的使用感受。在点击鼠标的时候，设计优秀的人体工学鼠标还应保证5个手指都不悬空，并且处于自然伸展状态。

（2）各性能参数之间的协调

案例7-24　网球拍性能参数的协调性（见图7-34）

网球拍需要考虑两个性能参数的协调，一方面要将球拍整体重量降低，以提高其灵活性；另一方面要增加球拍头部重量，以保证产生更大的挥拍力量。

图7-34　网球拍性能参数的协调性

（3）频率协调进化路线

在实际生产中，经常会碰到适合的频率、各子系统工作节奏上的相互协调。频率的协调进化路线如图7-35所示。

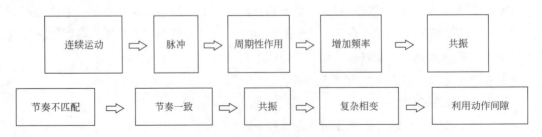

图7-35　频率协调进化路线

案例7-25　贴片机各组件工作频率的协调一致（见图7-36）

贴片机也称"贴装机"或"表面贴装系统"，是通过移动贴装头把表面贴装元器件准确地放置于PCB焊盘上的一种设备。其中，元件送料器与基板（PCB）在贴装时固定不动，贴片头（安装多个真空吸料嘴）在送料器与基板之间来回移动，将元件从送料器取出，经过对元件位置与方向的调整，然后贴放于基板上。为保证贴装质量和贴装速率，就需要贴装头、送料器等部件频率协调一致。

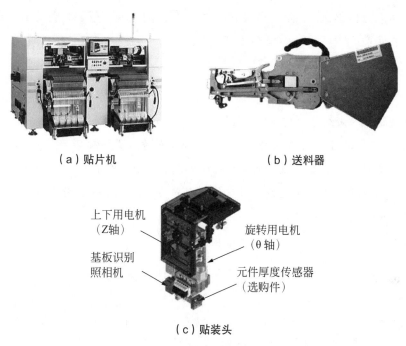

（a）贴片机　　（b）送料器

（c）贴装头

图7-36　贴片机各组件工作频率的协调一致

（4）材料协调进化路线

案例7-26　汽车保险杠的进化（见图7-37）

从实心缓冲器到中空缓冲器、蜂窝状结构，再到毛细结构、带气囊结构，汽车保险杠经历了一个材料协调进化的历程。

图7-37　汽车保险杠的进化

7.3　S曲线与生命周期

　　S曲线揭示出任何一个产品都具有和人类相似的生命周期，从诞生到成长，再从成熟到衰亡。在产品的生命周期中，随着时间的推移，主要性能参数、专利数量、专利级别及利润都会呈现特定的发展规律。同时，每个产品的发展都符合一条或多条技术进化法则。对这些规律和法则的研究，可以分析确认产品目前所处的技术状态，优化现有产品，有助于企业预测产品的技术成熟度，为企业制定产品发展策略提供依据。

思考题

1. 技术系统进化S曲线包含哪4个阶段？
2. "完备性法则"提出了技术系统必不可少的4个子系统是什么？
3. 简述专利等级、专利数量及利润与S曲线4个阶段之间的关系。
4. 很多产品都符合动态进化法则，试选择一种产品分析其动态进化趋势。
5. 试选择一种产品，描述其技术系统进化的S曲线族。
6. 为何说提高理想度法则是其他技术进化法则的基础？

参考文献

[1] 创新方法研究会，中国21世纪议程管理中心.创新方法教程（中级）.北京：高等教育出版社，2012.
[2] 颜惠庚，李耀中.技术创新方法入门——TRIZ基础.北京：化学工业出版社，2012.
[3] 朱险峰，傅星.仪器仪表创新方法概述——TRIZ在仪器仪表领域中的应用.北京：机械工业出版社，2013.
[4] 沈萌红.TRIZ理论及机械创新实践.北京：机械工业出版社，2012.
[5] 成思源，周金平，郭钟宁.技术创新方法——TRIZ理论及应用.北京：清华大学出版社，2014.
[6] 周苏.创新思维与TRIZ创新方法.第2版.北京：清华大学出版社，2018.

第 8 章
科学效应与知识库

◎ 知识目标：
① 熟悉科学效应的内容，了解知识库的内容。
② 知晓科学效应的查询方法。
③ 了解计算机辅助创新技术（CAI）的内容。

◎ 能力目标：
① 能够运用科学效应去解决技术系统的难题。
② 能够熟练查询科学效应和知识库，能将科学效应与技术问题间建立联系，完成技术问题的解决方法。

在TRIZ研究的早期阶段，阿奇舒勒就已经验证：对于一个给定的技术问题，尤其是已有系统的功能增强或引入一个（多个）新功能时，还可以运用各种物理、化学、生物和几何效应使解决方案更理想和更简单地实现。同时，他还发现高等级专利中经常采用的解决方案均应用了不同的科学效应。因此，在创新的过程中，运用物理、化学和几何效应解决问题非常简单、合理。但是对普通的技术人员而言，认识并掌握各个工程领域的效应是相当困难的，需要有一套既严谨又简单易用的科学效应使用与查找工具。

阿奇舒勒通过对世界范围内的专利分析发现和识别出发明问题的创新原理，并分门别类形成了4大类通用解决方案，可以覆盖绝大部分科学技术领域。这4大类通用解决方案的应用可参照图1-15进行：对于技术矛盾问题，应用40个发明原理；对于物理矛盾问题，应用4大分离原理；对于物质-场问题，应用76个标准解。另外，对于技术系统的进化趋势，经典TRIZ发现了8大技术系统进化法则，是经典TRIZ理论体系的理论基础。4类通用解决方案超过100条创新概念，构成了经典TRIZ的面向工程技术领域的创新"字典"。

阿奇舒勒及其领导的研究人员从1969年开始系统地收集效应，1971年开始由Yuri Gorin开发物理效应库，把一般的技术功能与具体的物理效应和现象联系起来。1979年，他们发表了一本关于物理效应的手册。1981—1982年，他们在科技杂志Tehnikai Nauka上发表了一系列关于效应的文章。同年，阿奇舒勒还发起了一项新的生物效应研究，使之作为物理效应的类比。1988年，Salamatov出版了一本关于化学效应的著作。1989年，Vikentjev和Jefremov发表了一篇将几何效应用于发明的论文。所有这些效应都是以论文形式发表的，并且是俄语，使用的方便性受到了一定的限制。

随着现代TRIZ的发展，TRIZ的主要使命是指导系统向产品和技术达到最高市场价值的方向进化，TRIZ必须也应该更多地吸收并采用各领域已发现并成功应用的科学知识和效应。经典TRIZ的功能知识库包含了超过2500条工程和科学效应，且全部来源于海量专利分析、归纳和整理。某些TRIZ研究者及研究机构、计算机辅助创新CAI软件公司均在专利数据库的基础上开发了相应的科学效应知识库，如Invention Machine公司的GoldFire Innovator™就包含了超过9000条涵盖物理、化学、几何、生物、电子等不同行业或学科的效应。

8.1 科学效应

效应是各领域的定律，它是物体或系统实现某种功能的"能量"和"作用力"，涵盖了多学科领域的原理，包括物理、化学、几何、生物等。效应对自然科学及工程领域中事件间纷繁复杂的关系，实现全面的描述。将某一特定技术领域的问题简化到最基本的要素，通过相关的效应，把输入量转换为输出量，实现有用的功能，能够产生至少三级，甚至四级的创造发明。

效应是对系统输入/输出间转换过程的描述，该过程由科学原理和系统属性支配，并伴有现象发生。每一个效应都有输入和输出，还可以通过辅助量来控制或调整其输出，可控制的效应模型扩展为三个接口（三级），如图8-1所示。一个效应可以有多个输入、输出或控制流，如图8-2所示。图中列出了8种效应模型，每一种效应模型的输入流、输出流或控制流均不多于两个，其他情况可同理类推。

图8-1 效应模型

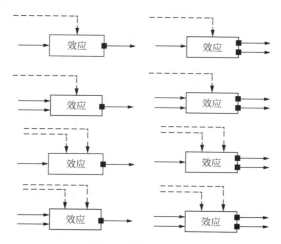

图8-2 多级效应模型

依据效应，实现输入和输出的预期转换，其转换可以通过一个效应实现，也可以通过多个相互相容的效应联合应用，形成效应链。其效应的应用模式大致分为以下5种。

① 单一效应模式：由一个效应直接实现。

例如，杠杆效应可以改变力的大小或方向，如图8-3所示。长度（l）是杠杆效应的控制流，假设力（F_1）不变，改变动力臂和阻力臂的长度可以改变力（F_2）的大小。

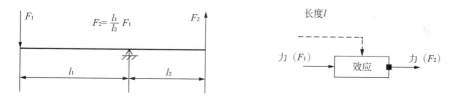

图8-3 杠杆效应

② 串联效应模式：将多个效应按照顺序相继发生，前一个效应的输出，作为后一个效应的输入，如图8-4所示。例如热传导效应可以改变物体的温度，即实现行为：$[T_1]$增加到$[T_2]$；当温度T_2超过形状记忆材料的相变点温度T_0时，形状记忆材料会恢复原状而产生形变（TF），形状记忆效应可以实现行为：$[T_2]$产生$[TF]$（$T_2>T_0$）；热传导效应和形状记忆效应可以连接起来构成串联效应模式实现行为，如图8-5所示。

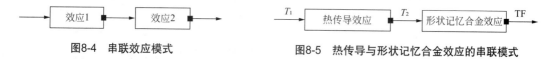

图8-4 串联效应模式 　　　　图8-5 热传导与形状记忆合金效应的串联模式

③ 并联效应模式：由同时发生的多个效应共同实现，如图8-6所示。例如电磁感应效应（E_1）和流体效应（E_2）与玻意耳效应（E_3）构成并联效应模式，将电磁感应效应输出的动能

和流体效应输出的水结合产生液流实现行为,如图8-7所示。

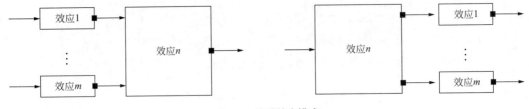

图8-6 并联效应模式

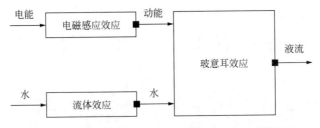

图8-7 电磁感应效应、流体效应与玻意耳效应的并联模式

④ 环形效应模式:由多个效应共同实现,后一效应的输出流的一部分或全部通过一定的方式返回到前一效应的输入端,如图8-8所示。例如,热传导效应与热力学第一效应构成环形效应模式,将热力学第一效应输出的水反馈到热传导效应的输入端实现行为,如图8-9所示。

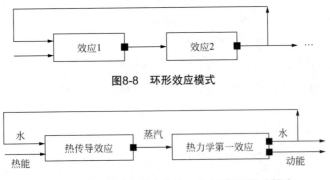

图8-8 环形效应模式

图8-9 热传导效应与热力学第一效应的环形效应模式

⑤ 控制效应模式:由多个效应共同实现,其中一个或多个效应的输出流由其他效应的输出流控制,如图8-10所示。例如弹性-塑性形变效应与形状记忆合金效应构成控制效应模式,将弹性-塑性形变效应的输出流连接到形状记忆合金效应的控制端实现行为,如图8-11所示。

图8-10 控制效应模式   图8-11 弹性-塑性形变效应与形状记忆合金效应的控制模式

在上述效应模式中,邻接效应的输入流与输出流必须相容,以保证效应连接的可行性。另外,虽然在理论上组成效应链的效应流数可以任意确定,但为使设计的系统简化,组成效应链的效应数量应该尽可能地少。

8.2 科学效应的应用

TRIZ理论基于对世界专利库的大量专利的分析,总结了大量的物理、化学和几何效应,每一个效应都可能用来解决某一类问题。每一条效应的应用都可能是某类问题的原理解,目前已经有很多效应应用的实例。

(1)莫比乌斯环

拿一张纸,它有两个面,把它的两头粘上就可以做成一个环,两个面保持下来,一个内表面,一个外表面。

如果将纸条的一端扭转180°,然后再将两端粘起来,会出现什么情况?

它只存在一个面。这是德国数学家莫比乌斯首先发现并研究的,所以叫莫比乌斯环或莫比乌斯带(见图8-12)。

图8-12 莫比乌斯环

设想有一条传统的皮带做成一个圈。外层涂上研磨材料,将这个皮带安装到机器上,当需要打磨一物体时将它压在这个运动的皮带上。过一段时间,研磨层磨完了,皮带要换下来。这会耽误很多生产时间,怎样才能既不增加皮带长度又能使它的工作寿命延长一倍呢?

运用莫比乌斯环特性的磨砂机,皮带的长短和通常的没有两样,但由于它的工作面增加一倍,所以它的寿命也增加了一倍。

针式打印机靠打印针击打色带在纸上留下一个个的墨点,为充分利用色带的全部表面,色带也常被设计成莫比乌斯环。

在美国匹兹堡著名的肯尼森林游乐园里,就有一个"加强版"的云霄飞车——它的轨道是一个莫比乌斯环,乘客在轨道的两个面上飞驰。公园采用莫比乌斯环的步道可以吸引游客探索科学的魅力(图8-13)。

莫比乌斯环循环往复的几何特征,蕴含着永恒、无限的意义,因此常被用于各类标志设计。微处理器厂商Power Architecture的商标就是一条莫比乌斯环。垃圾回收标志也是一个莫比乌斯环,如图8-14所示。运用莫比乌斯环申请的专利有100多项。

图8-13　莫比乌斯环步道　　　　　　图8-14　垃圾回收标志

（2）压电效应

压电效应是当某些材料受到机械力而产生拉伸或压缩时，其内部产生极化现象，使材料相对的两个表面出现等量异号电荷的现象，外力越大，则表面电荷就越多，这种效应一般称作正压电效应。表面电荷的符号视外力的方向而定（见图8-15）。具有这种效应的材料称为压电材料。当给这些材料加上电场时，会产生机械形变（伸长或缩短），如果是交变电场，则会交替出现伸长和压缩，即发生机械振动。这种现象称为逆压电效应（电致伸缩效应）（见图8-16）。这是居里兄弟于1880年在石英晶体的表面发现的。

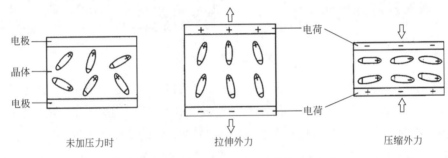

图8-15　正压电效应——外力使晶体产生电荷

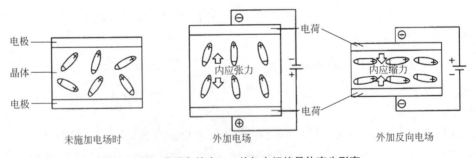

图8-16　逆压电效应——外加电场使晶体产生形变

压电材料的制成，为压电效应的广泛应用提供了保证。换能器利用了聚合物压电双晶片或压电单晶片在外电场驱动下的弯曲振动，可生产电声器件，如麦克风、超声波探头、立体声耳机和高频扬声器。压电聚合物换能器在生物医学传感器领域，尤其是超声成像中，获得了最为成功的应用。PVDF薄膜优异的柔韧性和成形性，使其易于应用到许多传感器产品中。压电效应让人穿着衣服走路都能发电。使用带有压电效应的材质编入衣服材料之内，当移动压折或是扭曲到衣服的时候便会产生电流，而这些电流可以储存到衣服里的蓄电池中，以后可以用来给

MP3、手机等设备充电。超声电机、压电打火机及燃气灶点火器、炮弹触发引信都是压电效应的应用。

（3）热膨胀效应

物体因温度改变而发生的膨胀现象叫"热膨胀"，通常是指外压强不变的情况下。大多数物质在温度升高时，其体积增大，温度降低时体积缩小。在相同条件下，气体膨胀最大，液体膨胀次之，固体膨胀最小。也有少数物质在一定的温度范围内，温度升高时，其体积反而减小。因为物体温度升高时，分子运动的平均动能增大，分子间的距离也增大，物体的体积随之而扩大；温度降低，物体冷却时分子的平均动能变小，使分子间距离缩短，于是物体的体积随之缩小。又由于固体、液体和气体分子运动的平均动能大小不同，因而从热膨胀的宏观现象来看亦有显著的区别。

膨胀系数为表征物体受热时其长度、面积、体积变化的程度，而引入的物理量。它是线膨胀系数、面膨胀系数和体膨胀系数的总称。

固体热膨胀现象，从微观的观点来分析，它是由于固体中相邻粒子间的平均距离随温度的升高而增大引起的。由于固体随温度的变化而变化，当温度变化不太大时，在某一方向长度的改变量称为"固体的线膨胀"。例如，一根细金属棒受热而伸长。固体的任何线度，如长度、宽度、厚度或直径等，凡受温度影响而变化的，都称之为"线膨胀"。

液体是流体，因而只有一定的体积，而没有一定的形状。它的体膨胀遵循 $V_t=V_0(1+\beta t)$ 的规律，β 是液体的体膨胀系数。其膨胀系数，一般情况是比固体大得多。

气体热膨胀的规律较复杂，当一定质量气体的体积，受温度影响上升变化时，它的压强也可能发生变化。若保持压强不变，则一定质量的气体，必然遵循着 $V_t=V_0(1+\gamma t)$ 的规律，式中的 γ 是气体的体膨胀系数。盖·吕萨克定律反映了气体体积随温度变化的规律。这一定律也可表述为：一定质量的气体，在压强不变的情况下，温度每升高（或降低）1℃，增加（或减小）的体积等于它在0℃时的体积。

生活中随处可见热胀冷缩现象。夏天时两电线杆之间悬垂的电线较冬天时低；凹陷的乒乓球，浸入热水中，可使其恢复原状；沸水倒入厚玻璃杯时，容易造成破裂。

尽管热膨胀的效应较小，但是当物体膨胀或收缩时，若无适当的空间供其胀缩，则可能使物体变形。铁轨上的间隙、桥梁两端的伸缩缝以及输油管（暖气管道）每隔若干长度便弯成U形，都是为了预留胀缩空间。

接于电路上的温度控制开关，通常是双金属片制成。双金属片是将膨胀系数差别比较大的两种金属焊接在一起，一端固定，一端自由。当温度升高时，膨胀系数大的金属片的伸长量大，致使整个双金属片向膨胀系数小的金属片的一面弯曲。温度越高，弯曲程度越大。

也就是说，双金属片的弯曲程度与温度的高低有对应的关系，从而可用双金属片的弯曲程度来指示温度，如图8-17所示。通常，将双金属片中膨胀系数小的一层称为被动层，将膨胀系数大的一层称为主动层。

钟表中的轮摆，是将两相异金属片密合熔接，做成半径相同、内外金属片相异的两个半圆，再将其沿直径方向连接成S形，并以圆心为轴作平行于圆面的摆动，摆动的频率与计时准确性有关，且受半径影响。这种组合在温度变化、膨胀效应发生时，可维持轮摆的半径不变，计时准确性得到保障,如图8-18所示。

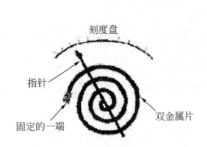

图8-17 双金属片转动式温度计

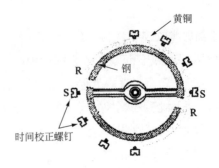

图8-18 钟表内轮摆结构示意图

（4）减阻效应

减阻的概念早在20世纪40年代就已经提出。20世纪初美国纽约的消防队员曾使用水溶性聚合物增加排水系统的流量。1948年Toms在第一届国际流变学会议上发表了第一篇有关减阻的论文,文章指出,以少量的聚甲基丙烯酸甲酯（PMMA）溶于氯苯中,摩阻可降低约50%,因此,高聚物减阻又称为Toms效应。

在液体中添加减阻剂（一种能减少流体在输送时所受阻力的试剂,多为水溶性或油溶性的高分子聚合物）,可大大降低输送管道的阻力,从而取得提高流量、降低能耗等效果,这就是摩擦减阻技术。

国外在输油管道上使用减阻剂有大量成功的实例。美国横贯阿拉斯加的原油管道,采用加减阻剂方案,将原设计的12座泵站减为10座,日输油量增加了50%。英国北海油田某管道,原设计方案管径为1066mm,经过方案比选,采用高峰时加减阻剂方案,使管径改为914.4mm,大大降低了投资。美国西南部一条200mm口径的成品油管道夏季汽油输量增大时,曾111km管道出现卡脖子问题。采用减阻剂后,迅速、经济地解决了问题,管道摩擦阻力下降40%,输量增大28%。美国中西部一条长93km、口径为200mm的输油管道,在顺序输送中,要求柴油与汽油同步输送,需使柴油流量增大20%。使用减阻剂后柴油的摩擦阻力下降了38%,达到了要求。

在国内,首先是利用美国Conoco公司生产的CDR102减阻剂在铁大线、东黄线、濮临线上进行试验,并取得了成功。如铁大线继1986年现场试验成功后,在沈阳、熊岳和复县3个站段,间断投用减阻剂79天,全线增输原油18.667×10^4t,缓解了铁大线外输紧张局面,为国家创造了较高的经济效益。1987年世界油价下跌,国家出口减少,管道又恢复正常运行,停注减阻剂,非常灵活、方便。青海油田的花土沟至格尔木输油管道,原设计输油能力为每年100×10^4t,后来油田产量上升,要求管道输送能力增加到每年150×10^4t。若按传统增加机械动力的方法,需将原来4个泵站全部改建为热泵站,原来3个热泵站也需要改造扩建。不仅时间不允许,而且资金投入大。他们与美国贝克管道化学品公司合作进行加减阻剂试验。试验结果证明,在不增加任何输油泵的情况下,使用FLOXL减阻剂,可以很容易地实现150×10^4t的年输量,其所需费用远低于扩建泵站的投资。

在其他方面,如暖气、中央空调、热交换器、化学工程等液体传输,把煤或某些矿物调制成浆状物以管道输送,是新兴的高效输送方法。国内有报道这类浆料的输送中添加减阻剂的研究。农田灌溉，一些先进国家对农田的灌溉都施行管道输水，加减阻剂后可提高流速，减少蒸发和渗透，并能防止土地的盐碱化。据美国联合碳素公司报道，使用减阻剂后管路流量大增，使灌溉面积增加了215%。高速水力切割、水力采煤、水力采矿，利用高速水射流的动量来切割固体材料；采煤采矿时每天加减阻剂后，高速水射流的出口动量增加，提高了切割能力。医学工程上的应用，冠心病的物理机理是由于胆固醇沉积，使冠状动脉管径减小，血液流过该血管的黏性摩阻增大，以致向心肌供血量减少，血压升高，从而引起心肌供氧不足，心脏负担过重。有人研究用减阻剂（葡萄糖类）来减少血液流动的黏性摩阻，增大血流量，以治疗心血管疾病。有人申请了在血浆、血清、血液的代用品中使用减阻剂的专利。增加轮船的速度，船舶在水中航行时，水的黏性摩阻是影响船速的主要因素，在船体外壁涂上某些高分子物质，可减少航行阻力，提高航速，降低动力消耗。美国海军机构为提高军舰的水下战斗能力，进行了大量的研究。现在，人们正在研制用于体育比赛的赛艇上的减阻剂，以提高船速。

（5）莲花效应

莲花效应是20世纪70年代波恩大学的植物学家巴特洛特在研究植物叶子表面时发现的。莲花效应主要是指莲叶表面具有超疏水以及自洁的特性。由于莲叶具有疏水、不吸水的表面，落在叶面上的雨水会因表面张力的作用形成水珠。换言之，水与叶面的接触角大于150°，只要叶面稍微倾斜，水珠就会滚离叶面（见图8-19）。因此，即使经过一场倾盆大雨，莲叶的表面总是能保持干燥；此外，滚动的水珠会顺便把一些灰尘污泥颗粒一起带走，达到自我洁净的效果，这就是莲叶总能一尘不染的原因。莲叶的表面非常细致，其细致的表面放大千百倍也看不到其中的细孔，表面结构与粗糙度皆为纳米的尺寸使得表面不沾水，灰尘或泥巴都无法吸附在表面上，污垢自然随水滴从表面滑落。莲花运用自然的纳米结构达到自洁的效果。

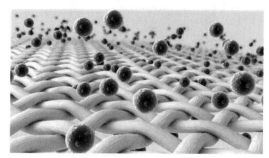

图8-19 莲花效应

莲花效应描绘了一个很有效的生物模型系统，可以用它来制作人工的防污表面，因为它基于一个纯物理化学的原理。模仿莲叶自洁的功能，可以应用于表面纳米结构的技术，可开发出自洁、抗污的纳米涂料。有些纳米涂料里掺有二氧化钛的物质。将二氧化钛等纳米微粒加到衣服的纤维里可使普通的衣服改进为可防振、除臭、杀菌，最重要的是自洁。科学家依靠纳米科技来模仿莲花效应，发明防水底片、防水喷雾剂、外衣、鞋子、车子的外壳、反光镜、安全帽镜片、厨具、瓦斯炉等容易脏污的器具表面，甚至飞机的表面，以及具有自我清洁（Self-Cleaning）性质的建筑材料等，当其有脏污、灰尘附着时，只要用水冲洗，即可达到清洁效果。

以"增加接触角"的方式，能在"表面处理"领域，达到"易清洁"的效果。

（6）其他效应及应用

基于各种效应的应用案例还有很多，例如基于苍耳效应的钩毛搭扣，即魔术贴（见图 8-20），基于旋转双曲面的电视塔和冷却塔（见图 8-21），基于电晕效应的灯泡内部压力检测和合成臭氧（见图 8-22）等。

图8-20　苍耳效应与魔术贴

图8-21　旋转双曲面效应及冷却塔和电视塔

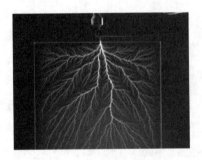

图8-22　电晕放电

8.3　基于效应的功能设计

从市场需求到确定需求功能是一个系统化分析的过程，是完成方案创新的重要前期准备工作。在该阶段，设计人员根据用户需求确定产品的总功能，并将总功能分解为分功能及功能元；确定每个功能元的原理解，并将所有功能元的原理解合成得到待设计产品的原理解。科学效应可以辅助设计人员产生创新概念设想，用于产品设计中原理解的确定。

应用效应解决问题的一般过程，如图 8-23 所示。对市场进行需求分析，分析用户的需求；对问题进行分析，确定所解决的问题要实现的功能；根据功能查找效应库，得到 CAI 软件推荐的效应；或者基于功能导向搜索，得到系统所推荐的效应；利用关联效应和控制效应，筛选所推荐的效应，优选适合本问题的效应；把效应应用于功能实现，并验证方案的可行性；如果问题没得到解决，则重新分析问题或查找合适的效应；如果可行，形成最终的解决方案。

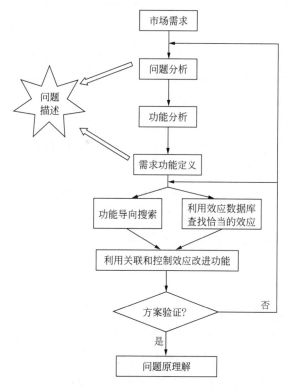

图8-23　效应解决问题的一般过程

在应用效应解决问题的一般过程中，一个关键点在于问题的分析，参照第1章的TRIZ创新应用流程，可以采用的分析工具有功能模型分析、因果链分析，目的是确定技术系统的关键问题（Key Problem），并描述为"How to"模型。

应用效应求解问题的另外一个关键就是查找和匹配科学效应，即选取什么样的效应，通过怎么样的转化，就可以实现系统需求的功能。

8.3.1　建立"How to"模型

"How to"模型是指采用简单明了的短语词汇，深入浅出地描述系统所需功能的一种定义问题的方法。例如，一个盛满水的玻璃杯放置在桌面上（见图8-24），如何在不移动玻璃杯或移动桌子的情况下，将杯中水移除？可以采用表8-1所示模板来进行描述。

图8-24　水杯

表8-1 "How to"模型问题描述模板

问题／简单的问题 (Problem / Simple Question)	系统所需的功能 (Function)
如何移除杯中水？ (How to remove water from a glass?)	移动液体 (Move a liquid)

化学专业人员可能会考虑化学反应改变水的方法；工程专业人士可能会考虑利用压力、势差、温度变化（加热、常温挥发、冰冻成固体）等，各行各业的专业解决方案非常多，甚至是没有专业知识的小孩可能会考虑用吸管吸的方法（这是孩子从快餐店喝饮料获取的经验知识）。问题是，当碰到类似问题时，如何来获得大量的各专业领域已有的解决方案呢？

显然，按照"如何移除玻璃杯中的水（How to remove water from a glass）"这种针对特定问题的特定描述问题的方法很难得到全面的解决方案，有必要对特定问题的特定描述进行一定意义上的转换。转换的基本要求是：功能描述一般化和物质（属性）描述通用化。将初始问题"如何移除玻璃杯中的水"一般化和通用化的处理如下：

移除→移动（remove→moving）

水→液体（water→liquid）

这样转换之后，初始问题"如何移除玻璃杯中的水"就变成了"如何移动液体（How to move a liquid）"，系统功能是"移动液体"，那么问题的解决方案就可以从"移动液体"的效应来获取，开发设计人员所需做的就是将这些"移动液体"的效应比对到初始系统问题的求解中。TRIZ效应搜索会给出99个从世界范围专利库中提取的关于"移动液体"相关创新概念[或概念设计，如吸收、蒸发、声波振动、阿基米德螺旋、阿基米德原理（浮力）、巴勒斯效应、伯努利效应、沸腾等]，且大多数为公共领域并可免费使用的。当然，高效和快速地使用这些效应，则需要一些相关专业知识的支撑。

8.3.2 科学知识与效应的搜索

在计算机辅助搜索中，您可能希望将结果限制到能正好表达您的意思的信息。但是由于一个概念表达时存在着很多语法变化，使用传统的关键字搜索技术就很难从电子文档中检索到所有可用的相关信息。使用关键字搜索并提交查询时，如果文档中包括查询中指定的相同关键字，而不考虑关键字之间的语义或语法关系，该文档就会被检索到，这样就会造成检索到大量非相关信息，从而需要花费大量时间进行阅读查找以及甄别信息是否可以形成解决方案。

精确短语搜索是为限定不实用的关键字搜索结果而研制的，它搜索的结果严格包含所输入的查询——相同的词语、相同的顺序，并且紧密相邻。如果查找一个"精确短语"相当于查找一个"精确概念"的话，那肯定会找到答案。尽管所有精确短语搜索的结果都是相关的，但是检索到的结果远远达不到完整。例如：如果使用精确短语搜索检索到含有"Remove a liquid"的结果中，可能就没有包含"Moving a liquid"的结果。

布尔搜索可以找到精确短语搜索漏掉的相关结果。布尔搜索使用逻辑条件来指定哪些词及其变化形式必须在文档中包含或从文档中排除。但是使用所有可能的关键词变化形式建立传统的布尔表达式是很耗时的，并且也不能保证结果的完整性和相关性。

基于语义搜索的自然语言搜索是应用匹配搜索词之间语法关系的先进语言技术。该技术使自然语言搜索成为"精确概念"搜索，因为它是基于语义上提取结果，而不是简单地匹配文本字符串。语义结构是指一个句子的含义是由其主语、谓语以及宾语构成的语法结构。虽然在句子中可能存在多种语法变化形式，但是这些变化形式具有相同的主语、相同的谓语和相同的宾语，那必然表达的是相同含义。

使用自然语言搜索时，应用下面的指导方法将有助于改善搜索效率。

① 确定知识库中可用的相关内容。

如果在搜索的知识库中没有相关内容，那么搜索就得不到任何结果。首先要确定搜索的内容存在，先输入由名词短语构成的短语查询，该短语能表达所研究问题的主要概念。

② 阐明基于问题中主要概念的一个或多个问题描述。

③ 为②中阐明的每个问题描述执行自然语言搜索。

不需要特别关注动词的时态问题，但推荐的做法是在动词前面加"to"，例如"移动液体"表述为"to move a liquid"。

④ 使用主题来筛选某类结果。

虽然使用自然语言搜索比较适合在一些专门的计算机辅助创新CAI软件中的知识库中进行搜索，实际上在Google等通用搜索引擎中一样可以采用该方法：这些方法就是在一般搜索引擎域名后面加"patents""schoolar"等，国内搜索引擎如百度专利等。当然，在没有专门科学效应库的时候，使用通用搜索引擎进行效应搜索，可以采用功能导向搜索方法来进行。

8.3.3 功能导向搜索

功能导向搜索（Function Oriented Search，FOS），是一种基于对目前世界上已有成熟技术进行分析的基础上用于解决问题的工具。功能导向搜索将功能进行通用化处理，行为和对象双管齐下。比如可以将水、油等物体通用化为"液体"，将焊接、铆接等统统通用化为"连接"，将橙汁浓缩通用化为"将浆状物中的液体分离"。

功能导向搜索可以在已有的解决方案中寻找所需要的方案，不管这种方案是在其他企业，还是在其他行业，一旦发现类似的解决方案，就会非常容易地将它们转化为自己的解决方案。由于功能导向搜索使用的是现有的解决方案，与新发明相比，实现起来更容易，所要消耗的资源（人力、时间、研发经费等）也更少。而且，由于这种方法得出来的解决方案大多经过证实，项目失败的风险也比较低。

结合一个实际案例来说明功能导向搜索方法的应用。

初始问题描述：客户采用多孔冲压设备生产具有大量小孔的卫生护垫，产品存在两个主要的问题：开孔率低（<12%）；冲压后孔的边缘不均匀。

功能导向搜索分为下面几步：

① 找到需要解决的关键问题，将问题定义得越明确越好。

卫生巾问题的一个关键点：由大量的孔产生很高的总开孔率；然而，为防止降低材料强度，又应该限制孔的数量。

② 阐明将要执行的具体功能。

卫生巾问题的功能——在塑料薄片上打孔。

③ 确定必要的功能参数。

重要的参数为：塑料片厚度为0.5mm，孔直径为5 μm，预期的开孔率大于20%。卫生护垫的机械强度不小于冲压后的强度。费用不高于冲压加工的费用。

④ 将功能通用化。

⑤ 搜索其他相关或者不相关领域中执行类似功能的技术，结果通常不止一种。

在功能导向搜索数据库中找到的主要应用领域是航天工业。

⑥ 根据项目中的具体要求，从这些技术中选择最合适的一种或者少数几种。

在搜索中，找到了用于宇宙飞船船体检测的微陨石模型技术。模型的材料为钢箔，微陨石的直径为5～10 μm。基于干粉枪检测技术，向钢箔发射大量等尺寸的粒子，在几分之一秒内，产生大量均匀的孔，不损伤钢箔强度的情况下，开孔率达到30%。

⑦ 解决这种技术带来的二级问题。

采用干粉枪技术生产卫生护垫产品，需要解决的几个问题：

对塑料薄片，如何保证最大量的开口面积；

如何形成一个连续的生产过程，而不是干粉枪的批次作业。

⑧ 应用搜索到的技术，提交实际的计划。

最后，为客户提供了一个实用的干粉枪和塑料片穿孔的样品，具有25%的开孔面积。同时为客户提交所有必要的数据：设备供应商、费用预算和专利技术证明。

那么，什么时候使用功能导向搜索呢？功能导向搜索适用于项目之初，问题定义非常明确但却没有解决思路，或者解决思路虽不明确，但在项目开始时就有几种可能的解决方案，最后通过比较，根据实际情况确定最适合的技术路线。

不要期望这种方法能一次性将问题解决，因为后面还有很多具体问题，它只是提供了一条或几条技术路线。

8.4 计算机辅助创新工具简介

计算机辅助创新技术（Computer Aided Innovation，CAI）是以TRIZ理论为基础，结合本体论（Ontology）、现代设计方法学、计算机辅助技术、语义处理技术等多学科领域知识综合而成的创新技术。CAI技术可以辅助设计者有效地利用多学科领域的知识和前人已有的研究成果，结构化地分析问题，并充分调动已有知识，创造性地帮助设计者提出及解决发明问题，可以在产品概念设计、技术设计以及工艺设计阶段帮助设计者解决发明问题。

CAI技术起源于20世纪90年代初的苏联，在2002年亿维讯公司成立时才引进到中国。早期的CAI技术主要是将TRIZ理论的解决流程进行程序化，但因TRIZ理论本身的使用门槛高，使得CAI软件成了专家级软件工具，而不便于大众使用。因企业日益迫切的创新需求，经过多年发展，现代CAI软件技术是融合创新理论、创新技术和IT技术的集成体，是实现快速创新的有利工具，已经成为新产品开发中的一项重要基础技术。

CAI以分析产品和制造流程中存在的问题为出发点，希望从根本上解决新产品开发中的技术难题，为工程技术领域新产品、新技术的创新开发提供科学的理论指导，指明探索方向。CAI的问世为实现技术创新提供了巨大的便利。在制造业推广应用CAI技术，可以比较好地解决现有产品生命周期管理（Product Lifecycle Management，PLM）技术的两个缺陷：一是它借用TRIZ理论为设计者提供参考设计的方案，解决了现有计算机辅助技术（CAX）软件不利于生成"设计思路、概念和创意"的问题；二是补充了产品数据管理（Product Data Management，PDM）只能管理详细设计数据，无法管理方法类与案例类知识的缺憾。

CAX技术是以CAD、CAE、CAM、CAT、CAPP等为核心的，其在制造业信息化技术中起到了十分重要的作用。但如果要用好、用精以上CAX软件，设计者必须先有概念，才能在CAX系统中开展工作，即CAX解决了概念表达的问题，但并没有解决设计概念生成的问题。CAI技术的出现正好弥补了CAX在概念设计方面的不足。CAI可以较好地生成解决问题的概念，让使用者从设计一开始，即在产品生命周期的最早期阶段，就可以对产品的技术功能进行有效的分析和论证，及早发现问题并解决，而不是到了做详细设计的时候才发现问题、进行改进。有了CAI以后，我们就可以在研发的早期阶段发现问题、解决问题，生成好的设计概念来推动研发工作的顺利进行。

现有的PDM软件面向的是产品数据和信息的管理，其主要功能是管理详细设计阶段的CAD、CAM、CAE等软件里产生的相关数据，并不能管理诸如解决方案、经验、方法、原理、规范、Know-How等带有启发性、指导性的知识。这些知识，是在产品研发与生产中产生原始创新、集成创新的最好源头，但往往不容易获取，或者是获取了以后企业没有有效的办法去实施管理，从而造成企业智力资产流失。CAI技术的另一个优点就是弥补了现有PDM软件的不足。CAI软件作为知识工程体系建设中的重要组成部分，可以帮助企业把分布在企业内的个体、部门中的零散知识，变成公有的、有组织的、可以共享的知识放在CAI中，实现知识的"一次生成、全企共享、永续传承"。同时，CAI又以方法类和案例类的知识来激励企业的研发人员进行技术创新，持续生成更多的解决问题的知识。

目前国内外以TRIZ为核心原理开发的CAI软件有很多，其中具有代表性的软件如表8-2所示。

表8-2 具有代表意义的CAI软件

序号	软件名称	主要功能	开发公司
1	Pro/Innovator（中/英文版）	融合发明创造方法学、现代设计方法学、自然语言处理技术与计算机软件技术为一体的计算机创新辅助工具，包括：项目导航、系统分析、问题分解、创新原理、解决方案、专利查询方案评价、专利生成、报告生成、知识库编辑器等	IWINT（亿维讯）
2	CBT/NOVA（教学用）（中/英文版）	创新能力拓展培训平台，在有限的时间内提高使用者的创新能力，优化创新思维，激发创新潜能，掌握创新技法，进而能够在解决实际创新问题时找出满意的解决方法，包括：创造性思维方法、解决工程矛盾的创新原理和分离原理、创新问题标准解法、物-场分析法、发明问题解决算法	

续表

序号	软件名称	主要功能	开发公司
3	Innovation Work Bench（IWB）（英文版）	为工程人员提供全面、系统的解决创新问题的方法，包括：创新问题分析、问题表述、系统操作、创新实例库、创新导航、评价和网络学习模块	Ideation International Inc.（美国）
4	Goldfire Innovator（英文版）	为工程人员提供结构化的解决创造问题的方法，包括：优化工作平台、研究者平台、创新趋势分析和创新知识库	Invention Machine Corporation（美国）
5	CREAX Innovation Suite（英文版）	帮助工程人员按步骤实现创新，解决冲突，包括：交互式快速浏览、问题描述、资源与约束、进化趋势、进化的潜能、创新原理、冲突矩阵、系统模型、选择工具和知识库	CREAX NV（比利时）
6	Invention Tool（中文版）	帮助工程人员遵循创新规律，发现问题，找到创新性的解决方案，包括：导航、冲突原理、技术进化原理、技术成熟度预测、效应原理、标准解、知识库扩充、用户库管理和报表模块	河北工业大学TRIZ研究中心（中国）

国外以美国Invention Machine公司的Goldfire Innovator、德国TriSolver GmgH & Co.KG的Trisolver、美国Ideation International公司的Innovation Workbench及亿维讯（IWINT）公司的Pro／Innovator为代表，国内以河北工业大学的Invention Tool系列软件为代表。目前我国市场上的比较有影响的CAI品牌有Pro/Innovator、Goldfire Innovator等。其中Pro／Innovator软件是由亿维讯公司针对企业的自主研发项目而开发出来的企业级研发创新平台。通过集成TRIZ、本体论、计算机辅助技术、语义处理技术等技术工具，能为企业提供知识管理信息化平台，帮助企业一次性地完成企业内部研发信息的挖掘、重构、共享、更新等一系列知识工程任务，为企业的知识产权战略管理和研发管理提供一个很好的切合点。

以Pro／Innovator为平台，企业和科研院所的研发部门、情报部门及知识产权部门可以在产品全生命周期中的各个阶段实现技术创新，对技术创新过程中产生的知识进行管理，并实现新知识的专利保护。该软件适用于新产品的概念设计，也适于现有产品的改进创新，已逐渐成为普通研发人员进行创新的不可或缺的工具。

目前，CAI技术广泛应用于国防军工、装备制造、能源电力、通信电子、轻工家电、铁路交通、冶金石化等行业。许多世界名企，如福特、三星、宝洁、大众等都在研发设计过程中采用了Pro／Innovator软件，设计人员从中得到了很多有益的思路和方案，使本领域的专业创新能力得到提升，加速了企业的创新进程。

8.5 工程案例

案例8-1 肾结石提取器

① 问题和功能分析。

传统的肾结石提取器无法破坏较大的结石，要实现对较大结石的破碎，必须在较小的空间内产生一个相对较大的力，如图8-25所示。

② 确定需求的功能。

需求的功能：产生力。

③ 查找效应。

产生力：胡克效应、电场效应、磁场效应等。

产生形变：形状记忆效应、热膨胀效应等。

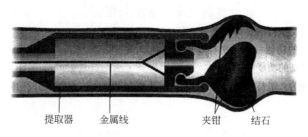

图8-25 肾结石提取器

④ 利用效应。

通过流体加热形状记忆合金使其产生形变，利用形状记忆合金的形变产生力，效应模式如图8-26所示。

图8-26 肾结石提取器串联效应

⑤ 解决方案。

先用拉力使形状记忆合金产生形变，然后用热水使形状记忆合金恢复初始状态，这样就能实现肾结石提取器在小空间内产生较大的力，如图8-27所示，其提取器的方案如图8-28所示。

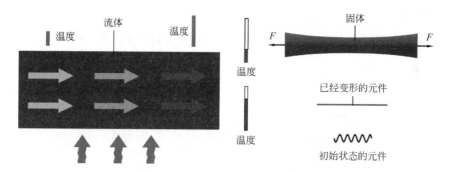

图8-27 肾结石提取器产生力的原理

热水加热形状记忆合金线可改变其内部结构使其进入超弹性状态。其结果是形状记忆合金线能产生很大的力，破碎肾结石

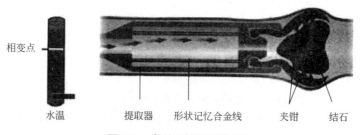

图8-28 肾结石提取器的方案

案例 8-2　输电线结冰

① 问题和功能分析。

在北方，冬季非常寒冷，输电线结冰会带来严重的后果，必须及时清除掉电线上的冰雪。

② 确定需求的功能。

需求的功能：电线除冰，可以提高温度，使冰融化。

③ 查找效应。

能够实现提高温度的效应：传导，对流，辐射，电磁感应，热电介质，热电子，电子发射（放电），材料吸收辐射，热电现象，物体的压缩，核反应（原子核感应）等。

④ 利用效应。

加热：由低电阻材料制成的电线在现存电流下不能自行加热，由高电阻材料制成的电线能够自行加热，但用户不能正常用电。这是一对物理冲突。

电磁感应：电线的电阻应该高又不应该高，提出加入第二种物质。电线还是原来的电线，只是每隔一段距离安上一个铁氧体环。这种环有很高的电阻，环内由于电磁感应产生电流而很快产生热，并为电线加热。

但是铁磁体环会长年累月地为电线加热，浪费很多能量。即使是冬天，也不需要为所有电线加热，只有低于0℃处的电线需要加热。这又引出了一个新任务：如何使铁氧体环在气温低时通电而在气温高时断电？

为解决这个问题，据了解，铁磁体只有在特定温度之下才有铁磁性，这个温度称作居里点，不同的铁磁体材料有不同的居里点。如果使用居里点在0℃左右的铁磁体，这些环就只有在气温低于0℃时通电并在高于0℃时断电。

⑤ 解决方案。

利用铁磁性材料的居里点：在居里点上下磁性的消失和出现可以用来解决很多发明性的问题。

思考题

1. 效应链的基本组成方式有哪些？
2. 简述基于效应的功能设计过程。
3. 应用效应进行洗衣机创新设计。

参考文献

[1] 高长青.TRIZ发明问题解决理论.北京：科学出版社，2011.

[2] 檀润华.TRIZ及应用技术创新过程与方法.北京：高等教育出版社，2010.

[3] 创新方法研究会，中国21世纪议程管理中心.创新方法教程（高级）.北京：高等教育出版社，2012.

[4] Simon S.Litvin. New Triz-Based Tool-Function-Oriented Search（FOS）.An earlier version of this paper appeared in the proceedings of the Altshuller Institute's TRIZCON2005 ,April 2005.

[5] 苗新强，任工昌，刘丹.基于TRIZ效应理论的机电产品创新设计研究.机械设计与制造，2010（7）：254-255.

[6] 成思源，周金平，郭钟宁.技术创新方法——TRIZ理论及应用.北京：清华大学出版社，2014.

[7] 周苏.创新思维与TRIZ创新方法.第2版.北京：清华大学出版社，2018.

第 9 章

发明问题解决算法 ARIZ

✓ **知识目标：**
① 掌握ARIZ算法的构成和解题流程。
② 熟悉ARIZ的解题步骤。

✓ **能力目标：**
① 能够运用ARIZ算法分析技术系统存在的问题。
② 能够以ARIZ为工具实际解决工程技术问题。

9.1 概述

ARIZ是发明问题解决算法（Algorithm for Inventive Problem Solving，AIPS）俄文首字母的缩写，由TRIZ创始人阿奇舒勒于1956年首次提出。阿奇舒勒认为："复杂问题的解决不可能仅仅两步。那些问题是如此复杂，任何其他工具都难以解决。遵循TRIZ理论包括ARIZ算法将有助于问题解决的进程。"ARIZ算法是TRIZ理论体系中一个重要的分析问题和解决问题的工具，其目标是解决物理矛盾问题，特别用于解决问题情境复杂、矛盾不明显的非标准及困难的发明问题，使复杂问题逐步简化直至问题得到解决。

ARIZ是一套系统性解决发明问题的算法，ARIZ采用结构化流程来解决复杂的工程问题，使得工程技术人员很快接近最优解。ARIZ求解过程中，通过一系列的"系统转化"思想的应用，能够在系统内外挖掘可以利用的各种资源，从而使复杂问题逐步演化成简单且清晰的问题。因此，ARIZ也是一个不断解释问题的过程和问题转化的过程。

（1）ARIZ的内容

ARIZ本身发展过程中，出现过很多修改版本，ARIZ-59是1959年出现的第一个修改版，其他按出现年代的修改版本有ARIZ-61、ARIZ-71、ARIZ-77、ARIZ-82和ARIZ-85C。ARIZ包括以下3个基本内容。

① 流程：ARIZ的结构化流程，包括一系列的步骤、规则和注释，识别和消除矛盾、初始问题情境分析和待解问题选取、合并解等。ARIZ规则的基础是技术系统进化法则，包括识别和消除矛盾、接近最终理想解、创新思维工具等。

② 工具集：ARIZ集成了多种TRIZ工具，包括科学知识和效应库（物理、化学、生物、数学和几何学）、标准解、发明原理和资源分析方法等。

③ 控制方法：问题求解过程中，工程技术人员常常会受思维惯性影响，ARIZ可以帮助我们选择正确的TRIZ工具集并按最有效的步骤来使用，从而有效克服思维惯性。

（2）ARIZ的特点

1）消除矛盾并接近理想解　ARIZ算法采用一套结构化流程逐步将一个状况模糊的初始问题转化为一个TRIZ标准问题，最终形成物理矛盾。ARIZ的目标是获得最终理想解，在消除技术系统矛盾的过程中，使技术系统向着理想解的方向进化。

2）克服思维惯性　ARIZ形成的初衷是基于人的算法，而不是面向计算机的算法，因此必须首先克服创新过程中人类思维的障碍——思维惯性。ARIZ主要通过利用TRIZ已有工具和创新思维方法来克服思维惯性。

① 引入缩小问题（Mini-Problem）和扩大问题（Maxi-Problem）两种初始问题的转化形式。前者要求在消除系统缺陷时尽量保持系统不变化，是一种通过引入约束以激化矛盾从而发现隐含矛盾的转化形式；而后者则不对改变作任何约束，目的是激发解决问题的新思路。

② 创新思维方法：包括九窗口法、聪明小人法、尺寸-时间-成本（STC）法和金鱼法（见前面章节）。

③ 系统转化方法和思维模式。

④ 资源挖掘与分析（包括系统内外所有可利用的）。

3）利用并扩充TRIZ科学知识效应库　ARIZ由一个不断更新的知识库提供支持，此知识库的内容紧凑、综合性强。知识库的基本组成包括化学、物理和几何效应及现象库，也包括一些应用实例库。

4）集成TRIZ理论体系中大多数工具　ARIZ集成应用了TRIZ理论中的绝大多数工具，包括理想解、技术矛盾解决、物理矛盾解决、物质-场分析与标准解、效应知识库。建立了从问题分析到问题求解评价的一系列完整流程，对使用者有很高的要求，要求使用者必须能熟练掌握使用TRIZ理论里的所有工具。

5）ARIZ理论基础　ARIZ基于技术进化法则，进化法则是客观的、经数据统计分析的趋势法则，因此ARIZ的解决方案具有较高的可信度及有效性。

9.2 ARIZ构成

应用ARIZ求解问题的结构化流程包括9个步骤（每个步骤又分别包含不同的子步骤），宏观层面分为三类：初始问题重构（Restructuring of the Original Problem）、消除物理矛盾（Removing the Physical Contradiction）和分析解决方案（Analyzing the Solution）。ARIZ系统构成如图9-1所示。

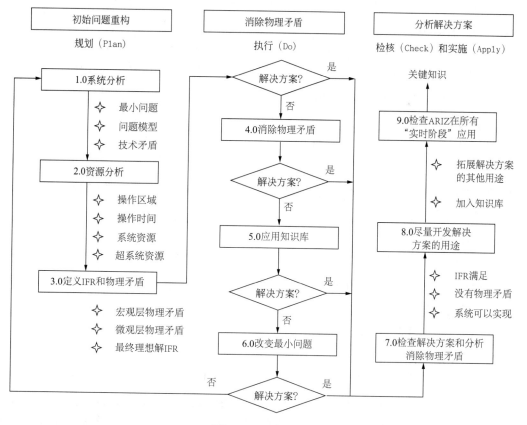

图9-1　ARIZ的构成

（1）初始问题重构

ARIZ前三个步骤是对问题的分析和转换，包括：

1.0 系统分析

2.0 资源分析

3.0 定义最终理想解（IFR）和物理矛盾

首先从初始问题的现状描述开始，构成问题初始情境。其次，ARIZ特别注重对系统基本功能的界定（以帮助将初始问题向"最小问题"转化）、构造两个技术矛盾及转换成"物质-场模型"中的矛盾、识别系统实际资源。最后，设定系统最终理想解和定义物理矛盾，以帮助我们寻求"消除物理矛盾"的创新概念方案。

ARIZ前三个步骤通过对问题初始情境分析以及资源分析、IFR等独特分析方法，为获得技术系统的创新概念方案打下良好的基础。因此，本宏观程序阶段可以看成为PDCA循环中的"规划（Plan）"。

（2）消除物理矛盾

"消除物理矛盾"这一宏观阶段也包括三个步骤：

4.0 消除物理矛盾

5.0 应用知识库（效应库、标准解和发明原理等TRIZ工具）

6.0 改变最小问题

这三个步骤是对产生技术系统创新概念设计的三次尝试：通过"消除物理矛盾"，系统本身矛盾被彻底解决，系统向其理想解更近了一步。ARIZ强调在本步骤中，可以应用TRIZ创新思维工具来拓展，特别是聪明小人法的应用。如果通过步骤4还是不能对物理矛盾实施分离的话，则可尝试步骤5"应用知识库、发明原理等TRIZ工具"。这一步骤中，ARIZ特别建议使用各种科学知识和效应的数据库系统来解决问题。同样，如果步骤5还是不能对物理矛盾实施分离的话，则可尝试步骤6"改变最小问题"，也就是说，我们原来对系统初始情境构造分析中，可能对问题的描述与分析有一些不严谨之处。如果步骤6还是未能解决问题，则应该立即终止ARIZ回到步骤1，对问题进行重新定义和分析。

ARIZ中间三个步骤实际上就是通过反复努力去消除物理矛盾的过程，本宏观程序阶段可以看成为PDCA循环中的"Do（执行）"。

（3）分析解决方案

"分析解决方案"宏观程序阶段包括了ARIZ最后三个步骤：

7.0 检查解决方案和分析消除物理矛盾

8.0 尽量开发解决方案的用途

9.0 检查ARIZ在所有"实时阶段"应用

步骤7实质上是对"技术系统的问题真的得到解决了吗？"和"技术系统中的物理矛盾真正消除了吗？"的检核，属于PDCA循环中的"检核（Check）"。步骤8和步骤9则是对已获取的可行的解决方案进行应用可能性分析与尝试，以使解决方案的用途最大化。另外，如果对企业或行业而言，当使用ARIZ获得好的解决方案之后，可以考虑建立企业自身或行业共享的"关键知识"知识库。

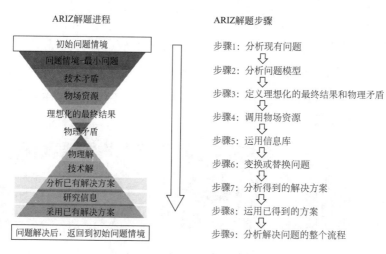

图9-2　ARIZ的解题进程与解题步骤

在解决具体问题时，ARIZ并没有强制要求按顺序走完所有的9个步骤（见图9-2），当在某个步骤获得了问题的解决方案，就可跳过中间的其他几个无关步骤，直接进入后续的相关步骤。

9.3　ARIZ问题详解

0. 问题情境

0.1 确定问题解决方案的最终目标

a.解决问题技术系统中哪些特性和参数必须改变？

b.解决问题过程中哪些技术参数不能改变？

c.问题解实施后能减少哪些方面的成本？

d.解决问题可以接受的最大成本是多少？

e.问题解决后哪些技术和经济指标得到改善？

0.2 考虑初始问题的替代问题解决办法

应用系统算子在系统、子系统、超系统等多个维度去考虑替代问题解决途径。

0.3 在初始问题和替代问题之中选择最有希望实现目标的途径

0.4 确定问题解决的定量指标

0.5 考虑到发明问题实施的时间延后，适当提高0.4步中的定量指标

0.6 定义问题解起作用的特殊条件要求

a.考虑制造这个产品的特殊要求，特别是复杂度的可接受程度；

b.考虑将来的应用规模。

0.7 考虑问题是否可以直接应用发明原理解决

0.8 检索专利以便更明确地定义问题

a.在相关专利中，类似问题是如何解决的？

b.在领先企业中，类似问题是如何解决的？

c.相反问题是如何解决的？

0.9 应用参数（尺寸、时间、成本）算子

案例9-1　安瓿火焰封口工艺系统

安瓿是一种可熔封的硬质玻璃容器，用以盛装注射用药或注射用水。玻璃安瓿生产时，敞口瓶装好药水到一定的液面高度，在封口工序采用乙炔焰熔化瓶口玻璃并封口，但是安瓿内的药液在此高温下会发生变质，图9-3（a）为安瓿火焰封口工艺系统示意图，图9-3（b）为安瓿火焰封口工艺系统的功能模型图。

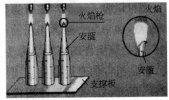

（a）安瓿火焰封口工艺系统示意图

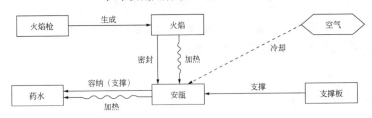

（b）安瓿火焰封口工艺系统功能模型图

图9-3　安瓿火焰封口工艺系统

从功能模型中，可以确定产生问题的几个功能：（火焰）加热安瓿和（安瓿）加热药水属于有害功能，（空气）冷却安瓿属于功能不足。对于这三个问题，可以直接应用TRIZ的解决问题工具。火焰、安瓿可构建一个物质场，火焰除对安瓿产生一个正常有用功能（安瓿尖端需要高温，以便熔化玻璃实现安瓿密封），火焰高温作用到安瓿瓶身产生了一个有害作用（加热药水使其变质）。按照标准解1.1.8，"同时需要大／强的和小／弱的效应时，需要小的效应的部位用物质S3保护"。安瓿尖端需要大效应，而安瓿瓶身需要小效应，则可能的解决方案是"安瓿瓶身药液部分浸入冷水（S3）中"，同时也增强了不足功能"（空气）冷却安瓿"。

问题情境：图9-3为安瓿火焰封口工艺系统，一般化的情境描述模板见表9-1。

表9-1　问题情境描述

0.问题情境	
情境描述	安瓿是一种可熔封的硬质玻璃容器，用以盛装注射用药或注射用水。玻璃安瓿生产时，敞口瓶装好药水到一定的液面高度。在封口工序采用乙炔焰熔化瓶口玻璃并封口，但是安瓿内的药液在此高温下会发生变质
功能模型	（功能模型图）
问题描述	a. 火焰加热药瓶 b. 受热的药瓶传递热量，加热药瓶中的药水 c. 空气无法对药瓶实施充分冷却，从而使得药水过热产生质量缺失

1. 系统分析

系统分析步骤的目标是要从模糊不清的初始问题情境中提炼出清晰简单的发明问题模型，主要工作内容为描述"最小问题"和识别技术矛盾。通过建立问题模型并采用简单原理图叙述方式，清晰地表达系统的主要功能和技术矛盾。

1.1 描述最小问题

ARIZ中最小问题是指针对待解决技术系统问题，可以采取对系统实施最小改变（或基本不作改变）就能彻底解决系统的矛盾问题。因此，最小问题是帮助我们提高系统理想度的关键，可以达成"系统基本不做改变，但是系统所需功能实现最小的变化"。

为了更清楚地描述最小问题，可采用如表9-2所示模板的描述最小问题的方法。

表9-2 描述最小问题

1.系统分析	
1.1 描述最小问题	
技术系统名称	安瓿火焰封口工艺系统
技术系统实现的功能	密封药瓶（火焰加热熔化药瓶敞口处玻璃）
技术系统的作用目标	安瓿（药瓶）和药水
系统包含的主要系统组件	火焰枪、火焰、药瓶托板
系统包含的主要超系统组件	空气
技术矛盾（EC1）	IF 火焰枪喷出火焰温度足够
	THEN 安瓿尖口玻璃非常容易熔化且快速封口
	BUT 药瓶传递热量加热药水，使药水易高温变质
技术矛盾（EC2）	IF 火焰枪喷出火焰温度较（很）低
	THEN 空气可以充分冷却药瓶而使药水不会受热变质
	BUT 安瓿尖口玻璃难以熔化（或需要很长时间）
最小问题	在保证药水质量的同时，安瓿尖端敞口易于密封

注：技术矛盾（Engineering Contradiction，EC）采用第5章中关于矛盾定义方法进行。

1.2 识别矛盾组件（工具—产品）

为了更好地找出产生矛盾的组件对，可采用如表9-3所示的识别过程产生矛盾的组件对，从功能模型分析中识别出两个技术矛盾所涉及的组件，并分析组件间的功能及性能水平，可能的话，找出产生矛盾的根本原因。最后，识别出矛盾组件对中的工具和对象。

表9-3 识别矛盾组件

1.2 识别矛盾组件		
必须功能	（玻璃瓶）支撑药水	为了制造密封的安瓿，必须采用玻璃瓶盛装药水
	（火焰）熔化 玻璃（瓶嘴）	同时，必须用高温火焰熔化药瓶敞口处玻璃后密封
有害功能	（火焰）加热 玻璃（瓶身）	根本原因
	玻璃（瓶身）加热（药水）	使药水变质

续表

不足功能	（空气）冷却　玻璃（瓶身）	空气难以冷却玻璃瓶
分析	药水变质的根本原因是玻璃瓶过热，而玻璃瓶过热是由高温火焰加热引起的，因此，火焰是安瓿火焰封口工艺系统中造成矛盾冲突对中的工具	
工具	火焰（温度高、低）	
产品	玻璃瓶（瓶嘴、瓶身）	

1.3 / 1.4　图示技术矛盾，选择矛盾

采用物质-场模型的画法，画出系统的技术矛盾1（EC1）和技术矛盾2（EC2）示意图，如表9-4所示，工具对产品的正常功能用实线表示，工具对产品的有害功能用波浪线表示。

表9-4　图示技术矛盾与矛盾选择

1.3 图示技术矛盾，选择矛盾		
EC1	火焰温度较高，安瓿敞口玻璃非常容易熔化且快速密封 同时，火焰亦会加热玻璃瓶身并通过玻璃瓶身热传导加热药水，从而使药水变质	火焰（高温）—密封（熔化）→玻璃瓶，加热（波浪线）
EC2	火焰温度较低，火焰加热玻璃瓶身的作用减弱，空气可能对瓶身实施冷却，可保证药水质量 同时，安瓿敞口玻璃难以熔化造成密封功能不足	火焰（低温）—密封（熔化）→玻璃瓶，加热（波浪线，×）
1.4 EC选择	ARIZ要求使矛盾尖锐化，而不是缓和矛盾，建议选择如何去加强有用功能的矛盾，而不去选择如何减少有害的矛盾	选取EC1

1.5　激化矛盾，识别组件作用的极限状态

为了加强矛盾冲突，指出组件作用的极限状态，可加强所选的矛盾（主要以夸大某个核心参数为主）。例如，火焰温度足够高，可以瞬间熔化安瓿敞口玻璃而实现安瓿密封，从而提高密封作用的效率和密封效果。显然，矛盾激化后，有害作用可能也会被夸大，这属于充分发挥系统有用作用，却导致有害作用最大化。另外一条激化矛盾的途径是消除有害作用，却导致有用作用弱化甚至有用作用消失。例如，降低火焰温度或者不使用火焰，因火焰加热玻璃瓶身而导致的药水变质问题得到彻底消除，但是火焰有用的密封功能也消失了。激化矛盾的模板参见表9-5。

表9-5　激化的矛盾问题描述

1.5 激化矛盾		
途径1	充分发挥系统有用作用，却导致有害作用最大化	提高火焰的温度
途径2	消除有害作用，却导致有用作用弱化甚至有用作用消失	降低火焰温度（或取消火焰焊而改用其他工艺）
系统激化矛盾	足够高的火焰温度，可以瞬间熔化安瓿敞口玻璃而实现安瓿密封，但是玻璃瓶身高温会使药水变质	

矛盾激化后，ARIZ建议选择"充分发挥系统有用作用，但有害作用最大化"的途径来处理矛盾问题，目的是为了不对系统的主要（基本）功能作变动。此时，激化矛盾表现为：系统工具对产品产生有用功能的同时，又对产品产生了有害功能。显然，这是TRIZ理论体系中物质-场模型问题，可以考虑采用76个标准解中的"拆解物质-场模型"的相应标准解，检查应

用标准解系统解决问题的可能性：

    a. 在工具和产品两种物质外，引入第三种物质；

    b. 从超系统引入第三种物质；

    c. 引入工具和产品两种物质的变异或改进物质；

    d. 引入用来抵消有害作用的第三种物质；

    e. 引入一种场来抵消有害作用。

1.6 建立问题模型

以问题模型的格式重新理清问题，一般的问题模型应该且不仅仅包括：组件、激化矛盾、问题描述，见表9-6所示模板。建立问题模型的过程实质上就是前述几个步骤的综合。

表9-6　建立问题模型

1.6建立问题模型	
矛盾组件对	火焰、玻璃瓶
激化矛盾	足够高的火焰温度，可以瞬间熔化安瓿敞口玻璃而实现安瓿密封，但是玻璃瓶身高温会使药水变质
问题描述	有必要找到一个X，可以保证火焰的高温仅作用到安瓿敞口玻璃处，而不会加热安瓿瓶身

    注：1. X元素不一定是一种新的物质，它可以是系统的某种改变，如温度的改变、系统某部分物理状态或外界环境状态的改变。

    2. 对X元素的要求：能消除有害作用；不破坏现有的有用作用；不再产生新的有害作用。

完成步骤1.6之后，应返回1.1步检查建立的问题模型是否符合逻辑。通常是描述冲突模型中的X元素，以确认问题模型的正确性。

2. 资源分析

ARIZ步骤2的主要目的是分析矛盾的操作区域（何处发生矛盾）和操作时间（何时发生矛盾），并创建解决问题可用资源的清单（空间、时间、物质和场以及物质-场属性）。

2.1 定义矛盾操作区域

操作区域（Operation Zone，OZ）是指系统完成某项功能的执行，需要一定的空间区域。ARIZ执行2.1步骤时，需要分别指出工具要素有用作用和有害作用的操作区域，使用OZ_1表示工具组件（功能载体）完成有用作用的操作区域；使用OZ_2表示工具组件产生有害作用的操作区域。表9-7表示了安瓿的火焰封口工艺系统中，火焰所提供的密封功能（有用功能）和加热功能（有害功能）发生在不同的区域，因此矛盾冲突需求可以通过空间分离来解决。

表9-7　操作区域分析

2. 资源分析		
2.1作区域分析		
OZ_1		火焰密封区域发生于安瓿敞口区域
OZ_2	OZ_1　OZ_2	火焰加热玻璃瓶的发生区域为安瓿瓶身

2.2 定义矛盾操作时间

如果矛盾冲突需求不能通过空间分离来解决,可进行矛盾操作时间分析。矛盾操作时间分析(Operation Time, OT)是指判定有用/有害功能是否在同一时间段执行,使用OT_1表示工具组件(功能载体)完成有用作用的操作时间;使用OT_2表示工具组件产生有害作用的操作时间。表9-8表示了安瓿的火焰封口工艺系统中,火焰所提供的密封功能(有用功能)和加热功能(有害功能)发生在相同的时间段,因此矛盾冲突需求不能通过时间分离来解决。

表9-8 操作时间分析

2.2操作时间分析		
OT_1		火焰密封时间段为火焰喷射安瓿瓶敞口时
OT_2	OT_1 OT_2	火焰加热玻璃瓶的发生时间也是该时间段

2.3 定义可用物质-场资源

物质-场资源(Substance Field Resource, SFR)包括系统资源和超系统资源,系统资源可分为工具资源和产品资源。表9-9列举了系统和超系统的物质-场资源创建可用资源清单。

表9-9 SFR资源清单

2.3物质–场资源分析(SFR)			
资源类别	物质	参数	场
操作区域中的系统SFR	玻璃瓶、药水、火焰、火焰枪	气量、温度	热场
操作区域中的环境SFR	托板		
一般环境资源			
超系统SFR	空气	压力、流速	
廉价易于获得的SFR	空气、水	温度、压力、流速	

3. 定义最终理想解和物理矛盾

步骤3定义在高水平基础上对一个对象的单一物理参数具有相反的且都合乎情理的需求进行处理,即解决物理矛盾问题。同时,步骤3还需确定系统最终理想解IFR,以帮助我们缩小问题域,使资源得到精确使用,最终达成整个系统的目标。

3.1 定义最终理想解IFR-1

TRIZ认为:技术系统向着通过最少引入外部资源、消除矛盾和增加理想度的方向进化。当我们在解决创造性问题的时候,首先设想其理想解,然后设法解决相关矛盾。

最终理想解(Ideal Final Result, IFR)是指系统在保持有用功能正常运作的同时,能够自行消除有害的、不足的、过度的作用。表9-10表示了如何定义最终理想解IFR-1的模板,在操作区域内,操作时间段内,不使系统变复杂的条件下,引入或引进X资源实现有用功能,不产生并消除有害功能,不影响工具要素有用功能。

表9-10 描述最终理想解IFR-1

3. 定义最终理想解和物理矛盾
3.1 定义最终理想解IFR-1

条件设定	操作区域（时间）	需保持的有用作用	要消除的有害作用
存在一个X	在火焰喷射安瓿敞口的时候	可以实现"高温火焰熔化安瓿敞口处的玻璃以便实现良好密封功能"	并且能够"消除高温火焰余热对安瓿瓶身的加热功能，以免安瓿内装的药水变质"
	或者在……操作区域范围内）		
	并且，不增加系统复杂程度和不产生任何有害作用		

注：描述理想化的最终结果IFR的总体思想是：获得有用功能的同时，不产生并消除有害功能；引入新的有用功能的同时，不能加剧系统的复杂性。

3.2 使用限制条件应用IFR-1

TRIZ认为：技术系统向着通过最少引入外部资源、消除矛盾和增加理想度的方向进化。当我们在解决创造性问题的时候，在设想其理想解之后，应当应用系统自身的物质-场资源SFR，逐个取代IFR-1中的X元素。

通过引入限制条件，又不能引入新的物质和场的前提下，尝试应用系统内可用资源实现最终理想解IFR-1，可以参照表9-11所示模板来进行，每当使用一个系统自身的SFR来替代IFR-1中的X元素，并且能够完成"保持有用功能、消除有害功能，且不增加系统复杂程度和不产生任何有害作用"的目标，就可以获得一种创新概念设计方案。

表9-11 应用最终理想解IFR-1

3.2 使用限制条件应用IFR-1

只能使用	操作区域中的系统SFR		
条件设定	操作区域（时间）	需保持的有用作用	要消除的有害作用
a.使用托板	在火焰喷射安瓿敞口的时候	可以实现"高温火焰熔化安瓿敞口处的玻璃，以便实现良好密封功能"	并且能够"隔离高温火焰余热向安瓿瓶身传导"
	并且，不增加系统复杂程度和不产生任何有害作用		
b.使用新喷嘴	在火焰喷射安瓿敞口的时候	可以实现"高温火焰熔化安瓿敞口处的玻璃，以便实现良好密封功能"	并且能够"使高温火焰只集中在封口处而不使其余热向外传导"
	并且，不增加系统复杂程度和不产生任何有害作用		
c.使用……			

初始方案1：改变原来平托板的结构为槽状结构，槽的形状和安瓿纵剖面形状一致（见图9-4）。实际使用中，承托安瓿的槽状托板表面接受了火焰的余热，系统工作时间一长，这些余热很可能再次传导到安瓿瓶身。因此，槽状托板如果是循环使用，比如装载在传送带上，则可以在火焰封口区之外的任意位置对槽状托板进行风冷等降温处理；而槽状托板如果是固定使用，则可以利用槽状托板内部空间资源，通过风、水流过槽状托板内部空间而将热量带走。

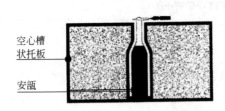 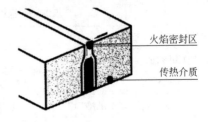

图9-4 安瓿火焰封口工艺系统中的槽状托板示意图

初始方案2：对现有的火焰枪喷嘴进行改进，有多个方向可选择，例如：通过对知识库的查询，一般燃气灶采用明火方式，热量损耗大。专业红外线燃气灶采用无火焰催化燃烧技术，燃烧是在辐射板内部完成，之后再用辐射板将燃烧所产生的热能转化为红外线辐射传递。则现有火焰枪可参考专业红外线燃气灶的辐射板进行改进，同时可将辐射板形状与安瓿敞口现状进行匹配，使得热辐射集中在密封口区域。

初始方案n：……

3.3 宏观描述物理矛盾

物理矛盾是指一个对象的单一物理参数具有相反的且都合乎情理的需求，必须发生在同一操作时间和操作区域内。宏观描述物理矛盾一般是指识别发生在较高层级的系统/组件或场这一层级中的物理矛盾。安瓿火焰封口工艺系统中，ARIZ步骤1.3定义的两个EC技术矛盾中可以发现，火焰的温度参数属于该系统中的物理矛盾，宏观描述物理矛盾则是围绕系统组件"火焰"来进行，或者选择安瓿（目标—产品）、空气（超系统/组件），如表9-12所示。

表9-12 宏观描述物理矛盾

3.3 宏观描述物理矛盾			
资源及属性	操作区域（时间）	宏观物理状态	作用目的
安瓿及材质	安瓿敞口，在火焰喷射时	易受热熔化	快速完成"密封安瓿敞口"的有用功能
	安瓿瓶身，在火焰喷射时	不接受热辐射；受热辐射但温度不上升	消除"火焰加热瓶身"的有害作用影响
火焰、温度	安瓿敞口，在火焰喷射时	高温	快速完成"密封安瓿敞口"的有用功能
	安瓿瓶身，在火焰喷射时	低温（常温）	消除"火焰加热瓶身"的有害作用影响
空气、流速	安瓿敞口，在火焰喷射时	不流动	快速完成"密封安瓿敞口"的有用功能
	安瓿瓶身，在火焰喷射时	高速流动	带走"火焰加热瓶身"时产生的热量

3.4 微观描述物理矛盾

微观上描述物理矛盾，是指从微观角度出发，考虑以"粒子"来替代X（粒子可以是物质粒子、场粒子或物质-场粒子，也可能是原子、分子等状态）。通常描述表达方式为：存在着这样一种物质"粒子"，在某个OZ（或OT）内，其物理状态表现为PC（Physical Conditions/Action），目的是为了完成有用功能（Useful Function，UF）；同时，又不应该存在着这样一种物质"粒子"，其相反的物理状态表现为PC，目的是为了消除有害作用（Harmful Function，HF）。

本案例中的表述如表9-13所示。

表9-13 微观描述物理矛盾

3.4 微观描述物理矛盾

条件	操作区域（时间）	微观物理状态	作用目的
有一种"粒子"	安瓿瓶身，在火焰喷射时	形成一个隔离热量的场	阻止热量传导
无"粒子"	安瓿敞口，在火焰喷射时	常态	快速传导热量

有时，在宏观层面上描述物理矛盾可能难以操作，通过微观层面描述物理矛盾这种启发式方法，对于解决系统矛盾非常有效。之所以称之为"微观"层面，是因为我们引入了一种新的物质——"粒子"，当然也可以是原子、分子等微观物质、场或物质-场及其属性。

3.5 描述最终理想解IFR-2

最终理想解IFR-2是指所选X资源在操作时间和空间内，具有相反的两种宏观或微观状态；最终理想解IFR-2定义了一个新问题，这个问题如果解决了，则初始问题也可以解决。这个新问题即是初始问题隐含的物理矛盾，描述IFR-2模板如表9-14所示。

表9-14 描述最终理想解IFR-2

3.5 描述最终理想解IFR-2

操作区域	操作时间	应该自我保证实现的宏观物理状态	同时该自我保证实现的相反的微观物理状态
安瓿瓶身	在火焰喷射时	不接受热辐射 受热辐射但温度不上升	有一种"粒子"，阻止热量传导到瓶身
安瓿敞口		易受热熔化	不存在这种"粒子"，可以将火焰热量快速传到瓶口

注："自我实现"是IFR2与IFR1最大的不同之处。

3.6 尝试应用标准解解决IFR-2提出的物理矛盾

相对于步骤2中应用标准解解决问题，这里问题分析更加深入，便于更好地应用标准解解决原问题。值得注意的是，应用标准解在ARIZ的多个步骤中出现，但是标准解的类别是有很大区别的。ARIZ步骤1.5"激化矛盾"后可应用"拆解物质-场"类的标准解，而IFR-2属于宏观和微观层级的标准解应用。

至此，如果问题没有解决，继续步骤4；问题得到解决，跳转到步骤7。实际上，即使顺利完成ARIZ前面3个步骤并得到了令人满意的结果，我们建议继续进行步骤4，这是因为TRIZ中"聪明小人法"本身就是从微观角度来分析与解决问题的，或许通过"聪明小人法"的应用，会找到更具创意的解决方案。

4. 消除物理矛盾

在步骤3系统内可用资源分析的基础上，进一步拓展可用资源的种类和形式。只有在应用系统内资源不足以解决问题的情况下，才考虑应用外部资源和场。步骤4的目标是分离物理矛盾并最终消除物理矛盾。

对于拓展的资源如何利用的问题，ARIZ建议采用TRIZ创新思维工具中的"聪明小人法"，可以帮助我们从不同的视角来考虑如何更有效地利用资源，以尽量减少系统变化及降低相应的成本。

4.1 尝试四大分离法则来消除物理矛盾

空间分离：如果对物理矛盾的两个矛盾需求需要在一个工程系统不同的地点，可据此将矛盾双方在不同的空间分离开来；

时间分离：如果对物理矛盾的矛盾需求体现在不同的时间段，可将矛盾分离到不同时间段完成；

条件分离：如果对物理矛盾的矛盾需求所需的是超系统的不同组件（或系统的作用对象不同），可以按照"条件分离原理"所述，设定相应条件分离它们；

系统级别分离：如果对物理矛盾的要求是在子系统或超系统不同系统级别的矛盾，则可以使用"整体与部分分离"的方法解决上述物理矛盾。

4.2 应用物质-场分析和标准解

从上述ARIZ步骤可以看出，我们其实一直按"向导"方式使用物质-场分析，以及应用76个标准解。到ARIZ步骤4确定的物理矛盾，实质上就是实际解决方案的物质-场模型，我们所需要做的就是按照标准解的推荐，映射出解决方案来。

注：真空也可以看作是一种物质，例如稀薄的空气可以看作是空气与真空区的混合体，并且真空是一种非常重要的物质资源，可以与可利用物质作混合产生空洞、多孔结构和泡沫等。

4.3 使用聪明小人法建立冲突模型

聪明小人法应用流程：

a.问题描述及矛盾提取（问题分析）。

首先对问题背景进行描述，通过问题描述进行系统分析，明确各部件的功能及相互作用关系，并提出矛盾问题。

b.问题模型建立（当前怎样）。

对于存在矛盾问题的具体部件，将其想象成一群群带有特定功能的不同的小人，再根据问题描述将各组小人进行分组及空间排布来替换原有系统各部件，建立问题模型。

c.方案模型建立（怎样组合）。

研究得到的问题模型（有小人的图）并对其进行改造，在保证每组小人相对关系不变的情况下可对组内小人进行重组或添加一组新的小人等方法，以便实现解决矛盾。

d.过渡到技术解决方案（变成怎样）。

在各组小人重组后，根据方案模型中小人的分组情况及空间位置还原成系统部件，若添加了新的一组小人则根据小人功能寻找相应部件。

4.4 从IFR-2回退（Step back）

即从IFR-2一步一步往初始问题情境回溯，以便明了到目前为止得到的解决方案到底是通过什么方式、什么步骤得到的。虽然这种貌似"修修补补"的方式从初始情景开始到IFR-2让人觉得有点冗长和麻烦，但是从第4步骤往初始问题情境回溯的过程，你就可以发现，一个非常模糊、复杂的问题是如何一步一步简化并最终得到解决方案的。

完成步骤4之后,问题表述更接近问题本质,有助于问题解决。如果可以获得满意解可跳转到步骤7,经过以上步骤问题仍没有解决,进入步骤5"应用知识库"。

5. 应用知识库(效应库、标准解和发明原理等TRIZ工具)

ARIZ第5步的目标是应用TRIZ知识库(包括效应、标准解、发明原理等),主要目标就是寻找解决问题的直接方法。

5.1 运用类似问题方案

TRIZ认为,物理矛盾上的类似是最为本质的类似。虽然发明问题各样,但问题分析后凸显出来的物理矛盾的数量却不多。经过仔细的分析,外表看似完全不同的两个问题,有可能揭示出它们在物理矛盾级别上的类似,而部分问题可以根据与其类似的、含有类似物理矛盾的问题的解决方案予以解决。

模板:运用"ARIZ解决其他类似问题的方案"能否解决IFR2陈述的物理矛盾?

5.2 应用科学效应

科学效应是解决问题时重要的知识资源,物质-场分析中的场,其实就是效应的应用,如化学场就是化学效应的具体应用。当明确了需要哪一类的场作用时,应用ARIZ科学知识效应库选择合适效应的目标性得到了增强。

模板:运用科学知识和效应能否解决IFR2陈述得出的物理矛盾?

5.3 应用发明原理

40个发明原理是经典TRIZ核心,是针对典型矛盾问题的解决方案,应用发明原理常常会产生突破性创新和解决方案。

模板:运用发明原理能否解决IFR2陈述得出的物理矛盾?

5.4 应用物质-场分析

物质-场分析就是在建立已有问题物质-场模型的基础上,选择物质-场转换规则,转换成相应标准解物质-场模型,从而根据步骤5.5"应用标准解"来获取解决方案。

5.5 应用标准解

尽管最佳的想法是尽量运用已有的物场资源而不引入新的物质和场,但正如前面所述,在用已有的物场资源以及派生的物场资源解决不了问题时,还是不得不引入新的物质和场,而大多数标准解正好与引入添加物的技巧相关。

模板:运用"标准解系统"能否解决IFR2陈述得出的物理矛盾?

6. 改变最小问题

很多时候,无论我们多么刻苦努力去求解问题解决方案,却始终难以摆脱构建问题和矛盾约束等方面的限制。另一方面,这些限制好像从问题一开始就存在,但是在构建问题时作了很多的假设,而忽略了一部分限制,导致我们求解时的方向可能出现偏差。这时,我们需要做的就是将原来定义的最小问题进行相应改变。

如果问题还没有解决，则应终止算法，循环和重新定义问题。

6.1 重温矛盾
回到步骤1，并回答：
原来步骤1.1定义的问题是一个问题，两个问题，还是多个问题？

6.2 选择其他矛盾
尝试选择原来两个技术矛盾（EC1和EC2）的另一个矛盾。

6.3 构建另一矛盾
在步骤1.1"最小矛盾"确认后，构建另外一个矛盾。

6.4 如果问题仍未解决，改变"最小问题"

6.5 如果问题仍未解决，在超系统层级重新构造问题

7. 检查解决方案和分析消除物理矛盾

7.1 审查原理解
以减少不必要的成本和简化解决方案为目的，检查每一种新引入的物质或场。
模板：原理解是否可以由系统内部资源或派生资源代替？
　　　原理解是否可以由可控元素代替？

7.2 审查解决方案
对解决方案初步评估主要采用如下评价标准模板：

a. 得到的解决方案是否很好实现了理想解IFR-1的主要目标？

b. 得到的解决方案是否解决了一个物理矛盾？

c. 解决方案是否容易在现实情境下实现？

d. 如果无法使用该解决方案以满足整个问题，是否可以使用该解决方案于新系统或系统的其中一部分？

e. 解决方案是否存在其他问题（次生问题）？

8. 尽量开发解决方案的用途

ARIZ第8步的目的就是尽可能多地应用所得的解决方案，挖掘其中的潜能，其主要步骤包括以下几个。

8.1 指定解决方案应用于超系统时需要做哪些改变
尽管问题的解决方案是在系统的角度提出的，但应该考虑它可能对超系统带来的改变；与此同时，考虑我们所想到的系统能否获得。

8.2 系统应用拓展
应用解决方案对系统进行改变，能否产生一种新的不同的应用？所有系统都有自己的功能，但作一些另类的思考，分析该系统是否可以有另外的应用方式将有可能进一步挖掘系统的潜能，拓展问题解决者的思路。

8.3 可否应用已经得到的解决方案来解决其他问题？

a. 拓展解决方案作为通用作用原理；
b. 研究直接使用所得方案解决其他问题的可行性；
c. 考虑将所得方案的原理反转，研究其得到新原理和解决其他问题的可能性；
d. 建立形态表格：如组件分布、产品的物理状态或应用的场、外界环境的物理状态等，根据表格要求，研究重新得到解决方案的可能性；
e. 改变系统（或其主要组件）尺寸，研究对所得原理可能带来的改变。

9. 检查ARIZ在所有"实时阶段"应用

9.1 回顾实际ARIZ解题过程

将问题解决实际过程与ARIZ的理论过程比较，记下所有偏离的地方。

这是捕捉关键知识的好方法。

9.2 解决方案与科学效应、标准解的差别

将解决方案与TRIZ知识库比较，并指出：什么使得解决方案与知识库、标准解不同？不同的原因是什么？

9.3 扩充知识库

将解决方案增添到效应库，或者作为一个效应特例，或者添加到其他标准解中。

ARIZ算法的分析对初学者有时候显得比较困难，需要使用者具有一定的知识和经验积累。其中有关"最小问题""系统矛盾""问题模型""理想解"和"可用资源"等都不一定很容易建立。并且不同的人有不同的观点，无法快速分辨不同观点的优劣。

一般而言，复杂问题往往包含多个矛盾，各个矛盾之间甚至也会互相影响，此消彼长，很难一下子掌握、得出最主要的矛盾，从而影响最终问题解的效果。用ARIZ算法解决复杂矛盾具有一定的局限性，很多时候由于生产问题受到成本、工艺的约束，可能导致ARIZ的解决方案最终难以满足要求。

ARIZ算法比较适用于解决能详细具体描述的技术问题，对概念性设计和技术发展趋势的预见性存在一定的不足。

9.4 工程案例

案例9-2　织物胶辊印染工艺系统

问题描述：某种织物图案印染工艺，如图9-5所示为织物印染工艺原理示意图。水基黏合剂染料溶液盛放在染料槽中（充满槽的75%），槽内一个表面凹版雕刻好印刷单元的图案辊开始转动，单元格内也随之充满涂料混合物。图案辊某处安装有一个刮片，用于清除图案辊表面多余的染料，被清除的染料返回到槽中再次利用。图案辊表面没有了多余的涂料混合物，它就会受到橡皮辊向下的压力。当织物在图案辊和橡皮辊之间通过时，会形成微小的真空，染料混合物离开图案辊表面的雕刻印刷单元转印到织物的表面上。用这种特殊的涂布工艺可以获得一个表面涂层，而不涂满整个织物。带有湿涂料的织物然后绕回加热干燥罐以去除涂层织物表面的水分，留下黏合剂涂层。

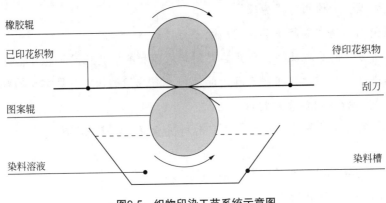

图9-5 织物印染工艺系统示意图

采用案例所用的ARIZ模板（一套Excel表格）来完成步骤1~3，分析求解过程如下所述。

0.问题情境（见表9-15）

表9-15 问题情境

0.问题情境	
情境描述	胶辊印染主要用于织物花纹成形，储存于图案辊凹处的染料在两胶辊挤压作用下转移到两胶辊之间的织物表面。随着机器速度的提高，涂层重量减轻。较慢的速度可获得好的印染质量，但效率低。现有方法是采用高速双行程重复印染，但图案重叠性差
功能模型	（功能模型图：染料槽—支撑—图案辊—挤压—刮刀；染料槽—支撑—染料；图案辊—挤压/移动—织物；染料—支撑—织物—挤压—橡胶辊）
问题描述	a.随着机器速度的提高，涂层重量减轻 b.较低速度运转，印染质量高 c.高速双行程重复印染，但图案重叠性差

1.系统分析（见表9-16）

表9-16 系统分析

1.系统分析	
1.1描述最小问题	
技术系统名称	织物胶辊印染工艺系统
技术系统实现的功能	印染织物
技术系统的作用目标	染料、织物
系统包含的主要系统组件	胶辊、图案辊、染料槽、刮刀
系统包含的主要超系统组件	空气
技术矛盾（EC1）	IF提高图案辊转速 THEN印染生产效率高 BUT印染质量下降（织物印染涂层重量轻）

续表

技术矛盾（EC2）	IF 图案辊转速低
	THEN 印染质量高
	BUT 印染生产效率低
最小问题	在保证印染质量的同时，提高图案辊转速

1.2 识别矛盾组件

必须功能	（图案辊）移动织物	织物花纹图案的形成，是通过两辊对织物挤压作用，从而将图案辊凹位储存染料转移到织物上
有害功能		
不足功能	（图案辊）挤压织物	为提高生产效率，必须提高图案辊转速，导致两辊与织物挤压作用时间减少，染料转移到织物的重量降低
工具	图案辊	
产品	织物（包括坯布和转移到坯布上的染料）	

1.3 图示技术矛盾，选择矛盾

EC1	图案辊转速高，可提高坯布移动速度，生产效率高 同时，高图案辊转速会导致两辊与织物挤压作用时间减少，染料转移到织物的重量降低	（图示：图案辊（转速高）→提高→坯布（移动速度）；图案辊（转速高）⇢减少⇢染料（印染层重量））
	图案辊转速低，两辊与织物挤压作用时间加长，染料转移到织物的重量增加，印染质量高 同时，降低了坯布移动速度，使得生产效率低	（图示：图案辊（转速低）⇢降低⇢坯布（移动速度）；图案辊（转速低）→增加→染料（印染层重量））
1.4 EC 选择	ARIZ 要求使矛盾尖锐化，而不是缓和矛盾，建议选择如何去加强有用功能的矛盾，而不去选择如何减少有害的矛盾	选取 EC1

1.5 激化矛盾

途径1	充分发挥系统有用作用，却导致有害作用最大化	提高图案辊转速
途径2	消除有害作用，却导致有用作用弱化甚至有用作用消失	降低图案辊转速
系统激化矛盾	足够高的图案辊转速，可以大幅度提高生产效率，但是印染质量会大幅降低	

1.6 建立问题模型

矛盾组件对	图案辊、织物
激化矛盾	足够高的图案辊转速，可以大幅度提高生产效率，但是印染质量会大幅降低
问题描述	有必要找到一个X，可以在图案辊高速转动时提高生产效率，而不会降低印染质量（减少印染层重量）

2. 资源分析

物质-场资源见表9-17。

表9-17 资源分析

2.资源分析

2.1 操作区域分析

OZ_1		提高生产效率需要图案辊高速转动，带动图案区高速转动；OZ_1为橡胶辊与图案辊的接触区域
OZ_2		图案区高速转动时，图案区染料与织物作用时间减少，织物印染层重量降低，OZ_2为橡胶辊与图案辊的接触区域

2.2 操作时间分析

OT_1		高生产效率发生在图案辊高速转动时
OT_2		织物印染层重量减少也是发生在图案辊高速转动时

2.3 物质-场资源分析（SFR）

资源类别	物质	参数	场
操作区域中的系统SFR	橡胶辊、图案辊、织物、染料	速度，接触面积	化学场、物理场
操作区域中的环境SFR	刮片	弹性	
一般环境资源	光、风		
超系统SFR	空气	速度、干燥度	
廉价易于获得的SFR	空气、水	温度、压力、流速	

3. 定义最终理想解和物理矛盾（见表9-18）

表9-18 定义最终理想解和物理矛盾

3.定义最终理想解和物理矛盾

3.1 定义最终理想解IFR–1

条件设定	操作区域（时间）	需保持的有用作用	要消除的有害作用
存在一个X	在图案辊高速转动的时候（或者在……操作区域范围内）	可以实现"提高生产效率"的有用功能	并且能够增强"减轻印染层重量"的不足功能
	并且，不增加系统复杂程度和不产生任何有害作用		

3.2 使用限制条件应用IFR–1

只能使用	操作区域中的系统SFR		
条件设定	操作区域（时间）	需保持的有用作用	要消除的有害作用
a.使用胶辊	在图案辊高速转动的时候	可以实现"提高生产效率"的有用功能	并且能够增加图案辊和织物的接触时间，增强"减轻印染层重量"的不足功能
	并且，不增加系统复杂程度和不产生任何有害作用		
b.使用图案辊	在图案辊高速转动的时候	可以实现"提高生产效率"的有用功能	并且能够增大图案辊和织物的接触面积，增强"减轻印染层重量"的不足功能

		并且,不增加系统复杂程度和不产生任何有害作用	
c.使用刮片	在图案辊高速转动时	可以实现"提高生产效率"的有用功能	并且能够在图案区内储存更多染料,增强"减轻印染层重量"的不足功能
		并且,不增加系统复杂程度和不产生任何有害作用	

3.3 宏观描述物理矛盾

资源及属性	操作区域(时间)	宏观物理状态	作用目的
胶辊	在图案辊高速转动的时候	与织物印染区接触时间短	挤压织物和图案辊
	在图案辊高速转动的时候	与织物印染区接触面积小	挤压织物和图案辊
图案辊	在图案辊高速转动的时候	与织物接触区的线速度快	移动织物
	在图案辊高速转动的时候	与织物印染区接触时间短	挤压织物
刮刀	在图案辊高速转动的时候	挤压图案辊	去除(多余)染料

3.4 微观描述物理矛盾

条件	操作区域(时间)	微观物理状态	作用目的
有一种"粒子"	在图案辊高速转动的时候	使织物移动速度提高	提高生产效率
无"粒子"	在图案辊高速转动的时候	使图案区染料快速移动到织物涂层	增加印染层重量

3.5 描述最终理想解IFR-2

操作区域	操作时间	应该自我保证实现的宏观物理状态	同时该自我保证实现的相反的微观物理状态
在图案辊的图案区	在图案辊高速转动的时候	织物移动速度很快	图案区染料和织物结合良好

通过ARIZ步骤1~3的应用,将IFR-1具体化可得到下列初始解决方案。

解决方案1:在图案辊高速转动时,单个图案辊与织物的挤压时间不足,造成织物印染层厚度下降。由此产生的解决方案是多次反复挤压,即在第一次织物涂敷染料不足的情况下,实施多次重复涂覆。实际中,使用多级图案辊,实现多图案辊同步印染工艺(见图9-6),这正是目前使用的改进工艺——高速双行程重复印染,由此带来的次生问题是前后两个图案辊存在同步误差,在织物同一位置两次印染的图案不重叠,在织物上产生所谓的"重影"。

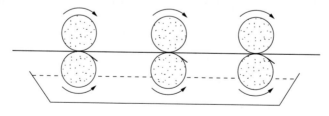

图9-6 多图案辊同步印染工艺示意图

解决方案2:使用多级橡胶辊(见图9-7),在橡胶辊、图案辊高速转动时,提高图案辊的图案区和织物的接触时间,以便有足够的时间将染料涂敷到织物上,实现既提高生产效率,又保证织物印染层重量,实现高速高质量印染。

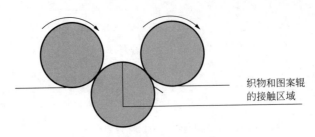

图9-7 双胶辊印染工艺系统示意图

解决方案3：使用刮刀。这是由发明原理27——以低成本不耐用的物体代替昂贵耐用的物体提供的参考方案。回顾一个类似的工艺专利，即将在印染装置中的一个相对昂贵的物体，即钢制刮片，应该用廉价的塑料刮片取代。结果发现，塑料刀片更可靠，且更好地控制了染料的重量。

解决方案4：使用染料。当图案辊高速转动时，图案辊与织物的挤压时间不足，造成织物印染层重量（或厚度）下降。如果可以在染料中加入额外的化学物质，这样在印染过程中将帮助染料快速转移到织物上去；如果加热染料，染料的黏性（2500cP）可以降低到大约1000cP的黏度，这将有助于染料的流动性，即可使染料从印染装置更容易地移动到织物上去。

解决方案5：使用织物。可能存在一个机会就是在完成印染之前先对织物除湿（使其更干燥），这将使织物吸收染料会更快，这将让织物在较高的速度中印染更多的染料。同样，在织物印染前，还可以对织物进行预热，可能在印染时会帮助织物拾取染料。另外，改变织物或染料的化学状态，如果该织物目前是混合50%棉和50%的聚酯纤维，织物可改为100%棉，棉具有固有的强吸附能力，即可提高吸收染料的能力。但是，应该指出，这将大大改变最终产品的性能及成本，而TRIZ不鼓励尝试去改变超系统（织物是印染系统的目标，属超系统）。

4. 消除物理矛盾

4.1 尝试四大分离法则来消除物理矛盾

对于印染工艺系统而言，在2.1节和2.2节分析了操作区域和操作时间，显然难以应用空间分离和时间分离来直接消除物理矛盾，但是可以使用空间分离和时间分离对应的发明原理来消除物理矛盾。例如"发明原理17——维数变化"对应空间分离，可以将单个橡胶辊与图案辊的接触区域（理论上为一条线，由于两轮挤压，实际区域为一个小宽度窄条区）向二维、三维或多维方向改变。

条件分离：图案辊和橡胶辊挤压并移动织物，通过挤压还产生另外一个作用就是将图案区的染料转移到织物上，这样对于图案辊而言就必须完成两个相互矛盾的功能。如果将图案辊的图案区分离，即图案辊也采用橡胶辊，两橡胶辊通过挤压和旋转，完成移动织物的功能。而织物上形成染料涂敷层的功能采用其他组件或新增组件来完成。

解决方案6：喷墨打印机及大幅面喷绘机可以在纸、布匹等介质上实现复杂图案，速度快、质量高。利用已有大幅面喷绘机或系统工作原理，可以开发出高速高分辨率的"织物喷绘机"，如图9-8所示。

图9-8 大幅面织物喷绘机

4.2 应用物质-场分析和标准解

从上述ARIZ步骤可以看出,织物印染图案的形成是图案辊(图案区储存染料)对织物挤压作用的结果,高速转动的图案辊通过机械场的作用,将图案区储存的染料转移到织物上,但是在高速情况下,挤压时间不足,造成染料转移能力不足,最终造成织物涂敷染料层重量不足,影响了印染质量。由此建立的初始情境物质-场模型如图9-9(a)所示。

根据初始系统物质-场模型,需要加强不足功能,应用76个标准解的第二类"增强物质-场",主要的建议有:改变为链式物质-场模型;改变为双物质-场模型;分割S_1或S_2;使用磁性物质等。按照76个标准解应用流程,列出对应标准解的物质-场模型,如图9-9(b)所示。

解决方案7:新增一个场,在图案辊高速转动时,可以在离心力的作用下,图案区储存的染料快速转移到织物上。

4.3 使用聪明小人法建立冲突模型

a.问题描述及矛盾提取(问题分析)

仅当印染速度增加时,出现上述矛盾的区域为图案辊的图案区与织物、橡胶辊的积压区,表现为当图案辊高速转动时织物不能拾取足够的染料。

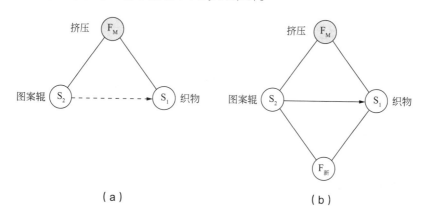

(a) (b)

图9-9 织物印染系统的物质-场模型

假定在织物表面有一群红色小人(粗线条表示,固定在织物上,不能离开织物),在图案辊图案区的染料看作为一群蓝色小人（细线条表示，可以在外力作用下离开图案区）。在印染时，红色小人的工作就是去抓住在图案辊图案区的蓝色染料小人，并使染料上的小人转移到织物上（见图9-10）。

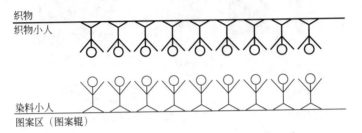

图9-10 织物印染工艺系统的聪明小人模型

b.问题模型建立（当前怎样）

在较慢的图案辊转速下，红色织物小人有足够的时间抓住蓝色染料小人［见图9-11（a）］；在图案辊高速转动情况下，由于印染速度的增加致使红色织物小人不能抓住所有的蓝色染料小人，从而使一些蓝色染料小人被丢弃在图案区之中，织物上蓝色小人数量减少。

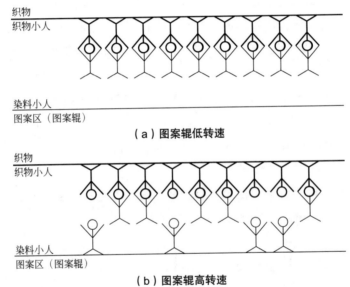

图9-11 织物印染工艺系统的聪明小人问题模型

c.方案模型建立（怎样组合）

在图案辊高速转动，即蓝色染料小人高速奔跑情况下，红色小人需要在以下几个方面进行组合：

快速出手抓住每一个蓝色小人，并马上抓取下一个；
加强内功，提升自己的能力吸引蓝色小人，让蓝色小人乖乖地被俘虏；
多次抓取；
蓝色小人挣脱图案辊的黏附力，能轻松地跑到红色小人区中；
……

d.过渡到技术解决方案（变成怎样）

解决方案8：（多人/次抓取）问题初始情境表现为蓝色染料小人相对于红色织物小人移动得太快，而速度是提高效率的保障；如果能让红色小人数量增加，红色小人抓取速度依然按照图案辊慢速状态进行小人抓取，则至少不会漏抓（也可以增加蓝色小人数量）。因此，增加橡胶辊与图案辊的接触面积（即使得织物和图案区接触面积变大），则意味着两种小人的数量都增加了。可以设想一个较软的橡胶辊会增加接触面积并确保染料小人被织物小人抓住，较软的橡胶辊当与图案辊接触时能够增加接触面积。

解决方案9：（快速出手）织物进行相应的预处理，如加热、热烘干等，相当于红色小人的出手速度增加了。

解决方案10：（加强内功）改变织物材质、热化学性能等都是增强红色织物小人抓取力的可行方法。

解决方案11：（蓝色小人自动投降）图案辊高速转动时，蓝色小人受离心力作用影响可能会乖乖地跑到织物表面，从而被红色织物小人抓住。

对得到的上述解决方案，可继续执行ARIZ步骤7～9，分析评估各种解决方案并为后续详细设计做准备。同时，经评估验证后好的原理解，可探索新的应用及应用领域，并可扩充到新的企业（行业等）知识库中，或作为新的特定标准解。

思考题

1. 试说明ARIZ算法的主要步骤。
2. ARIZ算法的主要优点是什么？适用于哪一类问题的求解？
3. 使用ARIZ求解一次性注射器的重复使用问题。

当前世界范围内使用的一次性注射器均采用塑料制品，原有的一次性使用目的是为患者注射一次后就希望不再使用。由于某种原因，回收后的注射器又会经过简单处理（甚至不处理）用在一些不当场合，从而可能造成疾患的交叉感染。除产品的市场监管不力外，一个重要的原因是这些使用过一次后的注射器，其完整的功能依然存在。避免重复使用的技术上的方法是该类注射器使用过一次后，其主要功能自动丧失，实现真正意义上的一次性使用。

4. 应用ARIZ进行可避开扫雷舰的水雷创新设计。

问题描述：第二次世界大战时，为防止敌军的船只登陆，通常在港口入口区域布置水雷[见图9-12（a）]，当时的布雷专家遇到了以下问题。

为准确地安装水雷，用钢索将一个重物与之连接，并甩入海中（水雷能像浮标一样漂游）。但因为海浪会使水雷漂离需要布雷的位置，因此需要使用钢索（A）将水雷固定在某一重物上。然而，敌人知道了水雷布置的大概位置后，使用扫雷舰来扫除水雷[见图9-12（b）]。其方法是在两个扫雷舰之间拉起一根钢索（B），当钢索（B）遇到固定水雷的钢索（A）后，由于钢索（B）会沿着钢索（A）滑动而触发水雷。如何能让敌军的扫雷舰不触发水雷，并使水雷停留在原地？

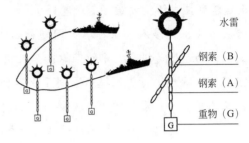

(a) 水雷　　　　　　　　　　　　　　(b) 扫雷

图9-12　扫雷舰及扫雷示意图

参考文献

[1] 檀润华. TRIZ 及应用：技术创新过程与方法 [M]. 北京：高等教育出版社，2010.

[2] 创新方法研究会，中国 21 世纪议程管理中心. 创新方法教程（高级）. 北京：高等教育出版社，2012.

[3] 赵峰. TRIZ 理论及应用教程. 西安：西北工业大学出版社，2010.

[4] 沈萌红. TRIZ 理论及机械创新实践 [M]. 北京：机械工业出版社，2012.

[5] Aitshuller G S.Creativity As An Exact Science: The Theory of the Solution of Inventive Problems . The Netherlands: Gordon and Breach Science Publishers Inc. ,1999.

[6] Salamatov,Yuri. TRIZ: The Right Solution at the Right Time,A Guide To Innovation Problem Solving. Netherlands: Insytec BV, 1999.

[7] Terninko, John,Alla Zusman,and et al. STEP-by-STEP TRIZ: Creating Innovative Solution Concepts. 3rd ed,Nottingham: Responsible Management Inc., 1996.

[8] Frank C. Grace. A New TRIZ Practitioner's Experience for Solving an Industrial Problem using ARI2-85C: Increasing a Textile Kiss-Coat Operation Speed [J/OL]. http://www. triz-journal. com/ archives/2001/0l/b/index. htm.

[9] Janice Marconi. ARIZ: The Algorithm for Inventive Problem Solving-An Americanized Learning Framework. http:/lwww. triz-journal. comlarchives/1998/04/d/.

[10] Darrell Mann. Digging Your Way Out of the Psychological Inertia Hole. http://www. metodolog. ru/triz-journal/archives/1998/08/b/index. htm. August 1999.

[11] 成思源，周金平，郭钟宁. 技术创新方法——TRIZ 理论及应用. 北京：清华大学出版社，2014.

[12] 周苏. 创新思维与 TRIZ 创新方法. 第 2 版. 北京：清华大学出版社，2018.

第 10 章
TRIZ 与知识产权战略布局

✓ **知识目标：**
① 知晓中国知识产权的相关政策，各种专利的申办流程。
② 了解TRIZ对专利的战略方案构建方法。

✓ **能力目标：**
① 掌握中国专利申请的程序，为自己项目的专利进行有效布局。
② 掌握专利规避的方法，对自己的专利进行实际的布局指导。

当前，我们正处于一个新的创造时代，科技迅猛发展，产品更新换代越来越快。为了适应日益严峻的市场，企业对创新的要求越来越高，对知识产权的利用和保护也越来越重视。知识产权是指对智力劳动成果所享有的占有、使用、处置和收益的权利。知识产权是一种无形财产权，它与房屋、汽车等有形资产一样，都受到国家法律的保护，都具有商业价值和使用价值。有些重大专利、驰名商标或作品的价值甚至要远远高于房屋、汽车等有形资产。知识产权包含专利权、商标权、著作权、厂商名称、植物新品种、原产地名称、货源标记、商业机密以及其他智慧成果等。

专利权是一种重要的知识产权，合理利用专利权对企业的创新和发展有着重要的意义。随着国家对知识产权战略的逐步推进，企业对专利战略也越来越重视。通过前面的学习我们知道，TRIZ理论来源于对海量高水平专利的分析与总结，是一门基于知识、面向人的发明问题解决理论。作为一种技术创新理论，TRIZ也可以与企业专利战略相结合，直接为企业的技术创新服务。基于TRIZ的专利战略能够帮助科技人员提高技术创新能力，增强科技人员的专利开发和保护技能，从而催生科技创新成果服务于科技创新需要，对于推进企业发展具有深远的意义。本章我们将首先介绍一些关于专利权的相关知识，再对TRIZ与专利战略的相关方法进行介绍。

10.1 专利基础与申请流程

10.1.1 专利的概念

"专利"（Patent）一词来源于拉丁语Litterae patentes，意为"公开的信件"或"公共文献"，是中世纪的君主用来颁布某种特权的证明，后来指英国国王亲自签署的独占权利证书。专利是世界上最大的技术信息源，据实证统计分析，专利包含了世界科技信息的90%～95%，相比一般技术刊物所提供的信息早5～6年，而且内容翔实准确。对"专利"这一概念，目前尚无统一的定义，其中较为人们接受并被我国专利教科书所普遍采用的一种说法是："专利是专利权的简称，它是国家按专利法授予申请人在一定时间内对其发明创造成果所享有的独占、使用和处置的权利。它是一种财产权，是运用法律保护手段'跑马圈地'、独占现有市场、抢占潜在市场的有力武器。"

专利的两个最基本的特征是"独占"与"公开"，以"公开"换取"独占"是专利制度最基本的核心，这分别代表了权利与义务的两面。"独占"是指法律授予技术发明人在一段时间内享有排他性的独占权利；"公开"是指技术发明人作为对法律授予其独占权的回报而将其技术公之于众人，使社会公众可以通过正常的渠道获得有关专利技术的信息。

10.1.2 专利的特点

专利作为知识产权的一部分，是一种无形的财产，具有与其他财产不同的特点。专利主要具有3大特点：独占性、时间性和地域性。

独占性，也称专有性、排他性、垄断性等。它是指在一定时间（专利权有效期内）和区域

（法律管辖区）内，被授予专利权的人（专利权人）享有独占权利，未经专利权人许可，任何单位或者个人都不得以生产经营为目的制造、使用、许诺销售、销售、进口其专利产品，或者使用其专利方法以及使用、许诺销售、销售、进口依照该专利方法直接获得的产品。如果要实施他人的专利，必须与专利权人签订书面实施许可合同，向专利权人支付专利使用费。未经专利权人许可而擅自实施他人专利，将构成法律上的侵权行为。

时间性，是指专利权人对其发明创造所拥有的专利权只在法律规定的时间内有效，期限届满后专利权人就不再对其发明创造享有制造、使用、销售和进口的专有权，这样，原来受法律保护的发明创造就成了社会的公共财富，任何单位和个人都可以无偿使用。各国专利法对专利权的有效保护期限都有自己的规定，计算保护期限的起始时间也各不相同。我国新《专利法》第四十二条规定："发明专利权的期限为二十年，实用新型专利权和外观设计专利权的期限为十年，均自申请日起计算。"专利权超过法定期限或因故提前失效，任何人都可自由使用。

地域性，即空间限制，指一个国家依照其专利法授予的专利权，仅在该国法律管辖的范围内有效，对其他国家没有任何约束力，外国对其专利权不承担保护的义务。如果一项发明创造只在我国取得专利权，那么专利权人只在我国享有独占权或专有权。因此，一件发明若要在许多国家得到法律保护，必须分别在这些国家申请专利。弄清楚专利权的地域性是非常有意义且有必要的，这样，如果我国企业或个人研制出了具有国际市场前景的发明创造，就不应该仅仅申请国内专利，而应不失时机地在拥有良好市场前景的其他国家和地区也申请专利，以得到在国外市场的法律保护。

10.1.3 专利的种类

专利的种类在不同的国家有不同的规定，在我国专利法中专利的种类规定有：发明专利、实用新型专利和外观设计专利。对于发明、实用新型及外观设计的定义，在我国《专利法实施细则》第二条第一至第三款，有非常清楚、明确的描述。

（1）发明专利

我国《专利法实施细则》第二条第一款指出："专利法所称发明，是指对产品、方法或者其改进所提出的新的技术方案。"

发明专利主要分为产品发明和方法发明两大类。产品发明是指人们通过研究开发出来的关于各种新产品、新材料、新物质等的技术方案。专利法上的产品，可以是一个独立、完整的产品，也可以是一个设备或仪器中的零部件。方法发明是指人们为制造产品或解决某个技术课题而研究开发出来的操作方法、制造方法以及工艺流程等技术方案。方法可以是由一系列步骤构成的一个完整过程，也可以是一个步骤。发明专利既可以是发明人首创的，也可以是发明人在现有技术方案或解决方法的基础上，对现有产品或现有方法的改进，并且这种改进与现有技术相比，是非常显而易见的，要求其具有显著的进步性。发明专利从申请到授权时间一般为两年以上，20年保护期，保护力强，主要体现在保护力度大，诉讼程序简单，赔偿大。

（2）实用新型专利

我国《专利法实施细则》第二条第二款指出："专利法所称实用新型，是指对产品的形状、构造或者其结合所提出的适于实用的新的技术方案。"

实用新型专利又称小发明或小专利，其保护的也是一个技术方案，但该技术方案在技术水平上低于发明专利。实用新型专利保护的范围较窄，它只保护有一定形状或结构的新产品，不保护方法以及没有固定形状的物质。实用新型的技术方案更注重实用性，多数国家实用新型专利保护的都是比较简单的、改进性的技术发明，目的在于鼓励低成本、研制周期短的小发明创造，以更快地适应经济发展的需要。授予实用新型专利的流程没有发明专利复杂，不需经过实质审查，手续比较简便，费用较低。因此，关于日用品、机械、电器等方面的有形产品的小发明，比较适用于申请实用新型专利。此型专利从申请到授权时间约一年，10年保护期，可以提供及时保护，但保护力相对弱，诉讼程序复杂，赔偿较小。

（3）外观设计专利

我国《专利法实施细则》第二条第三款指出："专利法所称外观设计，是指对产品的形状、图案或者其结合以及色彩与形状、图案的结合所做出的富有美感并适于工业应用的新设计。"

外观设计注重的是设计人员对一项产品的外观（包括形状、图案或者这两者的组合，以及色彩与形状、色彩与图案的组合）所做出的富于艺术性，具有美感的创造，而且这种具有艺术性的创造，不只是单纯的工艺品，它还必须能够在企业中成批制造，也就是说具有能够为工业上所利用的实用性。外观设计专利的保护对象，是产品的装饰性或艺术性外表设计，这种设计可以是平面图案，也可以是立体造型，更常见的是这二者的结合，授予外观设计专利的主要条件是新颖性。外观设计从申请到授权时间约一年，10年保护期，优点可以提供及时保护，保护产品造型，用得好会有独特的效果。

需要注意的是，外观设计与发明、实用新型有着明显的区别，外观设计专利实质上是保护美术思想的，而发明专利和实用新型专利保护的是技术思想；虽然外观设计和实用新型都与产品的形状有关，但两者的目的却不相同，前者的目的在于使产品形状产生美感，而后者的目的在于使具有形态的产品能够解决某一技术问题。例如一把雨伞，若它的形状、图案、色彩相当美观，那么应申请外观设计专利，如果雨伞的伞柄、伞骨、伞头结构设计精简合理，可以节省材料又有耐用的功能，那么应申请实用新型专利。

10.1.4 专利的作用

专利制度是国际上通用的一种利用法律手段和经济手段来保护发明创造、推动科技进步、促进经济发展的管理制度。专利制度通过授予发明创造专利权，让专利权人能够独占市场，获得应有的回报，有利于激发人们的创造积极性。同时，专利制度也可以防止发明创造者重复他人劳动从而造成智力资源浪费。随着科技的发展，市场竞争激烈，专利制度能够促使发明创造者将其新技术尽快转化为生产力，并能保护技术市场竞争的公平有序。总的来说，专利具有的作用如下：

① 通过法定程序确定发明创造的权利归属关系，从而有效保护发明创造成果，独占市场，

以此换取最大的利益；

② 为了在市场竞争中争取主动，确保自身生产与销售的安全性，防止对手拿专利状告侵权（遭受高额经济赔偿、迫使自己停止生产与销售）；

③ 国家对专利申请有一定的扶持政策（如政府颁布的专利奖励政策以及高新技术企业政策等），会给予部分政策、经济方面的帮助；

④ 专利权受到国家专利法保护，未经专利权人同意许可，任何单位或个人都不能使用（状告他人侵犯专利权，索取赔偿）；

⑤ 自己的发明创造及时申请专利，使自己的发明创造得到国家法律保护，防止他人模仿本企业开发的新技术、新产品（构成技术壁垒，别人要想研发类似技术或产品就必须得经专利权人同意）；

⑥ 自己的发明创造如果不及时申请专利，别人把你的劳动成果提出专利申请，反过来向法院或专利管理机构告你侵犯专利权；

⑦ 可以促进产品的更新换代，提高产品的技术含量，及提高产品的质量、降低成本，使企业的产品在市场竞争中立于不败之地；

⑧ 一个企业若拥有多个专利是企业强大实力的体现，是一种无形资产和无形宣传（拥有自主知识产权的企业既是消费者对其产品信赖的强力企业，同时也是政府各项政策扶持的主要目标群体），21世纪是知识经济的时代，世界未来的竞争，就是知识产权的竞争；

⑨ 专利技术可以作为商品出售（转让），比单纯的技术转让更有法律和经济效益，从而达到其经济价值的实现；

⑩ 专利的宣传效果好；

⑪ 避免会展上撤下展品的尴尬；

⑫ 专利除具有以上功能外，拥有一定数量的专利还作为企业上市和其他评审中的一项重要指标，比如：高新技术企业资格评审、科技项目的验收和评审等，专利还具有科研成果市场化的桥梁作用。

总之，专利既可用作盾，保护自己的技术和产品；也可用作矛，打击对手的侵权行为。充分利用专利的各项功能，对企业的生产经营具有极大的促进作用。

10.1.5 授予专利权的条件

在准备申请专利前，我们必须要了解授予专利权和不授予专利权的条件，这样可以帮助我们在申请专利前检查自己的创造成果能否申请专利。

（1）授予专利权的条件

授予专利的条件主要是指要申请的发明必须具备以下三个实质性的条件：新颖性、创造性和实用性。下面分别对这三个性质做简要介绍。

① 新颖性，是发明或实用新型获得专利权的必要条件之一，是指在申请日以前没有同样的发明或者实用新型在国内外出版物上公开发表过、在国内公开使用过或者以其他方式为公众所知，也没有同样的发明或者实用新型由他人向国务院专利行政部门提出过申请，并记载在申请日以前公布的专利申请文件或者公告的专利文件中。判断新颖性时，应把握这几个方面：现

有技术、公开的形式、公开的时间和公开的地域。

② 创造性，是发明或实用新型获得专利权的第二个实质条件，是指与现有技术相比，该发明具有突出的实质性特点和显著的进步，该实用新型具有实质性特点和进步。创造性是一个无法量化的概念，对创造性的判断往往只能做出简单、抽象的规定，判断时应注意把握这几个方面：时间界限和相关术语、比较技术差异和判断人员应为发明创造所属专业领域的普通技术人员。

③ 实用性，是发明或实用新型获得专利权的又一实质条件，是指该发明或者实用新型能够制造或者使用，并且能够产生积极效果。能够制造或者使用，是指发明创造能够在工农业及其他行业的生产中大量制造，并且应用在工农业生产上和人民生活中，同时产生积极效果。这里必须指出的是，专利法并不要求其发明或者实用新型在申请专利之前已经经过生产实践，而是分析和推断在工农业及其他行业的生产中可以实现。判断有无实用性时，应考虑以下几个方面：可实施性、可再现性和有益性。

同时，我国《专利法》还规定："授予专利权的外观设计，应当与申请日以前在国内外出版物上公开发表过或者国内公开使用过的外观设计不相同或者不相近似。"

（2）不授予专利权的条件

① 违反国家法律、社会公德或妨害公共利益的发明创造，如吸毒工具等；

② 违背科学规律的发明，如永动机等；

③ 科学发现，发现新星，自然科学定理、定律如牛顿万有引力定律等；

④ 智力活动的规则和方法，如新棋种的玩法；

⑤ 疾病的诊断和治疗方法；

⑥ 动植物新品种（我国有专门的动植物品种保护条例）；

⑦ 用原子核变换方法获得的物质。

10.1.6　专利申请流程

专利制度是在市场经济条件下保护专利知识产权的一项制度。一项发明创造并不能自动得到专利保护，专利局也不能主动授予专利权，必须由有权提出专利申请的人，按照规定提交必要的申请文件，专利局接受申请后，经法定程序审查，对符合条件的才授予专利权。申请发明或者实用新型专利，应当提交请求书、说明书、权利要求书、说明书摘要和必要的附图等文件。申请外观设计专利，应提交请求书及该外观设计的图片或照片等文件。专利申请文件可以由申请人自己撰写，也可以委托他人撰写。由于申请专利事务是一项繁杂的法律事务，一般人不容易完成这项任务，申请人可以委托具有专利资格的代理人撰写申请文件和办理有关申请事务。委托专利代理机构的代理人申请专利和办理申请事务的，应当同时提交委托书，写明委托权限，并按有关专利代理服务收费标准缴纳代理服务费。在进行专利申请之前，我们首先要了解能够授予专利的条件和不能授予专利的条件。

依据我国专利法，发明专利申请的审批程序包括受理、初审、公布、实审和授权5个阶段。实用新型或者外观设计专利申请在审批中不进行早期公布和实质审查，只有受理、初审和授权三个阶段。专利申请与审查的简单程序如图10-1所示。

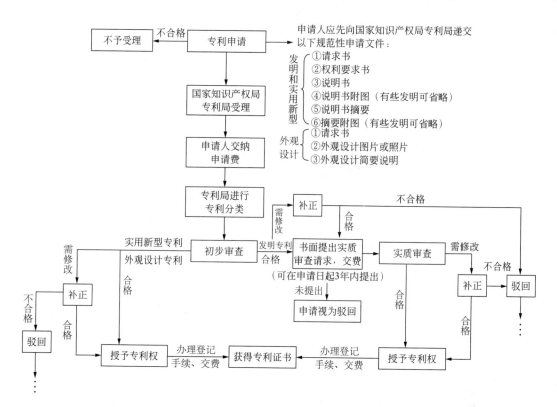

图10-1 专利申请与审查的简单程序

下面对各个阶段作一个简要介绍。

（1）申请受理阶段

专利申请实行的是书面申请原则。因此，申请人在申请专利时，必须向专利机关提交规定的书面申请文件。按照我国专利法的有关规定，申请发明或者实用新型专利的，应当提交的文件主要有请求书、说明书及其摘要和权利要求书等，必要时说明书还可包括附图。申请外观设计专利的，应当提交的文件主要有请求书以及外观设计的图片或者照片等。有些特殊情况下，还应按规定提交优先权的申请文件副本、国际展览会证明书以及代理人委托书等。

请求书是专利申请人向专利机关正式提交的请求授予专利权的一种法律文件。请求书必须使用专利局制定的统一表格，一式两份。请求书中应该写明：

① 发明创造的名称。

② 申请人、代理人或者代表人的身份，以及诸如姓名、国籍、住址、电话等，当若干人共同提出某一专利申请时，应指定代表人。

③ 发明人或设计人的姓名。

④ 要求优先权的，写明原申请日和原申请国。

⑤ 属于分案、转让的申请，应说明并标出原申请号。

说明书是以文字形式说明请求专利保护的发明或实用新型内容的专利申请文件，是专利申请的最基本的文件。我国专利法规定，说明书应当对发明或实用新型做出清楚、完整的说明，以所属技术领域的技术人员能够实现为准。由此看出，说明书必须能够阐述发明创造关键技术的实质，公开发明创造的基本内容。在实践中，说明书的内容往往是确定权利要求保护范围的主要依据。因此说明书的内容可以有以下几个方面：

① 发明或者实用新型的名称，该名称应当与请求书中的名称一致。

② 技术领域，写明要求保护的技术方案所属的技术领域。

③ 背景技术，写明对发明或者实用新型的理解、检索、审查有用的背景技术，并引证反映这些背景技术的文件。

④ 发明内容，写明发明或者实用新型所要解决的技术问题以及解决其技术问题采用的技术方案，并对照现有技术写明发明或者实用新型的有益效果。

⑤ 附图说明，说明书有附图的，对各幅附图应作简略说明。

⑥ 具体实施方式，详细写明申请人认为实现发明或者实用新型的优选方式。

权利要求书是以说明书为依据，说明要求专利保护的范围，具有直接法律效力的专利申请文件。权利要求书具有以下特点：

① 其所提出的专利权保护范围不能超出说明书所公开的范围。

② 权利要求书应该列出说明书中所有的新的技术特征，未列出的将无法受到保护，从而使自己的权利范围被缩小。

③ 权利要求书上所列的技术特征，在被授予专利权以后，是专利侵权与否、专利是否有效的唯一依据。

④ 权利要求书中所提的权利要求有若干个，但其性质不同，可分为独立权利要求和从属权利要求。一项专利申请文件中一般只有一个独立权利要求，最多不能超过两个独立权利要求。

⑤ 独立权利要求从整体上反映发明或者实用新型的主要技术内容，记载构成发明创造或实用新型必要的技术特征，它包括用以说明发明或实用新型所属的技术领域，以及现有技术中与发明或者实用新型主题密切相关的技术特征的前序部分，和用以说明发明或实用新型的技术特征的特征部分。

⑥ 从属权利要求写在所属的独立权利要求之后，它是由引用前面权利编号的引用部分和说明发明或实用新型技术特征，并对引用部分的技术特征作进一步限定的特征部分组成。

⑦ 权利要求书的书写具有较高的技巧性，一般情况下应请专利代理人参与书写。

（2）初步审查阶段

专利申请人按照规定缴纳申请费的，自动进入初审阶段。发明专利在初审前，首先要进行保密审查，需要保密的应按保密程序处理。实用新型和外观设计专利申请，在初审以前还应当给申请人留出2个月主动修改申请的时间。

在初审程序中，要对申请是否存在明显缺陷进行审查。主要审查以下申请内容：

① 是否明显违反国家法律、社会公德或者妨碍公共利益。

② 是否明显属于不授予专利权的主题。

③ 是否明显缺乏技术内容而不能构成技术方案。

④ 是否明显缺乏单一性。

⑤ 外国人申请是否符合要求的资格。

⑥ 说明书和权利要求书撰写是否符合要求。

⑦ 经补正是否超出原申请的范围。

实用新型和外观设计专利申请还要审查申请是否明显与已经批准的专利相同，是否明显不是一个新的技术方案或者新的设计。

初审中还要对申请文件是否齐备及其格式是否符合要求进行审查。主要包括以下内容：

① 审查各种文件是否采用国家知识产权局专利局制定的统一格式，申请、表格的填写或附图的画法是否符合实施细则和审查指南规定的要求。

② 应当提交的证明或附件是否齐备，是否具备法律效力。

③ 说明书、权利要求书、说明书摘要、附图或外观设计图或照片是否符合出版要求，不合格的，国家知识产权局专利局将通知申请人在规定的期限内补正或者陈述意见，逾期不答复的申请将被视为撤回。经申请人答复后仍未消除缺陷的，予以驳回。

发明专利申请初审合格的，将发给初审合格通知书。实用新型和外观设计专利申请经初审未发现驳回理由的，将直接进入授权程序。由于发明专利申请还有后续程序，所以初审一般只进行是否有明显不符合要求的审查。

（3）发明专利申请公布阶段

发明专利申请从发出初审合格通知书起就进入等待公布阶段。申请人请求提前公布的，则申请立即进入公布准备程序。经过格式复核、编辑校对、计算机处理、排版印刷，大约3个月后，专利公报上公布并出版说明书单行本。没有提前公布请求的申请要等到申请日起满15个月才进入公布准备程序。要求优先权的申请（包括外国优先权和本国优先权），从优先权日起满15个月进入公布准备程序。申请进入公布准备程序以后，申请人要求撤回专利申请的，申请仍然会在专利公报上予以公布。申请公布以后，申请人就获得了临时保护的权利，也就是说，自申请公布之日起，申请人可以要求实施其发明的单位或者个人支付适当的费用。申请公布以后，申请记载的内容就成为现有技术的一部分。

（4）发明专利申请实质审查阶段

发明专利申请公布以后，如果申请人已经提出实质审查请求并已缴纳了实质审查费，国家知识产权局将发出进入实审程序通知书，申请进入实审程序，否则应等待申请人办理实审请求手续。国家知识产权局将在3年期限届满前发出警告通知书通知申请人，告之逾期不提出实质审查的后果。从申请日起满3年，申请人未提出实审请求的或者实审请求未生效的，申请即被视为撤回。

进入实审程序的申请将按照进入实审程序的先后排队等待实审。在实审中，审查员将在检索的基础上对专利申请是否具备新颖性、创造性、实用性以及专利法规定的其他实质性条件进行全面审查。经审查，认为不符合授权条件的，或者存在各种缺陷的，应当通知申请人在规定的时间内（第一次审查意见通知书一般给4个月的答复期限）陈述意见或进行修改。申请人逾期不答复的，申请被视为撤回。经至少一次答复或修改后，申请仍不符合要求的，予以驳回。由于实审的复杂性，审查周期一般要1年或更长时间。发明专利申请在实质审查中未发现驳回理由的，或者经申请人修改和陈述意见后消除了缺陷的，审查员将制作授权通知书，申请按规定进入授权准备阶段。

（5）授权阶段

实用新型和外观设计专利申请经初步审查，发明专利申请经实质审查未发现驳回理由的，由审查员做出授权通知书，申请进入授权登记准备。经授权形式，审查人员对授权文本的法律效力和完整性进行复核，对专利申请的著录项目进行校对、修改确认无误以后，国家知识产权局专利局发出授权通知书和办理登记手续通知书。申请人接到授权通知书和办理登记手续通知书以后，应当在2个月之内按照通知的要求办理登记手续并缴纳规定的费用。在期限内办理了登记手续并缴纳了规定费用的，国家知识产权局专利局将授予专利权，颁发专利证书，在专利登记簿上记录，并在专利公报上公告，专利权自公告之日起生效。未按规定办理登记手续的，或者逾期办理的，视为放弃取得专利权的权利。

10.2 专利权的保护

专利权的法律保护就是依照专利法的规定打击专利侵权行为，保护专利权人的合法权利的活动。专利权是知识财产权，专利权被侵犯了，就像财产权被侵犯了一样。但是作为知识产权一部分的专利权和有形财产权又不一样，专利权更容易被侵犯且不易发现，即使发现被侵犯了也不易确定侵犯的范围。本节将讨论专利侵权的基本概念、专利侵权判定以及专利侵权行为的法律责任等内容。

10.2.1 专利侵权的概念

专利侵权行为是指在专利权的有效期间内，未经专利权人许可，以生产经营为目的，实施专利权人的发明创造的行为。侵权行为的构成，必须具备以下要件：

① 侵害的对象必须是有效的专利。专利侵权必须以存在有效的专利为前提，实施专利授予以前的技术、已经被宣告无效、被专利权人放弃的专利或者专利权期限届满的技术，不构成侵权行为。对于在发明专利申请公布后专利权授予前使用发明而未支付适当费用的纠纷，专利权人应当在专利权被授予之后，请求管理专利工作的部门调解，或直接向人民法院起诉。

② 必须有侵害行为。侵害行为是指行为人在客观上未经许可实施了侵害他人专利的违法行为。侵害行为多种多样，主要包括对专利产品的侵权行为和对专利方法的侵权行为两大类。

③ 以生产经营为目的。是否以生产经营为目的，是判断行为人侵权与否的重要标志，是构成专利侵权的重要条件之一。这是因为，以生产经营为目的实施他人专利的结果，会占领本属于专利权人的市场，给专利权人带来一定的损害，因此构成侵权。非生产经营为目的的实施，如专为科学研究和实验而使用的有关专利，则不构成侵权行为。

专利侵权行为可以从不同的角度，以不同的标准分类。理论上常以侵权行为是否由行为人本身行为所造成为标准进行分类，将专利侵权行为分为直接侵权行为和间接侵权行为两大类。

① 直接侵权行为。这是指专利侵权行为是由行为人本身的行为直接造成的。其表现形式包括：制造发明、实用新型、外观设计专利产品的行为；使用发明、实用新型专利产品的行为；许诺销售发明、实用新型专利产品的行为；销售发明、实用新型或外观设计专利产品的行为；进口发明、实用新型、外观设计专利产品的行为；使用专利方法以及使用、许诺销售、销售、进口依照该专利方法直接获得的产品的行为。

② 间接侵权行为。这是指行为人本身的行为并不直接构成对专利权的侵害，但实施了诱导、怂恿、教唆、帮助他人侵害专利权的行为。间接侵权行为通常是为直接侵权行为制造条件，

常见的表现形式有：行为人销售专利产品的零部件、专门用于实施专利产品的模具或者用于实施专利方法的机械设备；行为人未经专利权人授权或者委托，擅自转让其专利技术的行为等。

10.2.2 专利侵权判定

我国现有的专利侵权判定依据主要是《专利法》第五十九条的规定："发明或者实用新型专利权的保护范围以其权利要求的内容为准，说明书及附图可以用于解释权利要求。"该规定表达了两层含义：①专利保护范围以权利要求书记载的内容为准，而不是由专利产品确定的。② 在上述前提下，允许利用说明书和附图对权利要求的保护范围做出一定的修正，这种修正是以专利权人对自己的发明创造做出具体说明为依据。

我国以发明和实用新型的独立权利要求书中记载的全部必要技术特征作为一个整体技术方案来确定专利权的保护范围。因此，在判定被控侵权物是否构成侵犯他人发明专利权时，应当将被控侵权物的全部技术特征与专利的必要技术特征逐一进行比较，以判断被控侵权物的全部技术特征是否落入发明专利权利要求书中独立权利要求的保护范围。

专利侵权判定因与其他的一般的民事侵权、合同违约等有很多不同，因此一直是各国司法实践中的一个难点问题。如合同有相应的合同条款，可操作性比较强，而专利侵权判定需要与权利要求书进行比较，被控产品很多情况下与权利要求书都是不一致的，不一致达到什么程度构成侵权，不一致达到什么程度不构成侵权，这是一个比较难解决的问题。下面我们将介绍判断专利侵权的主要适用原则。一般来说，在具体进行专利侵权判定时，应当结合以下几个主要原则加以综合运用。

（1）全面覆盖原则

全面覆盖原则是专利侵权判定中的一个最基本的原则，也是首要原则。全面覆盖原则又称为全部技术特征覆盖或者字面侵权原则。如果被控侵权物（产品或方法）的技术特征包含了专利权利要求中记载的全部必要技术特征，则落入专利权的保护范围。当专利独立权利要求中记载的必要技术特征采用的是上位概念特征，而被控侵权物采用的是下位概念特征时，则被控侵权物落入专利权的保护范围。被控侵权物在利用专利权利要求中的全部必要技术特征的基础上，增加了新的技术特征，仍落入专利权的保护范围。

（2）等同原则

等同原则是专利侵权判定中的一项重要原则，也是法院在判定专利侵权时适用最多的一个原则。在专利侵权判定中，当适用全面覆盖原则判定被控侵权物不构成侵犯专利权的情况下，应当适用等同原则进行侵权判定。等同原则，是指被控侵权物中有一个或者一个以上技术特征经与专利独立权利要求保护的技术特征相比，从字面上看不相同，但经过分析可以认定两者是相等同的技术特征。这种情况下，应当认定被控侵权物落入了专利权的保护范围。专利权的保护范围也包括与专利独立权利要求中必要技术特征相等同的技术特征所确定的范围。

等同特征又称等同物。被控侵权物中，同时满足以下两个条件的技术特征，是专利权利要求中相应技术特征的等同物：

① 被控侵权物中的技术特征与专利权利要求中的相应技术特征相比，以基本相同的手段，实现基本相同的功能，产生了基本相同的效果；

② 对该专利所属领域普通技术人员来说，通过阅读专利权利要求和说明书，无须经过创造性劳动就能够联想到的技术特征。

适用等同原则判定侵权，仅适用于被控侵权物中的具体技术特征与专利独立权利要求中相应的必要技术特征是否等同，而不适用于被控侵权物的整体技术方案与独立权利要求所限定的技术方案是否等同。

进行等同侵权判断，应当以该专利所属领域的普通技术人员的专业知识水平为准，而不应以所属领域的高级技术专家的专业知识水平为准，对于开拓性的重大发明专利，确定等同保护的范围可以适当放宽；对于组合性发明或者选择性发明，确定等同保护的范围可以适当从严。对于故意省略专利权利要求中个别必要技术特征，使其技术方案成为在性能和效果上均不如专利技术方案优越的变劣技术方案，而且这一变劣技术方案明显是由于省略该必要技术特征造成的，应当适用等同原则认定构成侵犯专利权。

在专利侵权判定中，下列情况不应适用等同原则认定被控侵权物落入专利权保护范围：

① 被控侵权的技术方案属于申请日前的公知技术；

② 被控侵权的技术方案属于抵触申请或在先申请专利；

③ 被控侵权物中的技术特征，属于专利权人在专利申请、授权审查以及维持专利权效力过程中明确排除专利保护的技术内容。

（3）禁止反悔原则

禁止反悔原则，是指在专利审批、撤销或无效程序中，专利权人为确定其专利具备新颖性和创造性，通过书面声明或者修改专利文件的方式，对专利权利要求的保护范围作了限制承诺或者部分地放弃了保护，并因此获得了专利权，而在专利侵权诉讼中，法院适用等同原则确定专利权的保护范围时，应当禁止专利权人将已被限制、排除或者已经放弃的内容重新纳入专利权保护范围。

当等同原则与禁止反悔原则在适用上发生冲突时，即原告主张适用等同原则判定被告侵犯其专利权，而被告主张适用禁止反悔原则判定自己不构成侵犯专利权的情况下，应当优先适用禁止反悔原则。

适用禁止反悔原则应当符合以下条件：

① 专利权人对有关技术特征所作的限制承诺或者放弃必须是明示的，而且已经被记录在专利文档中；

② 限制承诺或者放弃保护的技术内容，必须对专利权的授予或者维持专利权有效产生了实质性作用。

禁止反悔原则的适用应当以被告提出请求为前提，并由被告提供原告反悔的相应证据。

（4）多余指定原则

多余指定原则，是指在专利侵权判定中，在解释专利独立权利要求和确定专利权保护范围时，将记载在专利独立权利要求中的明显附加技术特征（即多余特征）略去，仅以专利独立权利要求中的必要技术特征来确定专利权保护范围，判定被控侵权物是否覆盖专利权保护范围的原则。实际上，这个原则并不是一个侵权判断上的标准，而只是在判断前确定专利保护范围的一个准则。对于发明程度较低的实用新型专利，一般不适用多余指定原则确定专利权保护范围。适用多余指定原则时,应适当考虑专利权人的过错,并在赔偿时予以体现。

10.2.3 专利侵权的法律责任

根据有关法律的规定,专利侵权行为人应当承担的法律责任包括民事责任、行政责任与刑事责任。

① 专利侵权的民事责任。专利法对专利侵权主要是追究侵权人的民事责任,管理专利工作的部门或者人民法院在处理专利侵权时,主要采取责令侵权人停止侵权、赔偿损失和消除影响等措施来解决。

停止侵权是指专利侵权行为人应当根据管理专利工作部门的处理决定或者人民法院的裁判,立即停止正在实施的专利侵权行为。赔偿损失是指侵害人赔偿专利权人及其利害关系人因其侵权行为而遭受的损失。侵害专利权的赔偿数额,按照专利权人因被侵权所受到的损失或者侵权人因侵权所获得的利益确定;被侵权人所受到的损失或侵权人获得的利益难以确定的,可以参照该专利许可使用费的倍数合理确定。消除影响是指在侵权行为人实施侵权行为给专利产品在市场上的商誉造成损害时,侵权行为人就应当采用适当的方式承担消除影响的法律责任,承认自己的侵权行为,以达到消除对专利产品造成的不良影响。原则上讲,侵害人在何种范围内造成损害,就应该在何种范围内消除影响。消除影响的方式多种多样,常见的方式如在报纸上刊登道歉广告令公众知晓,以消除侵权行为的破坏性影响。

② 专利侵权的行政责任。专利权还可以适用行政法律程序加以保护,即通过国家行政管理机关以行政手段加以保护。对专利侵权行为,管理专利工作的部门有权依法对侵权人的侵权行为进行行政处理,责令侵权人承担停止侵权行为、赔偿损失、承担行政处分等行政责任。

冒充专利又称假冒专利,是指将非专利产品或方法冒充专利产品或方法,以取得消费者信任的一种违法行为。冒充专利不同于假冒他人专利,它实际上并没有侵犯其他专利。它所标明的专利标记或者专利号实际是不存在的,纯属一种对公众的欺诈行为。我国《专利法》规定,以非专利产品冒充专利产品、以非专利方法冒充专利方法的,由管理专利工作的部门责令改正并予以公告,可处5万元以下罚款。

③ 专利侵权的刑事责任。我国《专利法》规定,假冒他人专利的行为,不仅可以以专利侵权处理,要求停止假冒行为并赔偿损失,情节严重的,还可追究直接责任人的刑事责任;擅自向外国申请专利,泄露国家重要机密的,由申请人所在单位或上级主管机关给予行政处罚,情节严重的以泄露国家秘密罪论处,追究其刑事责任;从事专利管理工作的国家机关工作人员及其他有关国家机关工作人员玩忽职守、滥用职权和徇私舞弊情节严重的,依照刑法有关规定追究刑事责任。

10.3 TRIZ 与专利战略

企业创新的核心是技术创新,专利知识作为技术知识的一种,囊括了全球90%以上的最新技术情报,是技术信息最有效的载体,对企业的技术创新有着非常重要的借鉴意义。建立和健全专利战略,是企业在国内外市场竞争中提升核心竞争力的必要手段,企业必须尽快把握国情,掌握规则,规避风险,掌握专利保护这个防身之术和制胜之道。本节将对专利战略思想及专利规避的相关内容进行介绍。

10.3.1 专利战略简介

专利战略是指企业面对激烈变化、严峻挑战的环境，主动地利用专利制度提供的法律保护及其种种方便条件有效地保护自己，并充分利用专利情报信息，研究分析竞争对手状况，推进专利技术开发、控制独占市场；为取得专利竞争优势而进行的总体性谋划。专利战略的目标是打开市场、占领市场、最终取得市场竞争的有利地位，占领市场是专利战略目标的核心内容。

根据企业技术竞争的需要，企业专利战略可分为进攻战略和防御战略两种基本战略。

（1）专利进攻战略

专利进攻战略是指积极、主动、及时地申请专利并取得专利权，以使企业在激烈的市场竞争中取得主动权，为企业争得更大的经济利益的战略。专利进攻战略主要包括以下几种。

① 基本专利战略，这是指准确地预测未来技术的发展方向，将核心技术或基础研究作为基本方向的专利战略。

② 外围专利战略，即采用具有相同原理并环绕他人基本专利的许多不同的专利，加强自己与基本专利权人进行对抗的战略。或者在自己的基本专利受到冲击时，在基本专利周围编织专利网，采取层层围堵的办法加以对抗。

③ 专利转让战略，即在自己众多技术领域取得的专利权中，对自己并不实施的专利技术，积极、主动地向其他企业转让的战略。

④ 专利收买战略，即将竞争对手的专利全部收买，来独占市场的战略。

⑤ 专利与产品结合战略，即在许可他人使用本企业专利的同时，将自己的产品强加于对方，提高自己在市场竞争中地位的战略。

⑥ 专利与商标结合战略，即把专利的使用权和商标的使用权相互交换的战略。

⑦ 资本、技术和产品输出的专利权运用战略，即在资本、技术和产品输出前，先在输入国申请专利，保护资本、技术和产品的独占权的战略。

⑧ 专利回输战略，即对引进专利进行消化吸收、创新后，形成新的专利，再转让给原专利输出企业的战略。

（2）专利防御战略

专利防御战略是指防御其他企业专利进攻或反抗其他企业的专利对本企业的妨碍，而采取的保护本企业将损失减少到最低程度的一种战略。专利防御战略主要有以下几种：

① 取消对方专利权战略，即针对对方专利的漏洞、缺陷，运用撤销以及无效等程序，使对方所取得的专利不能成立或者无效的战略。

② 公开战略，即本企业没有必要取得专利权但若被其他企业抢先取得专利又不利于本企业时，采取抢先公开技术内容而阻止其他企业取得专利的一种战略。

③ 交叉许可战略，即企业间为了防止造成侵权而采取的相互间交叉许可实施对方专利的战略。

④ 利用失效专利战略，企业可以无偿使用失效专利，或将其作为研发与创新的起点。

⑤ 绕过障碍专利战略，即绕过已有的专利权保护范围。

⑥ 对持战略，当遇到专利纠纷且所涉及的技术界定不清晰时，专利权人和被控侵权人可以利用等同原则和公知技术抗辩原则，相互对峙。

注重企业的专利战略研究，并切实运用于企业的技术创新和运营管理中，对企业在竞争中取得成功有着重要的意义。我国企业从整体上说，技术水平和研发能力与国外发达国家相比较低，特别是在步入国际市场时常常遇到国外领先者设置的专利壁垒，从而给企业带来一些不利的影响。在企业的专利战略中，如何充分利用同行业的专利成果而不侵犯对方的知识产权是非常重要的一部分，接下来我们将着重介绍专利战略中的一个重要的策略——专利规避策略。

10.3.2 专利规避

专利规避设计是一项源起美国的合法竞争行为（Legitimate Competitive Behavior）。起初，专利规避只是企业在遭遇侵权诉讼时采取的一种被动保护策略，但随着人们对知识产权的日益重视，规避设计已经成为一种积极的防御和进攻战略。所谓的专利规避设计，就是指研究他人的某项专利，然后设计一种不同于受专利法保护的他人专利的新方案，以规避他人的专利权。专利规避设计是一种常见的知识产权策略，其目的是从法律的角度来绕开某项专利的保护范围以避免专利权人进行专利侵权诉讼，专利规避是企业进行市场竞争的合法行为。

专利规避设计包含了两个不同层次的内容。第一个层次比较简单同时也比较危险，是利用专利文书自身的信息漏洞来进行规避，即一些专利的权利要求未能精准地概括其具体的实施方案，如果能找出这些不相对应的地方，就可以加以合法利用；第二个层次则是对专利的核心原理进行规避或再发展，即对专利技术本身进行挖掘，找到专利方案区别于其他方案的创新点，分析其尚存在的技术缺陷及改进方向，从而有针对性地继承和发展专利，真正地实现专利规避设计。一个成功的规避设计包含两个要求：一是要在专利侵权案中不会被判定为侵权；二是在市场竞争中不会因成本高而失去竞争力。

专利规避设计应该在什么时候使用呢？当我们发现某项专利技术对我们价值很高，但此专利仍在保护期内并且在我们的产品生产或销售区内受保护、短期内不会失效、专利持有人不授权或授权费用太高，此时我们就可以尝试专利规避设计以规避原有有效专利，设计一种不同于原专利保护内容的新方案。

从本质上说，规避设计是一种研发活动，需要对本技术领域有一个较广和较深的技术认识。而TRIZ理论作为发明问题解决理论，对技术问题的分析和创新能提供一定的指导。将TRIZ理论与专利规避设计相结合，能够帮助专业技术人员通过有效的专利分析、专利规避等模式，实施企业有效的专利规避策略。同时，需要注意的是，规避设计作为一种研发活动，其实施的前提是三方面人员的通力合作，即专利、技术和市场人员的合作。

10.3.3 TRIZ与专利规避

通过前面章节的学习，我们知道TRIZ理论是来源于对海量高水平专利的分析与总结，因此，TRIZ理论也同样适用于对专利的分析。TRIZ理论可以提供分析工程问题所需的方法，如功能分析、资源分析和物-场分析等，其主要目的是将抽象的系统转化为具体的图表以便于设计者了解产品所具备的功能和特征。在专利规避设计中，应用TRIZ理论可以帮助设计者对已有有效专利进行分析。

同时，TRIZ理论作为一门技术创新的系统化的理论，主要是从创新的角度研究解决各种技术难题、冲突和矛盾。专利规避设计从一定程度上也是一种创新设计，因此，TRIZ理论对专利规避设计有一定的启发作用，利用TRIZ理论进行技术创新，可以为规避现有的技术专利提供有效而安全的方法。

目前，关于TRIZ与专利规避设计方法相结合的研究较多，下面我们将对其作简要介绍。基于TRIZ的专利规避设计一般流程如图10-2所示，主要分为以下5个阶段。

① 确定需要规避的专利。研发或设计人员调研市场并制定产品的设计提案，根据设计提案对专利进行检索与分析。对于专利检索可以采用关键词检索和IPC检索等。通过专利检索，我们往往会得到多个相关专利，需要对这些专利进行分析从而确定需要规避的专利。常用的专利分析方法有专利地图、技术进化趋势等，选择时可以从功能-技术发展的角度进行筛选归类从而确定代表该领域核心技术的专利，即需要规避的专利。

② 分析目标专利，解读独立权利的构成。分析规避专利的独立权利要求部分，分清公知技术和专利特征，确定必要技术特征。借助TRIZ理论中的功能分析或因果分析等方法来明晰独立权利要求中的各个特征、它们之间的相互关系以及与系统之间的关系。在对要规避的专利进行分析时，可以将权利要求中的整个技术方案看作是一个独立的技术系统，而各个特征就是技术系统中的组件，然后通过TRIZ功能分析或因果分析对技术系统建模，即建立技术系统的功能模型，从而帮助设计人员更清楚地分析要规避的专利。

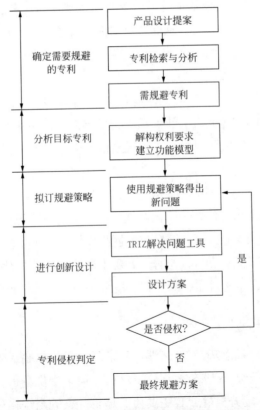

图10-2 基于TRIZ的专利规避设计流程

③ 拟订规避设计策略。目前，常用的规避设计策略主要有3种：删除法、替代法和禁止反悔法。这些方法的来源是基于专利侵权判定原则。

删除法，是指在已有的专利上减去一个或一个以上的主要技术特征，将其功能转移到系统其他组件上；删除某些组件或辅助功能。删除法来源的法律基础是基于侵权判定中的全面覆盖原则和等同原则。这里需要注意的是，如果在已有专利权利要求中全部必要技术特征的基础上，增加新的技术特征，则将会落入专利权的保护范围。使用删除法时，往往会产生新的问题，此时就需要建立新的问题模型，在下一步中进行解决。

替代法，是指采用不同的手段（技术、方式、原理），使系统具有相同的功能，达到相同的效果。替代法来源的法律基础也是基于侵权判定中的全面覆盖原则和等同原则。使用替代法时，需要注意的是必须采取不同的技术、方式或原理，否则将视为等同，从而落入了专利侵权的范围。

禁止反悔法，即利用专利权人在申请专利过程中或后续程序过程中放弃的原来权利要求中的部分内容。禁止反悔法来源的法律基础是基于侵权判定中的禁止反悔原则。利用此方式，需要申请或下载所要规避的专利审查卷宗，搜索禁反悔证据。如果规避专利有放弃的内容，则可以直接使用且不构成侵权；反之，则必须求助于其他的规避策略。

④ 进行设计创新。通过上一步的方法对要规避的专利进行规避设计，往往会产生一些新的问题。将这些新问题转化为TRIZ标准问题，利用TRIZ理论寻找技术创新的突破口。这里可以采用的TRIZ解决问题工具包括解决技术矛盾的发明原理、解决物理矛盾的分离原理、物质-场模型与标准解，以及科学效应知识库等。应用这些工具来启发设计方案，得到一些设计概念，然后结合该技术的具体领域及技术人员经验完成进一步的方案细化，并设计出与原专利不同的新产品。

⑤ 专利侵权判定。形成了新的产品后，还需要与专利律师一起进行专利侵权判定。进行专利侵权判定时，可以根据前面介绍的判定原则依次进行比对，比较新产品与原有专利的技术特征，判定新产品的必要技术特征是否落入所规避的目标专利保护范围，以保证最后的规避方案不侵权。如果最后得到的新产品满足专利性要求，也可以申请专利以保证新产品具有独占性使用权，同时也可以丰富企业的技术方案库，使企业在市场竞争中占有优势。

10.4 工程案例

案例10-1 一种方便握持铁钉的锤子规避设计

进行专利规避的第一步是调研市场并制定产品的设计提案。假设已通过市场调研，并确定了需要规避的专利，一个美国专利US 6959465，一种方便握持铁钉的锤子。该专利保护了一种能够方便握持铁钉的锤子，其主要是利用了设置在锤头内部的磁铁的磁性来握持铁钉。下面按照上述的流程进行规避设计。

分析该目标专利的独立权利要求，清楚了解该独立权利要求所具备的所有技术特征，包括元件和它们之间的相互关系。本实例中这件专利工具主要包括三个元件，即把手、锤头以及磁铁。然后运用TRIZ的功能分析方法分析它们的相互关系，建立其功能分析模型，如图10-3所示。

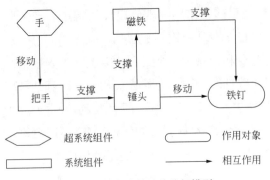

图10-3 原专利的功能分析模型

从功能分析图中可见，该技术系统的主要功能就是自持式的锤子，目标专利的发明点在于应用了磁铁和铁钉相互之间的吸引作用，因此磁铁是本技术系统中必不可少的必要技术特征。

接着拟订规避策略。为了能成功规避该专利，尝试删除该技术特征（磁铁）。该特征删除后，本技术系统的主要功能——铁钉的自持功能消失了，因此，如何利用系统内资源重新实现该功能是思考方向。由于系统中的磁铁被删除后，只存在把手和锤头两个组件，如何实现把手自持铁钉或锤头自持铁钉就是需要解决的主要问题，这也是潜在的两个解决方案。虽然图10-4中还显示有超系统组件——手，但是由于用手持铁钉显然是现有技术范围内的方案，故不属于思考范围。图10-4为采用规避策略后的功能分析思路。

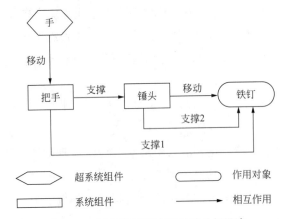

图10-4 采用规避策略后的功能分析思路

采用TRIZ工具解决矛盾。将问题转为矛盾中的物理矛盾，即怎样使得锤头和把手既满足原先的要求又满足新的要求——握持铁钉。根据空间分离原理，可以使得锤头和把手满足上述要求。比如，可以在锤头或者把手上设计用于代替人手的支撑机构。

形成了具体的规避设计方案后，需要与专利律师一起进行是否侵权的分析，以保证最终的规避方案满足不侵权要求。

案例10-2 鲜花包装盒规避设计

通过调研市场，假设我们需要一种鲜花包装盒，通过专利检索与分析确定要规避的专利为一个鲜花包装盒专利（CN203199437U），下面以此专利为例来说明如何应用TRIZ进行专利规避设计。

找到规避对象后，就需要对规避对象进行功能分析并解构该专利的独立权利要求。该专利是一种携带方便、适合保存鲜花的包装盒，其主要是利用一个固定装置和营养供给装置固定住鲜花并供给营养以保证鲜花能长时存放。采用TRIZ的组件功能分析法分析该目标专利的独立权利要求，清楚地了解该独立权利要求所具备的所有技术特征，包括各个组件以及它们之间的相互作用关系。在专利 CN 203199437U 中（见图10-5），主要组件有盒体1、盒盖4（观察窗41）、固定装置2、营养供给装置3及提带5。

运用TRIZ的功能分析法分析该专利的功能结构，得到功能模型如图10-6所示。

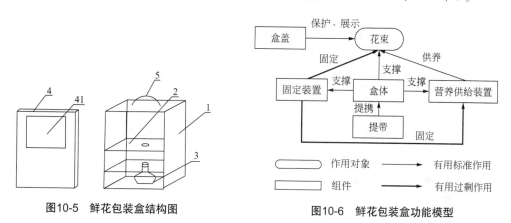

图10-5　鲜花包装盒结构图　　　　图10-6　鲜花包装盒功能模型

从图10-6中可以看出，该技术系统的主要技术特征是固定装置对花束及营养供给装置的固定作用、盒盖的保护展示作用及提带的方便携带功能。经过进一步分析，此专利的不足是固定装置制作相对复杂，具有过剩的固定作用。因此，可从固定装置出发对本专利进行规避。

考虑采用删除法对固定装置进行特征修剪。删除固定装置后，出现的问题是在没有固定装置的情况下如何实现固定花束及营养供给装置的功能。分析功能模型可看出，固定装置消失后，主要就剩下了盒盖和盒体。重新审视鲜花包装盒的功能模型，可以考虑利用盒盖或盒体实现定位固定功能。经过分析，使盒体兼具固定作用会存在不易装卸花束的缺点，故主要从改进盒盖方面入手进行方案的创新。最后，得到新问题的功能模型如图10-7所示。

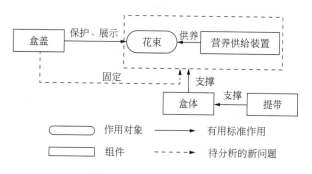

图10-7　新问题的功能模型

根据修剪后的功能模型进行创新设计及方案细化。由于原作用为过剩作用，裁剪后得到的模型出现的问题是如何使盒盖具有固定作用，即盒盖对花束的固定不足。将问题转化为TRIZ

理论中的物质-场模型。S_2表示盒盖，S_1表示花束，它们之间的场为F_{Me}，S_2对S_1的作用为不足作用，物质-场模型如图10-8所示。针对这个问题，考虑采用76个标准解中的第2个标准解，用永久的或临时的内部添加物来改变S_2，从而帮助系统实现需要的功能，得到如图10-9所示的新的物质-场模型。

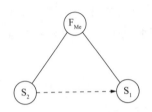
图10-8 原问题的物质-场模型

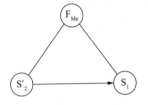
图10-9 新的物质-场模型

根据此模型的提示，我们可以考虑在盒盖上设计与盒盖为一体的简易定位装置来实现原固定装置的固定功能，如在盒盖的上部和下部分别延伸粘贴两块不同高度的硬纸板，其中纸板上开有合适大小的孔以起到固定整个花束的作用。这样得到的结果使用更方便，成本也有所降低，能满足设计要求。紧接着，以此技术特征为核心进行全新的鲜花包装盒设计。可以把营养供给装置预先与花束固定在一起使之成为一个整体，从而降低盒盖上添加定位装置的固定难度。同时，考虑将盒盖与盒体组合成一个组件，盒盖可绕盒体旋转，方便展示与装卸，也降低了系统的复杂性。

最终，得到的规避方案（见图10-10）为：一纸成形包装盒，方便携带、保护及存放花束。盒盖可绕盒体旋转以展示花束，盒盖内侧粘贴有两块开孔的固定板用以固定带有营养装置的一束花，外侧开有展示窗与透气小孔。盒体上部有提绳以方便携带装有花束的包装盒。最终得到的规避方案克服了原专利的固定装置制作复杂的缺点，具有保护、固定及展示花束功能，且制作方便。

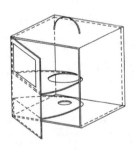
图10-10 最终的规避方案

形成了具体的规避方案后，需要与专利律师一起进行专利侵权判定，以保证最终的规避方案满足不侵权要求。

思考题

1. 什么是专利？简述专利的特点。
2. 什么是专利侵权行为？其有哪些构成要件？

3. 简述专利申请的流程。

4. 简述专利侵权判定的原则。

5. 简述专利规避设计的5个阶段。

6. 图10-11所示为一种正在申请发明专利的产品：一种铅笔延长器（申请公布号CN4102381083 A）。专利权利申明为：该铅笔延长器，其特征是：包括两端开口的延长管1和旋紧套2，延长管一端的管壁分割为若干相隔一定间隙的夹紧片，夹紧片的外围设有相对应的外螺纹，旋紧套内壁设有与夹紧片外螺纹相适配的内螺纹，延长管另一端安装有一推进杆，推进杆的末端设有一凸环，凸环的外径略大于延长管的外径。

请对该铅笔延长器作功能分析并画出功能模型图。试用裁剪方法设计一种新的铅笔延长器，要求不对原专利构成侵权。

7. 结合日常生活，制定一个产品的设计提案，确定需规避的专利，并按照规避设计的流程设计出一个规避后的新方案或新产品。

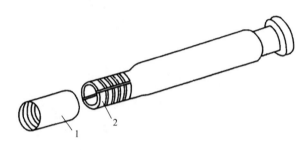

图10-11　一种铅笔延长器

参考文献

[1] 国家知识产权局. 专利常见问题 [EB/OL]. http://www.sipo.gov.cn/zlsqzn/.

[2] 冯晓青, 刘友华. 专利法. 北京：法律出版社, 2010.

[3] 百度百科. 专利侵权 [EB/OL]. http://baike.baidu.com/view/981723.htm#8,2013.

[4] 中华文本库. 专利侵权判定的基本方法 [EB/OL]. http://www.chinadmd.com/file/so30ewrptevevixvupwvuexv_l.html.,2012.

[5] 李瑞. 知识产权法. 广州：华南理工大学出版社, 2006.

[6] PATRICK Burns, PINKERTON John, PATRICIA Prior, et al. Patent Resources Group, lnc. Design. around valid US patents[R]. Bonita Springs: Patent Resources Group, lnc., 1994.

[7] 刘镇滔. 面向中小企业的专利知识服务及其平台研究 [D]. 上海：上海交通大学, 2007.

[8] 江屏, 罗平亚, 孙建广, 等. 基于功能裁剪的专利规避设计. 机械工程学报, 2012, 48（11）：46-54.

[9] 百度百科. 专利战略 [EB/OL]. http://baike.baidu.com／view/1516170.htm, 2013.

[10] 李鹏, 安纪平. 浅谈TRIZ理论在专利回避设计中的应用. 中国发明与专利, 2013, 2：29-32.

[11] 周新. 鲜花包装盒. 中国, CN203199437, 2013-09-18.

[12] 成思源, 周金平, 郭钟宁. 技术创新方法——TRIZ理论及应用. 北京：清华大学出版社, 2014.

[13] 周苏. 创新思维与TRIZ创新方法. 第2版. 北京：清华大学出版社, 2018.

附录

附录 A　39 个通用技术参数

序号	名称	序号	名称	序号	名称
1	运动物体的重量	14	强度	27	可靠性
2	静止物体的重量	15	运动物体的作用时间	28	测量精度
3	运动物体的长度	16	静止物体的作用时间	29	制造精度
4	静止物体的长度	17	温度	30	作用于物体的有害因素
5	运动物体的面积	18	照度	31	物体产生的有害因素
6	静止物体的面积	19	运动物体的能量消耗	32	可制造性
7	运动物体的体积	20	静止物体的能量消耗	33	操作流程的方便性
8	静止物体的体积	21	功率	34	可维修性
9	速度	22	能量损失	35	适应性及通用性
10	力	23	物质损失	36	系统的复杂性
11	应力或压强	24	信息损失	37	控制和测量的复杂性
12	形状	25	时间损失	38	自动化程度
13	稳定性	26	物质的量	39	生产率

附录 B　40 个发明原理

序号	名称	序号	名称
1	分割原理	21	减少有害作用的时间原理
2	抽取原理	22	变害为利原理
3	局部质量原理	23	反馈原理
4	增加不对称原理	24	借助中介物原理
5	组合原理	25	自服务原理
6	多用性原理	26	复制原理
7	嵌套原理	27	廉价代替品原理
8	重量补偿原理	28	机械系统替代原理
9	预先反作用原理	29	气压和液压结构原理
10	预先作用原理	30	柔性壳体或薄膜原理
11	预补偿原理	31	多孔材料原理
12	等势原理	32	颜色改变原理
13	反向作用原理	33	均质性原理
14	曲面化原理	34	抛弃或再生原理
15	动态特性原理	35	物理或化学参数改变原理
16	未达到或过度作用原理	36	相变原理
17	空间维数变化原理	37	热膨胀原理
18	机械振动原理	38	强氧化剂原理
19	周期性作用原理	39	惰性环境原理
20	有效作用的连续性原理	40	复合材料原理

附录 C Altshuller 矛盾矩阵

附录 D 物理效应与实现功能对照

序号	需要实现的功能	物理现象、效应、方法
1	测量温度	热膨胀和由此引起的固有振动频率的变化；热电现象；光谱辐射；物质光学性能及电磁性能的变化；超越居里点；霍普金森效应；巴克豪森效应；热辐射
2	降低温度	传导；对流；辐射；相变；焦耳-汤姆森效应；珀耳贴效应；磁热效应；热电效应
3	提高温度	传导；对流；辐射；电磁感应；热电介质；热电子；电子发射（放电）；材料吸收辐射；热电现象；物体的压缩；核反应（原子核感应）
4	稳定温度	相变（例如超越居里点）；热绝缘
5	探测物体的位置和位移（检测物体的工况和定位）	引入容易检测的标识—变换外场（发光体）或形成自场（铁磁体）；光的反射和辐射；光电效应；相变（再成形）；X射线或放射性；放电；多普勒效应；干扰
6	控制物体位移	将物体连上有影响的铁或磁铁；用能使带电或起电的物体有影响的磁场；液体或气体传递的压力；机械振动；惯性力；热膨胀；浮力；压电效应；马格纳斯效应
7	控制气体或液体的运动	毛细管现象；渗透；电渗透（电泳现象）；汤姆森效应；伯努利效应；各种波的运动；离心力（惯性力）；韦森堡效应；液体中充气；柯恩达效应
8	控制悬浮体（粉尘、烟、雾等）	起电；电场；磁场；光压力；冷凝；声波；亚声波
9	充分搅拌（混合）混合物	形成溶液；超高音频；气穴现象；扩散；电场；用铁-磁材料结合的磁场；电泳现象；共振
10	分解混合物	电和磁分离；在电场和磁场作用下，改变液体的度；离心力（惯性力）；相变；扩散；渗透
11	物体位置的稳定（物体定位）	电场和磁场；利用在电场和磁场的作用下固化定位液态的物体；吸湿效应；往复运动；相变（再造型）；熔炼；扩散熔炼；相变
12	感应力、控制力、（常规力）形成高压力	用铁-磁材料形成有感应的磁场；相变；热膨胀；离心力（惯性力）；通过改变磁场中的磁性液体和导电液体度来改变流体静力；超越炸药；电液压效应；光液压效应；渗透；吸附；扩散；马格纳斯效应
13	改变摩擦力	约翰逊-拉别克效应；辐射效应；克拉格斯基现象；振动；利用铁磁颗粒产生磁场感应；相变；超流体；电渗透
14	解体（分解）物体	放电；电-水效应；共振；超高音频；气穴现象；感应辐射；相变热膨胀；爆炸；激光电离
15	积蓄机械能和热能	弹性形变；飞轮；相变；流体静压；热电现象
16	传递（传输）能量（机械能、热能、辐射能和电能）	形变；振动；亚历山德拉夫效应；运动波，包括冲击波；导热性；对流；辐射感应；赛贝克效应；电磁感应；超导体；一种能量形式转换成另一种便于传输的能量形式；亚声波（亚音频）；形状记忆效应
17	可移动（可变）的物体和固定（不可变）的物体之间相互形成作用	利用电-磁场（运动的"物体"向着"场"的连接）由物质耦合向场耦合过渡；应用液体流和气体流；形状记忆效应
18	测量物体尺寸	测量固有振动频率；标记和读出磁性参数和电参数；全息术摄影
19	改变物体尺寸和形式（形状）	热膨胀；双金属结构；形变；磁电致伸缩（磁-反压电效应）；压电效应；相变；形状记忆效应
20	控制物体表面状态和性质（形状和特性）	放电；光反射；电子发射（电辐射）；波纹效应；辐射；全息术摄影
21	表面改性（改变表面特性）	摩擦力；吸附作用；扩散；包辛格效应；放电；机械振动和声振动；照射（反辐射）；冷作硬化（凝固作用）；热处理

续表

序号	需要实现的功能	物理现象、效应、方法
22	检测（控制）物体容量（空间）形状和特性	引入转换外部电场（发光体）或形成与研究物体的形状和特性有关的磁场（铁磁体）的标识物；根据物体结构和特性的变化改变电阻率；光的吸收、反射和折射；电光学和磁光现象；偏振光（极化的光）、X射线和辐射线；电子顺磁共振和核磁共振；磁弹性效应；超越居里点；霍普金森效应和巴克豪森效应；测量物体固有振动频率；超声波（超高音频）；亚声波（亚音频）；莫斯鲍尔效应；霍尔效应；全息术摄影；声发射（声辐射）
23	改变物体容积性质（空间特性）（密度和浓度）	在电场和磁场作用下改变液体性质（密度、黏度）；引入铁磁颗粒和磁场效应；热效应；相变；电场作用下的电离效应；紫外线辐射；X射线辐射；放射性辐射；扩散；电场和磁场；包辛格效应；热电效应；热磁效应；磁光效应（永磁－光学效应）；气穴现象；彩色照相效应；内光效应；液体"充气"（用气体、泡沫"替代"液体）；高频辐射
24	形成要求的、稳定的物体结构	电波干涉（弹性波）；衍射；驻波；波纹效应；电场和磁场；相变；机械振动和声振动；气穴现象
25	电场和磁场的显示	渗透；物体带电（起电）；放电；放电和压电效应；驻极体；电子发射；电光现象；霍普金森效应和巴克豪森效应；霍尔效应；核磁共振；流体磁现象和磁光现象；电致发光（电－发光）；铁磁性（铁－磁）
26	显示辐射	光－声学效应；热膨胀；光－可范性效应（光－可塑性效应）；放电
27	产生电磁辐射	约瑟夫森效应；感应辐射效应；隧道（tunnel）效应；发光；耿氏效应；契林柯夫效应；塞曼效应
28	控制电磁场	屏蔽，改变介质状态如提高或降低其导电性（例如增加或降低它在变化环境中的电导率）；在电磁场相互作用下，改变与磁场相互作用物体的表面形状（利用场的相互作用，改变物体表面形状）；引缩（Pinch）效应
29	控制光通量、控制光	折射光和反射光；电现象和磁－光现象；弹性光；克尔效应和法拉第效应；耿氏效应；费朗兹－凯尔迪什效应；光通量转换成电信号或反之；刺激辐射（受激辐射）
30	激发和强化化学变化	超声波（超高音频）；亚声波；气穴现象；紫外线辐射；X射线辐射；放射性辐射；放电；形变；冲击波；催化；加热
31	物体成分分析	吸附；渗透；电场；辐射作用；物体辐射的分析（分析来自物体的辐射）；光－声效应；穆斯堡尔效应；电顺磁共振和核磁共振

附录E 几何效应与实现功能对照

序号	要求的效果和性质	几何效应
1	质量不改变情况下增大和减小物体的体积	将各部件紧密包装；凹凸面；单页双曲线
2	质量不改变情况下增大或减小物体的面积或长度	多层装配；凹凸面；使用截面变化的形状；莫比乌斯环；使用相邻的表面积
3	由一种运动形式转变成另一种形式	"列罗"三角形；锥形捣实；曲柄连杆传动
4	集中能量流和粒子	抛物面；椭圆；摆线
5	强化进程	由线加工转变成面加工；莫比乌斯环；偏心率；凹凸面；螺旋；刷子
6	降低能量和物质损失	凹凸面；改变工作截面；莫比乌斯环
7	提高加工精度	刷子；加工工具采用特殊形状和运动轨迹
8	提高可控性	球；双曲线、螺旋线；三角形；使用形状变化物体；由平动向转动转换；偏移螺旋机构
9	降低可控性	偏心率；将圆周物体替换成多角形物体

续表

序号	要求的效果和性质	几何效应
10	提高使用寿命和可靠性	莫比乌斯环；改变接触面积；选择特殊形状
11	减小作用力	相似性原则；保角映像；双曲线；综合使用普通几何形状

附录 F 化学效应与实现功能对照

序号	要求的效果和性质	化学效应、现象和物质反应类型
1	测量温度	热色反应；温度变化时化学平衡转变；化学发光
2	降低温度	吸热反应；物质溶解；气体分解
3	提高温度	放热反应；燃烧；高温自扩散合成物；使用强氧化剂；使用高热剂
4	稳定温度	使用金属水合物；采用泡沫聚合物绝缘
5	探测物体的位置和位移（检测物体的工况和定位）	使用燃料标记；化学发光；分解出气体的反应
6	控制物体位移	分解出气体的反应；燃烧；爆炸；应用表面活性物质；电解
7	控制气体或液体的运动	使用半渗透膜；输送反应；分解出气体的反应；爆炸；使用氢化物
8	控制悬浮体（粉尘、烟、雾等）	与气悬物粒子机械化学信号作用的物质雾化
9	充分搅拌（混合）混合物	由不发生化学作用的物质构成混合物；协同效应；溶解；输送反应；氧化-还原反应；气体化学结合；使用水合物、氢化物；应用络合铜
10	分解混合物	电解；输送反应；还原反应；分离化学结合气体；转变化学平衡；从氢化物和吸附剂中分离；使用络合铜；应用半渗透膜；将成分由一种状态向另一种状态转变（包括相变）
11	物体位置的稳定（物体定位）	聚合反应（使用胶、玻璃水、自凝固塑料）；使用凝胶体；应用表面活性物质；溶解黏合剂
12	产生/控制力，形成高压力	爆炸；分解气体水合物；金属吸氢时发生膨胀；释放出气体的反应；聚合反应
13	控制摩擦力	由化合物还原金属；电解（释放气体）；使用表面活性物质和聚合涂层；氢化作用
14	解体（分解）物体	溶解；氧化-还原反应；燃烧；爆炸；光化学和电化学反应；输送反应；将物质分解成组分；氢化作用；转变混合物化学平衡
15	积蓄机械能和热能	放热和吸热反应；溶解；物质分解成组分（用于储存）；相变；电化学反应；机械化学效应
16	传递（传输）能量（机械能、热能、辐射能和电能）	放热和吸热反应；溶解；化学发光；输送反应；氢化物；电化学反应；能量由一种形式转换成另一种形式，更利用能量传递
17	可移动（可变）的物体和固定（不可变）的物体之间相互形成作用	混合；输送反应；化学平衡转移；氢化转移；分子自聚集；化学发光；电解；自扩散高温聚合物
18	测量物体尺寸	与周围介质发生化学转移的速度和时间
19	改变物体尺寸和形式（形状）	输送反应；使用氢化物和水化物；溶解（包括在压缩空气中）；爆炸；氧化反应；燃烧；转变成化学关联形式；电解；使用弹性和塑性物质
20	控制物体表面形状和特性	原子团再化合发光；使用亲水和疏水物质；氧化-还原反应；应用光色、电色和热色原理

续表

序号	要求的效果和性质	化学效应、现象和物质反应类型
21	改变表面特性	输送反应；使用水合物和氢化物；应用光色物质；氧化－还原反应；应用表面活性物质；分子自聚集；电解；侵蚀；交换反应；使用漆料
22	检测（控制）物体容量（空间）状态和性质（形状和特性）	使用色反应物质或者指示剂物质的化学反应；颜色测量化学反应；形成凝胶
23	改变物体容积性质（空间特性）（密度和浓度）	引起物体的物质成分发生变化的反应（氧化反应、还原反应和交换反应）；输送反应；向化学关联形式转变；氢化作用；溶解；溶液稀释；燃烧；使用胶体
24	形成要求的、稳定的物体结构	电化学反应；输送反应；气体水合物；氢化物；分子自聚集；络合铜
25	电场和磁场的显示	电解；电化学反应（包括电色反应）
26	显示辐射	光化学；热化学；射线化学反应（包括光色、热色和射线使颜色变化反应）
27	产生电磁辐射	燃烧反应；化学发光；激光器活性气体介质中的反应；发光；生物发光
28	控制电磁场	溶解形成电解液；由氧化物和盐生成金属；电解
29	控制光通量、控制光	光色反应；电化学反应；逆向电沉积反应；周期性反应；燃烧反应
30	激发和强化化学变化	催化剂；使用强氧化剂和还原剂；分子激活；反应产物分离；使用磁化水
31	物体成分分析	氧化反应；还原反应；使用显示剂
32	脱水	转变成水合状态；氢化作用；使用分子筛
33	改变相状态	溶解；分解；气体活性结合；从溶液中分解；分离出气体的反应；使用胶体；燃烧
34	减缓和阻止化学变化	阻化剂；使用惰性气体；使用保护层物质；改变表面性质（见"改变表面特性"一项）